NEUE METHODEN UND ERGEBNISSE DER ENZYMFORSCHUNG

ENZYMCHEMISCHE UNTERSUCHUNGEN
AUS DEM LABORATORIUM R. WILLSTÄTTERS

VON

DR. W. GRASSMANN
IN MÜNCHEN

MIT 10 ABBILDUNGEN IM TEXT

MÜNCHEN · VERLAG VON J. F. BERGMANN · 1928

Sonderausgabe aus „Ergebnisse der Physiologie",
herausgegeben von L. Asher und K. Spiro. Bd. 27.

ISBN-13: 978-3-642-98630-7 e-ISBN-13: 978-3-642-99445-6
DOI: 10.1007/ 978-3-642-99445-6

Inhaltsverzeichnis.

Literaturverzeichnis.

1. Ber. Chem. Ges. **55**. 3601. 1922. — 2. Ber. Chem. Ges. **59**. 1. 1926. — 3. Naturw. **14**. 937. 1926. — 4. Journ. Chem. Soc. London **1927**. 1359; Naturw. **15**. 585. 1927. — 4a. *Willstätter, R.*, „Problems and methods in enzym research" New York. 1927. — 4b. Sammlung der Originalabhandlungen: „Untersuchungen über Enzyme" von *R. Willstätter* in Gemeinschaft mit *W. Grassmann, H. Kraut, R. Kuhn, E. Waldschmidt-Leitz* und anderen Mitarbeitern. Erscheint bei Julius Springer, Berlin 1928. — 5. Zusammenfassung: Enzyme und Co-Enzyme als Ziele und Werkzeuge chemischer Forschung von *H. v. Euler*. Stuttgart 1926. — 6. Ber. Chem. Ges. **30**. 117. 1897. — 7. *Buchner, E., H. Buchner* und *M. Hahn,* Die Zymasegärung. München 1903. — 8. Biochem. Zeitschr. **21**. 131. 1909; diese Zeitschr. **12**. 393. 1912. — 9. Siehe dazu „Die Wasserstoffionenkonzentration". 1. Aufl. Berlin 1914; 2. Aufl., I. Teil. Berlin 1922. — 10. „Bemerkungen zur Katalyse". Vortrag vor der Deutschen Chem. Gesellschaft am 21. 10. 1925; Ber. Chem. Ges. **59**. 13. 1926. — 11. Ber. Chem. Ges. **56**. 509. 1922/23. — 11a. Naturw. **11**. 732. 1923, und zwar S. 733. — 12. Zeitschr. phys. Chem. **118**. 284. 1921/22. — 13. Ber. Chem. Ges. **37**. 1342. 1904. — 14. Ann. Chem. **416**. 21. 1917. — 15. Biochem. Zeitschr. **35**. 386. 1911. — 16. Biochem. Zeitschr. **110**. 217. 1920. — 17. Biochem. Zeitschr. **60**. 91. 1914. — 18. 3. Abh. z. Kenntnis des Invertins. Zeitschr. phys. Chem. **123**. 1. 1922. — 19. Zeitschr. phys. Chem. **115**. 180. 1921. — 20. Biochem. Zeitschr. **57**. 70. 1913; **58**. 148. 1913/14. — 21. 2. Mitteilung über Maltase. Zeitschr. phys. Chem. **111**. 157. 1920. — 22. 6. Mitteilung über Maltase. Zeitschr. phys. Chem. **151**. 242. 1925/26. — 23. 3. Mitteilung über Maltase. Zeitschr. phys. Chem. **115**. 199. 1921. — 24. *Willstätter, R.* und *W. Csanyi,* 1. Abhandlung zur Kenntnis des Emulsins. Zeitschr. phys. Chem. **117**. 172. 1921. — 25. *R. Willstätter* und *G. Oppenheimer,* 2. Abhandlung zur Kenntnis des Emulsins. Zeitschr. phys. Chem. **121**. 183. 1922. — 25a. Zeitschr. phys. Chem. **147**. 1. 1925, und zwar S. 33 bis 48. — 25b. Ber. Chem. Ges. **59**. 821. 1926. — 26. Biochem. Zeitschr. **64**. 13. 1914. — 27. Biochem. Zeitschr. **134**. 108. 1922/23. — 28. Biochem. Zeitschr. **45**. 284. 1912; **79**. 249. 1913. — 29. Arch. exp. Path. **97**. 242. 1922/23. — 30. 1. Abh. über Pankreasenzyme. Zeitschr. phys. Chem. **125**. 93. 1922/23. — 31. 14. Abhandlung über Pankreasenzyme. Zeitschr. phys. Chem. **146**. 151. 1925. — 32. Biochem. Zeitschr. **149**. 216. 1924. — 33. Biochem. Zeitschr. **49**. 249. 1913. — 34. The Tohoku journ. of exp. med. **2**. 209. 1921; Biochem. Journ. **1**. 107. 1922. Zitiert nach *Rona, P.* und *M. Takata,* Biochem. Zeitschr. **134**. 118. 1922/23. — 35. *Euler, H. v.,* Chemie der Enzyme. II. Teil. 1922. S. 7. — 36. 9. Abhandlung über Pankreasenzyme. Zeitschr. phys. Chem. **140**. 203. 1924. — 37. 13. Abhandlung über Pankreasenzyme. Zeitschr. phys. Chem. **144**. 68. 1925. — 38. 7. Abhandlung über Pankreasenzyme. Zeitschr. phys. Chem. **133**. 347. 1923/24. — 39. Zeitschr. phys. Chem. **134**. 161. 1924. — 40. Journ. gen. physiol. **5**. 203. 1922/23; Naturw. **11**. 713. 1923. — 41. 1. Abhandlung über Pflanzenproteasen. Zeitschr. phys. Chem.

138. 184. 1924. — 42. Zeitschr. phys. Chem. **151**. 307. 1925/26. — 43. Cpt. rend. soc. biol. **87**. 802. 1922. — 44. Zitiert nach „Die Enzyme“. Braunschweig 1926. S. 15. — 45. Trans. Conn. acad. 8. Dez. 1891; Journ. of physiol. **15**. 249. 1894. — 46. Zeitschr. phys. Chem. **155**. 275. 1926; **164**. 112. 1926/27. — 47. Biochem. Zeitschr. **81**. 107. 1917. — 48. Arch. f. Hyg. **12**. 240. 1891. — 49. Biochem. Zeitschr. **47**. 1. 1912, und zwar S. 5. — 50. 6. Abhandlung über Pflanzenproteasen. Zeitschr. phys. Chem. **153**. 250. 1925/26. — 51. 9. Abhandlung über Pflanzenproteasen. Zeitschr. phys. Chem. **167**. 202. 1927. — 52. Fermentf. **1**. 533. 1916. — 53. Zeitschr. phys. Chem. **116**. 53. 1921. — 54. Journ. Amer. Chem. Soc. **43**. 1956. 1921. — 55. *Euler, H. v.* und *O. Svanberg*, Fermentforschung. **3**. 330; **4**. 142. 1920. *Myrbäck, K.*, Arkiv f. Kemi. 8. Nr. 29, 1. 1923; Chem. Zentralblatt. 1924. I. 207; *Euler, H. v.* und *E. Walles*, Zeitschr. phys. Chem. **132**. 167. 1923/24. *K. Myrbäck*, Zeitschr. phys. Chem. **158**, 160. 1926. — 56. Journ. chem. soc. **61**. 593. 926. 1892. — 57. 1. Abhandlung zur Kenntnis des Invertins. Ann. Chem. **425**. 1. 1920/21. — 58. 2. Abhandlung zur Kenntnis des Invertins. Ann. Chem. **427**. 111. 1921/22. — 59. 11. Abhandlung zur Kenntnis des Invertins. Zeitschr. phys. Chem. **150**. 287. 1925. — 60. *Euler, H. v.*, und *S. Kullberg*, Zeitschr. phys. Chem. **71**. 14. 1911, und zwar S. 20; **73**. 85. 1911, und zwar S. 93; *Euler, H. v.* und *R. Blix*, Zeitschr. phys. Chem. **105**. 83. 1919, und zwar S. 88; *Euler, H. v.* und *O. Svanberg*, Zeitschr. phys. Chem. **105**. 187, und zwar S. 194 u. 211. 1919. — 61. Proc. chem. soc. **1895**. 46. — 62. Ber. Chem. Ges. **28**. 1429. 1895; vgl. dazu auch Ber. Chem. Ges. **27**. 3479. 1894. — 63. C. r. **152**. 49. 1129. 1911; Ann. Inst. Pasteur. **26**. 8. 1912; Zeitschr. phys. Chem. **73**. 447. 1911. — 64. Zeitschr. phys. Chem. **134**. 1. 1923/24. — 65. Fermentf. **5**. 138. 1921/22. — 66. Zeitschr. phys. Chem. **115**. 211. 1921. — 67. Ber. Chem. Ges. **28**. 984. 3034. 1895; *E. Fischer*, Zeitschr. phys. Chem. **26**. 60. 1898. — 68. *Meyer, V.* und *P. Jacobson*, Lehrbuch d. organ. Chemie. 2. Aufl. Bd. I. 2. Teil. 1001. 1913. 69. Journ. chem. soc. **89**. 128. 1906; **93**. 217. 1908. — 70. Zeitschr. phys. Chem. **72**. 97. 1911. — 71. 8. Mitteilung über Maltase. Zeitschr. phys. Chem. **152**. 202. 1926. — 72. Biochem. Zeitschrift **155**. 334. 1925. — 73. Zeitschr. phys. Chem. **118**. 168. 1921/22. — 74. Zeitschr. phys. Chem. **125**. 1. 1922/23. — 75. C. r. **136**. 767. 1903. — 76. Zeitschr. phys. Chem. **46**. 482. 1905. — 77. Zeitschr. phys. Chem. **81**. 355. 1912. — 78. Biochem. Zeitschr. **23**. 404 u. 429. 1909/10. — 79. Zeitschr. phys. Chem. **65**. 232. 1910. — 80. 8. Abhandlung über Pankreasenzyme. Zeitschr. phys. Chem. **138**. 216. 1924. — 81. 4. Abhandlung über Pankreasenzyme. Zeitschr. phys. Chem. **129**. 1. 1923. — 82. Pflügers Arch. **194**. 337. 1922; vgl. auch Biochem. Zeitschr. **134**. 163. 1922. 83. Kolloid-Zeitschr. **31**. 252. 1922. — 84. Kolloid-Zeitschr. **32**. 173. 1923. — 85. Biochem. Zeitschr. **111**. 166. 1920; **118**. 185, 213, 232. 1921; **130**. 225. 1921; **134**. 108. 118. 1923; **141**. 222. 1923; **181**. 49. 1927. — 86. Biochem. Zeitschr. **146**. 28. 1924. — 86a. Biochem. Zeitschr. **167**. 171. 1926. — 87. 3. Abhandlung über Pankreasenzyme. Zeitschr. phys. Chem. **126**. 143. 1922/23. — 87a. 16. Abhandlung über Pankreasenzyme. Zeitschr. phys. Chem. **173**. 17. 1928. 88. Journ. of physiol. **30**. 253. 1903/04; **32**. 199. 1905. — 89. Ber. Chem. Ges. **38**. 187. 1905; Zeitschr. phys. Chem. **48**. 205. 1906. — 90. Fermentf. **7**. 91. 1923. — 91. Ber. Chem. Ges. **27**. 2985. 3479. 1894; **28**. 1429. 1895; Zeitschr. phys. Chem. **26**. 60. 1898. — 92. Zeitschr. phys. Chem. **46**. 52. 1905; **51**. 264. 1907. — 92a. 17. Abhandlung über Pankreasenzyme. Zeitschr. phys. Chem. **173**. 155. 1928. — 92b. *Rona, P.* und *A. Amonn*, Biochem. Zeitschr. **181**. 49. 1927. 93. Die Physiologie des Darmsaftes. Inaug.-Diss. Petersburg. 1899; Ref. Malys Jahresber. ü. d. Fortschr. d. Tierchemie. **29**. 378. 1899. *J. P. Pawlow*, Die Arbeit der Verdauungsdrüsen. Wiesbaden 1900. — 94. Journ. of Physiol. **30**. 61. 1904; **32**. 129. 1905. — 95. Journ. de physiol. et pathol. gén. **4**. 805. 1902. — 96. Arch. intern. de Physiol. **1**. 86. 1904. — 97. 4. Aufl. Berlin 1921. II. 2. Teil. 377. — 98. 5. Abhandlung über Pankreasenzyme. Zeitschr. phys. Chem. **132**. 181. 1923/24. — 99. Arch. (Anat. u.) Physiol. **39**. 130. 1867. — 100. Pflügers Arch. **10**. 557. 1875. — 101. Zeitschr. phys. Chem. **149**. 221. 1925. — 102. Ann. of bot. **17**. 597. 1903 und a. a. O. 103. Journ. of biol. chem. 8. 177. 1910. — 104. Journ. of biol. chem. **31**. 201. 1917. — 105. Zweite Abhandlung über pflanzliche Proteasen. Zeitschr. phys. Chem. **151**. 286. 1925/26. — 106. Zeitschrift phys. Chem. **156**. 68. 1926. — 107. Zeitschr. phys. Chem. **166**. 262. 1927. — 108. Zeitschrift phys. Chem. **164**. 10. 1926/27. — 109. Compt. rend. soc. biol. **143**. 300. 1906; Compt. rend. soc. biol. **60**. 479. 1906; **62**. 432. 1907. — 109a. Zeitschr. phys. Chem. **159**, 1. 1926. — 110. Biochem. Zeitschr. **40**. 357. 1912. — 111. Biochem. Zeitschr. **59**. 77. 1914. — 112. Zeitschrift f. Biol. **71**. 287, 302; **73**. 10. 1921; **74**. 217. 1922; **76**. 227. 1923. — 113. *Pringsheim, H.* und *W. Fuchs*, Ber. Chem. Ges. **56**. 1762. 1923. *Pringsheim, H.* und *K. Schmalz*, Biochem. Zeitschr. **142**. 108. 1923; *Pringsheim, H.* und *A. Beiser*, Biochem. Zeitschr. **148**. 336. 1924. — 114. Ann. Chem. **443**. 1. 1925. — 115. Zeitschrift phys. Chem. **52**. 414. 1907. — 116. Zeitschr. phys. Chem. **142**. 245. 1925. — 117. Zeitschr. phys. Chem. **167**. 303. 1927. — 118. 5. Abhandlung über Peroxydase. Ann. Chem. **449**. 156. 1926. — 119. 2. Abhandlung über Peroxydase. Ann. Chem. **422**. 47. 1920. — 120. 3. Abhandlung über Peroxydase. Ann. Chem. **430**. 269. 1922/23. — 121. Biochem. Zeitschr. **49**. 333. 1913. — 122. Zusammenfassung: *Pauli, Wo.*, „Eiweisskörper und Kolloide". Wien 1926. — 123. Zusammenfassung: *Loeb, J.*, „Die Eiweisskörper und die Theorie der koll. Erscheinungen". Deutsche Ausgabe. Berlin 1924. — 124. Ber. Chem. Gesellsch. **59**. 226. 1926; Zeitschr. phys. Chem. **157**. 122. 1926; Zeitschr. phys. Chem. **166**. 294. 1927. — 124a. *Willstätter, R. Kuhn* und *E. Bamann*, Ber. Chem. Ges. **61**. 886. (1928). — 125. Zeitschr. phys. Chem. **125**. 28. 1922/23. — 126. *Bayliss, W. M.*, The nature of enzyme-action. London 1914. 3. Aufl. — 127. *Kuhn, R.*, „Physikalische Chemie und Kinetik der Fermentreaktionen". In *C. Oppenheimers* Handb. „Die Fermente". 1925. 5. Aufl., und zwar S. 181. — 128. 4. Abhandlung über Peroxydase. Zeitschr. phys. Chem. **130**. 281. 1923. — 129. „Grundzüge der physikalischen Chemie und ihre Beziehung zur Biologie". 2. Aufl. 1925. S. 151; Zeitschr. phys. Chem. **146**. 122; **154**. 252. 1926. — 130. Zeitschr. phys. Chem. **147**. 1. 1925, und zwar S. 55; **157**, 115. 1926. — 131. Zeitschr. phys. Chem. **152**. 183. 1925/26. — 132. Zeitschr. phys. Chem. **163**. 1. 1926/27, und zwar S. 3. — 133. 6. Abhandlung über Peroxydase. Ann. Chem. **449**. 175. 1926. — 134. Ber. Chem. Ges. **59**. 1871. 1926. — 135. Zeitschr. phys. Chem. **110**. 55. 1920. — 136. *Euler, H. v.* und *K. Josephson*, Zeitschr. phys. Chem. **145**. 130. 1925, und zwar S. 139; *Euler, H. v.* und *O. Svanberg*, Fermentf. **4**. 142. 1920, und zwar S. 153. — 137. 4. Mitt. über Spezifität der Enzyme. Zeitschr. phys. Chem. **129**. 33. 1923. — 138. 5. Mitteilung über Maltase. Zeitschr. phys. Chem. **134**. 224. 1923/24. 139. 3. Mitteilung über Maltase. Zeitschr. phys. Chem. **115**. 199. 1921. — 140. Ber. Chem. Ges. **56**. 857. 1923. — 141. Journ. chem. soc. London. **125**. 1337. 1924. — 142. Ber. Chem. Ges. **57**. 1357. 1924. — 143. Ber. Chem. Ges. **57**. 1767. 1924. — 144. Zeitschr. phys. Chem. **147**. 1. 1925. — 145. Biochem. Zeitschr. **60**. 62. 1914. — 146. Biochem. Zeitschr. **60**. 79. 1914. — 147. Zeitschr. phys. Chem. **136**. 62. 1924; **147**. 1. 1925. — 148. Zeitschr. phys. Chem. **127**. 234. 1923. — 149. Journ. chem. soc. **83**. 1305. 1903. — 150. Journ. Amer. chem. soc. **30**. 1160. 1564; **31**. 655. 1909. — 151. Zeitschr. phys. Chem. **129**. 57. 1923. — 152. Zeitschr. phys. Chem. **135**. 1. 1923/24. — 153. Zeitschr. phys. Chem. **132**. 301. 1923/24. — 154. Zeitschr. phys. Chem. **150**. 220. 1925. — 155. Journ. chem soc. **121**. 2238. 1922. — 156. Ber. Chem. Ges. **58**. 1842. 1925. — 157. Zeitschr. phys. Chem. **143**. 79. 1924. — 158. Zeitschr. phys. Chem. **136**. 62. 1924. — 159. Zeitschr. phys. Chem. **163**. 1. 1926/27. — 160. Zeitschr. phys. Chem. **166**. 294. 1927. — 161. Naturw. **11**, 732. 1923, und zwar S. 735; gleichsinnig an vielen anderen Stellen. — 162. Ber. Chem. Ges. **59**. 1655. 1926. — 163. *Euler, H. v., Josephson, K.* und *B. Söderling*, Zeitschr. phys. Chem. **139**. 1. 1924. — 164. Zeitschr. phys. Chem. **154**. 64. 1926. — 165. Zitiert nach *R. Kuhn* und *H. Münch*, l. c. 159. — 166. Proc. roy. soc. **73**. 516. 1904. — 167. Ber. Chem. Ges. **57**. 1965. 1924. — 168. Ber. Chem. Ges. **58**. 1262. 1925; **59**. 991. 996. 1926. — 169. Biochem. Zeitschr. **31**. 345. 1911. — 170. *Bertrand, G.* und *P. Thomas*, Guide pour les manipulations de chimie biologique. Paris 1910. S. 67ff. — 171. Ber. Chem. Ges. **51**. 780. 1918. — 172. Journ. chem. soc. **57**. 834. 1890. — 173. Zeitschr. phys. Chem. **134**. 224. 1924. — 174. 5. Abhandlung über Pflanzenproteasen. Zeitschr. phys. Chem. **152**. 164. 1926. — 175. Ber. Chem. Ges. **43**. 3170. 1910; **44**. 1684. 1911; Journ. of biol. chem. **9**. 185. 1911; **10**. 115. 1911 u. a. a. O. — 176. Biochem. Zeitschr. **7**. 45. 1908; vgl. auch *H. Jessen-Hansen*, in Abderhaldens Handb. d. biol. Arbeitsmethod. 2. Aufl., Abt. 1, Teil 7, S. 245. 1923. — 177. Ber. Chem. Ges. **54**. 2988. 1921. *Willstätter, R.*, in Abderhaldens Handb. d. biol. Arbeitsmethoden. Abt. I, Teil 7, S. 289. 1923. — 178. Biochem. Journ. **14**. 451. 1920. — 179. Zeitschr. phys. Chem. **161**. 191. 1926. — 180. Zeitschr. phys. Chem. **149**. 203. 1925. — 181. Zeitschr. phys. Chem. **147**. 286. 1925. — 182. Zeitschr. phys. Chem. **167**. 188. 1927. — 183. Ann. Chem. **433**. 17. 1923. — 184. C. r. **128**. 440. 1899. — 185. Ann. Inst. Pasteur. **14**. 139. 1900. — 186. Journ. chem. soc. **93**. 217. 1908. — 187. Zeitschr. phys. Chem. **78**. 246. 1900. — 188. Sv. Vet. Akad. Arkiv f. Kemi. **3**. Nr. 34. 1910; Zeitschr. phys. Chem. **70**. 279. 1910/11; **76**. 388. 1912; **78**. 246. 1912; **79**. 274. 1912; 84. 97. 1913; 88. 430; **89**. 272. 1914; **97**.

286. 1916; **106**. 201; **107**. 269. 1919; **109**. 65. 1920. Biochem. Zeitschr. **58**. 467. 1914; **67**. 203. 1914; **85**. 406. 1917/18. — 189. Biochem. Zeitschr. **54**. 122. 1913; **67**. 364. 1914. — 190. Zeitschr. phys. Chem. **146**. 158. 1925. — 191. „Die Fermente und ihre Wirkungen". 5. Aufl. 1925, und zwar S. 420. — 192. Ann. Chem. **22**. 1. 1837. — 193. Journ. pharm. et chim. [2] **24**. 326. 1838; vgl. Ann. Chem. **28**. 289. 1838. — 194. *Armstrong, H. E., E. F. Armstrong* und *E. Horton*, Proc. roy. soc., Ser. B. **80**. 321. 1908, und zwar S. 324. — 195. *Wester, D. H.*, Anleitung zur Darstellung phytochemischer Übungspräparate. Berlin 1913, S. 120. — 196. Zeitschr. phys. Chem. **71**. 238. 1911. — 197. 2. Abhandlung über Pankreasenzyme. Zeitschr. phys. Chem. **125**. 132. 1922/23. — 198. Journ. chem. soc. **57**. 834. 1890. — 199. Zeitschr. phys. Chem. **69**. 152. 155. 1910; **73**. 335. 1911; **107**. 269. 1919; **109**. 65. 72. 1920. — 200. Journ. Americ. chem. soc. **32**. 774. 1910; **36**. 1566. 1914. — 201. Unveröffentlichter Versuch von *Willstätter* und *W. Grassmann*. Vgl. *R. Willstätter*, l. c. 4b. — 202. 8. Abhandlung zur Kenntnis des Invertins. Zeitschr. phys. Chem. **142**. 257. 1924/25. — 203. 10. Abhandlung zur Kenntnis des Invertins. Zeitschr. phys. Chem. **147**. 248. 1925. — 204. 12. Abhandlung zur Kenntnis des Invertins. Zeitschr. phys. Chem. **151**. 1. 1925/26. — 205. Journ. de Pharm. Chim. [III] **2**, 273 (1842). — 205a. „Über das Wesen des Verdauungsprozesses". Arch. f. anat. Phys. **1836**, 90. — 206. „Beiträge zur Lehre von der Verdauung". 2. Abt. I. Das Pepsin. Sitzungsber. d. math.-naturw. Kl. d. K. Akad. d. Wissensch., Wien. **43**. 601. 1861. — 207. R. Virchows Arch. f. path. Anat. u. Phys. **25**. 279. 1862. — 208. R. Virchows Arch. f. path. Anat. u. Physl. **28**. 241. 1863. — 209. Upsala Läkareförenings Förhandlingar. 8. 63. 1872; zit. nach d. Originalreferat von *O. Hammarsten* in R. Malys Jahresber. über die Fortschr. d. Tierchemie. 2. Bd. f. 1872. 118. 1874. — 211. 1878. S. 216. — 212. *Michaelis, L.*, Biochem. Zeitschr. **7**. 488. 1907/08; **12**. 26. 1908; *Michaelis, L.* und *M. Ehrenreich*, Biochem. Zeitschr. **10**. 283. 1908. — 213. Cpt. rend. soc. biol. **1**. 770 u. 861. 1907; Biochem. Zeitschr. **24**. 53. 1909/10. — 214. Biochem. Zeitschr. **97**. 57. 1919; **102**. 268. 1920. — 215. Biochem. Zeitschr. **16**. 81. 1909; **17**. 231. 1909; **25**. 1. 1910; **30**. 481. 1911; **57**. 70. 1913; **83**. 320. 1913; **59**. 100. 1914; **64**. 13. 1914. — 216. Cpt. rend. soc. biol. **1**. 226. 1907; *Henry, V.*, Biochem. Zeitschr. **16**. 473. 1909. — 217. Die Absorption. Dresden 1910; vgl. dazu auch *A. Zsigmondy*, Kolloidchemie. 3. Aufl. Leipzig 1920. S. 209 u. 214. — 218. „Über Hydrate und Hydrogele": a) 1. Mitteilung, Ber. Chem. Ges. **56**. 149. 1923. b) 2. Mitteilung, ebenda, S. 1117. 1923. c) 3. Mitteilung, Ber. Chem. Ges. **57**. 58. 1924. d) 4. Mitteilung, ebenda, S. 63. e) 5. Mitteilung, ebenda, S. 1082. f) 6. Mitteilung, ebenda, S. 1491. g) 7. Mitteilung, Ber. Chem. Ges. **58**. 2448. 1925. h) 8. Mitteilung, ebenda, S. 2458. i) 9. Mitteilung, ebenda, S. 2462. k) 10. Mitteilung, Ber. Chem. Ges. **59**. 2541. 1926. l) Zusammenfassung: *Kraut, H.* „Zur Chemie der Tonerde-Hydrogele. Zentralbl. f. Mineralog. Jahrg. 1926, Abt. A, Nr. 3, S. 64. — 219. Bl. (3). **13**. 41. 1895. — 220. Journ. phys. Chem. **24**. 505. 1920. — 220a. Ber. Chem. Ges. **60**, 1916 [1927]. — 221. In *C. Oppenheimer* und *R. Kuhn*, „Die Fermente und ihre Wirkungen". 5. Aufl. 1925, und zwar S. 116. — 222. Pflügers Archiv. **181**. 340. 1920; **194**. 318. 1922. — 223. Soc. biol. **83**. 1458; **84**. 230. 1921. — 224. Zeitschr. physiol. Chem. **166**. 241. 1927. — 225. 10. Abhandlung über Pankreasenzyme. Zeitschr. physiol. Chem. **142**. 14. 1924/25. — 226. „Über Enzymasorption". I. *Kraut, H.* und *E. Wenzel*, Zeitschr. physiol. Chem. **133**. 1. 1923/24. II. *Kraut, H.* und *E. Wenzel*, Zeitschr. physiol. Chem. **142**. 71. 1924/25. III. *Kraut, H.* und *E. Bauer*, Zeitschr. phys. Chem. **164**. 10. 1926/27. *Kraut, H.* Untersuchungen über die Adsorption von Enzymen und anderen hochmol. Stoffen". Habilitationsschrift München 1925. — 227. Zeitschr. phys. Chem. **147**. 286. 1925. — 228. Zeitschr. phys. Chem. **127**. 115. 1922/23. — 230. 4. Mitteilung zur Kenntnis des Invertins. Zeitschr. phys. Chem. **123**. 181. 1922. — 231. 5. Mitteilung zur Kenntnis des Invertins. Zeitschr. phys. Chem. **133**. 193. 1923/24. — 232. Ber. Chem. Ges. **60**. 1639. 1927. — 233. Zeitschr. phys. Chem. **73**. 335. 1911. — 234. Zeitschr. phys. Chem. **107**. 269. 290. 1919. — 235. Zeitschr. phys. Chem. **128**. 1, 9. 1923. — 236. Biochem. Journ. **1**. 484. 1906; **2**. 81. 1907; Zeitschr. phys. Chem. **50**. 497. 1907; **60**. 364. 1909; **63**. 143. 1909. — 237. Pflügers Arch. **157**. 251. 1914, und zwar S. 271. — 238. Biochem. Zeitschr. **115**. 269. 1921. — 239. Zeitschr. phys. Chem. **151**. 273. 1925/26. — 240. Biochem. Zeitschr. **7**. 488. 1907/08; **10**. 283. 1908. — 241. Zeitschr. phys. Chem. **73**. 335. 1911. — 242. Journ. Americ. chem. soc. **36**. 566. 1914. — 243. Journ. of biol. chem. **69**. 435; **70**. 97. 1926. — 243a. *Sumner, J. B.* und *D. B. Hand*, Journ. of biol. chem. **76**. (1928); Naturw. **16**. 145. (1928). — 244. Ber. Chem. Ges. **60**. 1147. 1927. — 245. Biochem. Zeitschr. **60**. 79. 1914. — 246. The nature of Enzyme

Action. 3. Aufl., London 1914, und zwar S. 107. — ·247. „Das Fermentproblem". Dresden 1922. — 248. Faraday Lecture vom 18. 10. 1907. Proc. chem. soc. **23**. 220. 1907; Journ. chem. soc. London. **91**. 1749. 1907. — 249. Ber. Chem. Ges. **56**. 446 u. 1097. 1923. — 250. Zeitschr. phys. Chem. **138**. 38. 1924; vgl. ferner Ber. Chem. Ges. **57**. 299. 859. 1924. — 251. *Fürth, O. v.* und *E. Nobel,* Biochem. Zeitschr. **109**. 103; *Fürth, O. v.* und *F. Lieben,* ebenda. S. 124. 1920; *Fürth, O. v.* und *Z. Dische,* Biochem. Zeitschr. **146**. 275. 1924. — 252. Zeitschr. phys. Chem. **112**. 282. 1921. — 253. Fermentf. **3**. 330. 1920; **4**. 29. 90, 142. 1920/21. — 254. *Moureu, Ch., Ch. Dufraisse, P. Robin* und *J. Pougnet, C.* r. **170**. 26. 1920. — 255. *Fodor, A., A. Bernfeld* und *R. Schönfeld,* Kolloid.-Zeitschr. **37**. 159. 1925; *Fodor, A.* und *R. Schönfeld,* Kolloid.-Zeitschr. **39**. 240. 1926; Zeitschr. phys. Chem. **160**. 169. 1926 und a. a. O. — 255a. Biochem. Zeitschr. **167**. 227. 1926. — 256. *Kuhn, R.* und *L. Brann,* Ber. Chem. Ges. **59**. 2370. 1926; Zeitschr. phys. Chem. **168**. 27. 1927. — 257. *Kuhn, R., L. Brann, C. Seyffert* und *M. Furter,* Ber. Chem. Ges. **60**. 1151. 1927. — 258. Biochem. Zeitschr. **171**. 314. 1926. — 259. Ann. Chem. **452**. 158. 1927. — 260. C. r. **146**. 142, 781, 1217. 1908; **148**. 946. 1909; vgl. auch *J. Wolff* und *E. de Stoecklin,* Ann. Inst. Pasteur. **25**. 313. 1911. — 261. Zeitschr. phys. Chem. **71**. 204. 1911. — 262. Contribution a l'etude de la peroxydase. Thèse Genf 1907. — 263. Ber. Chem. Ges. **41**. 2345. 1908. — 264. Ann. Inst. Pasteur. **23**. 841. 1909; **24**. 789. 1910; C. r. **153**. 139. 1911; *Wolff, J.,* Thèse Paris. 1910. — 265. Ber. Chem. Ges. **59**. 1871. 1926. — 266. Zusammenfassung: Ber. Chem. Ges. **58**. 1001. 1925. — 267. Zeitschr. ang. Chem. **27**. 420. 1901; *Manchot, W.* und *O. Wilhelms,* Ber. Chem. Ges. **34**. 2479. 1901; *Manchot, W.,* Ann. Chem. **325**. 93. 1902; Verhandlungen der phys.-med. Gesellschaft zu Würzburg. N. F. **39**. 215. 1907/08. — 268. Zeitschr. phys. Chem. **160**. 154. 1926. — 268a. Biochem. Zeitschr. **189**. 1. 1927. — 268b. Unveröffentlichter Versuch. — 269. Zeitschr. phys. Chem. **151**. 31. 1926. — 269a. 11. Abhandlung über Pankreasenzyme. Zeitschr. phys. Chem. **142**. 217. 1924/25. — 270. Zeitschr. phys. Chem. **51**. 213. 1907. — 271. Zeitschr. phys. Chem. **167**. 285. 1927. — 272. Unveröffentlichter Versuch. — 273. Unveröffentlichter Versuch. — 274. In „Die Zymasegärung". Von *E. Buchner, H. Buchner* und *M. Hahn.* 1903. S. 324. — 275. Zeitschr. phys. Chem. **175**. 18. 1928. — 276. 1. Mitteilung über Maltase. Zeitschr. phys. Chem. **110**. 232. 1920. — 277. Ber. Chem. Ges. **59**. 226. 1926; **60**. 1341. (1927); 61. 1276. (1928); Zeitschr. phys. Chem. **157**. 122. 1926; **161**. 270. 1926; **166**. 294. 1927. — 278. Ber. Chem. Ges. **60**. 359. 1926/27. — 279. Ber. Chem. Ges. **60**. 1906. 1927. — 280. Ber. Chem. Ges. **36**. 2592. 1903; **37**. 3103. 1904. — 281. Zeitschr. phys. Chem. **46**. 52. 1905. — 282. Zeitschr. phys. Chem. **166**. 247. 1927. — 283. 4. Abhandlung über Pflanzenproteasen. Zeitschr. phys. Chem. **152**. 160. 1925/26. — 284. *Hedin, S. G.* und *S. Rowland,* Zeitschr. phys. Chem. **32**. 341, 531. 1901; *Hedin, S. G.,* Journ. of physiol. **80**. 155. 1904; Biochem. Journ. **2**. 112. 1906/07; Journ. of biol. chem. **54**. 177. 1922. — 285. Naturw. **11**. 180. 1923; Zeitschr. phys. Chem. **141**. 158. 1924; *Herzog, R. O.* und *M. Kobel,* Zeitschr. phys. Chem. **134**. 296. 1923/24. — 286. Naturw. **12**. 716. 1924 und a. a. O. — 287. Naturw. **12**. 1155. 1924; Ann. Chem. **445**. 1. 1925. — 288. „Die Fermente". 5. Aufl. 1925, und zwar besonders S. 778, 812, 809. — 288a. Biochem. Zeitschr. **179**, 261. 1926; vgl. dazu auch: *C. Oppenheimer,* „Lehrbuch der Enzyme". Leipzig 1927, 354ff. — 289. Zeitschrift phys. Chem. **156**. 114. 1926. — 290. Ber. Chem. Ges. **58**. 1356. 1925. — 291. Zeitschr. phys. Chem. **171**. 290. 1927. — 292. Zeitschr. phys. Chem. **156**. 99. 1926. — 293. Zeitschr. phys. Chem. **171**. 70. 1927. — 293a. Zeitschr. phys. Chem. **174**. 251. (1928). — 294. Unveröffentlichte Versuche von *Waldschmidt-Leitz* mit *Fr. Ziegler* und mit *J. Kahn.* — 295. *Steudel, H., J. Ellinghaus* und *A. Gottschalk,* Zeitschr. phys. Chem. **154**. 21 und 198. 1926; *H. Steudel* und *J. Ellinghaus,* Zeitschr. phys. Chem. **166**. 84. 1927. — 296. Biochem. Zeitschr. **187**. 410. 1927. — 296a. Zeitschr. phys. Chem. **174**, 47 1928. — 297. Zeitschr. phys. Chem. **54**. 363. 1907; **55**. 417. 1908; **57**. 342. 1908; **62**. 145. 1909; **66**. 277. 1911; 81. 1. 1912. — 298. Zeitschr. phys. Chem. **166**. 262. 1927. — 298a. Zeitschr. phys. Chem. **175**. 18. 1928. — 298b. Ber, Chem. Ges. **61**. 650. 1928. — 299. Zeitschr. phys. Chem. **151**. 151. 1926. — 300. *Waldschmidt-Leitz, A. Schäffner, H. Schlatter* und *W. Klein,* Ber. Chem. Ges. **61**. 299. 1928. — 301. *Waldschmidt-Leitz, E.* und *W. Klein,* Ber. Chem. Ges. — **61**. 640. 1928. — 302. *Waldschmidt-Leitz* und *G. Rauchalles,* Ber. Chem Ges. **61**. 645. 1928. — 303. Ber. Chem. Ges. **60**, 1341 (1927). — 304. *Abderhalden, E.* und *E. Schwab,* Fermentf. **9**, 501. (1928).

Einleitung.

Über die wichtigsten Ergebnisse seiner enzymchemischen Untersuchungen hat R. Willstätter zu wiederholten Malen zusammenfassend berichtet (1—4b). Wenn im folgenden der Versuch einer etwas ausführlicheren Darstellung gemacht wird, die ausser den wegleitenden Gedanken und den fundamentalsten Resultaten auch einiges aus der Fülle des experimentellen und theoretischen Einzelmaterials der Originalabhandlungen wiederzugeben sucht, so mag dies gerechtfertigt erscheinen durch die rege Bearbeitung, die dieses Gebiet gegenwärtig findet, und durch die grosse Bedeutung, die ihm im Zusammenhang mit Fragestellungen der Physiologie, wie auch im Hinblick auf das allgemeinere Problem der chemischen Katalyse zukommt.

Ein Überblick über den derzeitigen Stand der Enzymforschung wird damit nicht angestrebt; die Darstellung beschränkt sich vielmehr bewusst darauf, den Anteil zu schildern, der R. Willstätter, seinen Schülern und Mitarbeitern innerhalb der neueren Entwicklung der Enzymchemie zugefallen ist. Auf die gleichzeitigen Arbeiten anderer Autoren, insbesondere auf die wichtigen und umfangreichen Untersuchungen H. v: Eulers (5) und seiner Mitarbeiter soll daher im folgenden nur eingegangen werden, soweit sie mit den zu besprechenden Arbeiten in unmittelbare Berührung getreten sind, sie angeregt haben, ergänzen oder berichtigen.

Eine ähnliche Beschränkung gilt hinsichtlich einer Anzahl bedeutungsvoller und fruchtbarer Untersuchungen, die dem Beginn der systematischen Arbeit Willstätters vorausgehend, die neuere Entwicklung der Fermentforschung eingeleitet haben. Die Gewinnung von Zymaselösungen durch E. Buchner (1897) (6, 7), die freilich heute kaum mehr als ein geglücktes Beispiel von Enzymfreilegung betrachtet werden kann, bedeutet einen vorläufigen Abschluss des alten Gegensatzes zwischen mechanischer und vitalistischer Theorie der Enzymwirkung. Es ist Buchners Verdienst, den angenommenen Unterschied zwischen „geformten" und „ungeformten Fermenten", „Ferment" und „Enzym" beseitigt und die Einheitlichkeit des Enzymbegriffes wieder hergestellt zu haben. Damit war zugleich eine rein stoffliche Auffassung der Fermente angebahnt, ihre Wirkung als Spezialfall der bekannten katalytischen Wirkung anderer einfacherer Stoffe an die Seite gestellt. Die Untersuchungen von S. P. L. Sörensen (8) und von L. Michaelis (9) haben dann in der Wasserstoffionenkonzentration einen der für die Wirksamkeit der Fermente massgebenden Faktoren kennen und beherrschen gelehrt und zugleich die Wege gewiesen, die in vielen Fällen das quantitative katalytische Leistungsvermögen der Enzyme nach einfachen reaktionskinetischen Grundsätzen zu behandeln gestatten.

Der Vergleich der Enzyme mit den einfachen und bekannten, meist anorganischen Katalysatoren hat nicht nur die exakte Bearbeitung enzymatischer Vorgänge ermöglicht; er war auch geeignet, eine Reihe von Beobachtungen, so die Erscheinungen der Enzymvergiftung und der Enzymaktivierung dem Verständnis nahe zu bringen. Es muss aber hervorgehoben werden, dass die von der lebenden Zelle erzeugten Katalysatoren nicht nur ihrer stofflichen Natur nach, sondern auch in wesentlichen Zügen ihrer Wirksamkeit von den chemisch bekannten Reaktionsbeschleunigern verschieden sind. Hier mag an die grosse Empfindlichkeit erinnert werden, die vielfach, wenn auch nicht unbedingt mit Recht als ein unterscheidendes Merkmal der Enzyme angeführt wird. Es kann erwähnt werden, dass viele Enzyme schon in ihrer gegenwärtig erreichbaren Reinheit den Katalysatoren von bekannter Zusammensetzung im quantitativen Leistungsvermögen der Grössenordnung nach überlegen sind. Ein weit wichtigerer und das Wesen der Enzymwirkung treffender Unterschied dürfte indessen in der ausgesprochen scharfen Begrenzung der Spezifität zum Ausdruck kommen. Das Wasserstoff- und das Hydroxylion, wichtige und hochwirksame Reaktionsbeschleuniger der anorganischen Natur, vermögen nicht nur die Hydrolyse so verschiedenartiger Verbindungen, wie z. B. der Ester, Amide, Nitrile und Glucoside, sondern daneben auch noch eine Reihe von Kondensations- und Polymerisationsreaktionen zu katalysieren. Das spezifischer wirkende Platin überträgt den Wasserstoff auf eine grosse Anzahl höchst verschiedenartiger organischer und anorganischer Verbindungen; daneben vermag es z. B. wie Katalase die Zersetzung des Wasserstoffsuperoxyds zu beschleunigen. Die lebende Zelle dagegen bildet nicht nur für die Hydrolyse von Estern, Kohlenhydraten und Eiweisskörpern jeweils verschiedene Enzyme aus, sondern vielfach für die Spaltung viel näher verwandter Verbindungen, wie es z. B. die α- und die β-Glucoside sind. „Die Enzyme sind in ihrer strengen Spezifität, zugleich auch in ihrem grossen Leistungsvermögen bei engem Reaktionsbereich, den altbekannten anorganischen Kontaktstoffen überlegen" [R. Willstätter, l. c. (4)].

Während zu Beginn dieses Jahrhunderts die sichere Einordnung aller Fermentreaktionen in das Gebiet der chemischen Katalyse als ein grosser Fortschritt für die Auffassung und für die experimentelle Bearbeitung des Enzymproblems zu bewerten war, sucht man heute umgekehrt die anorganischen Katalysatoren nach dem Vorbild der Enzyme zu verbessern und selektiver zu gestalten. Es ist in vielen Fällen gelungen, den Wirkungsbereich von Kontaktsubstanzen durch geeignete „aktivierende" oder „vergiftende" Zusätze in erwünschter Weise einzuengen oder zu erweitern. Die künstliche Herstellung spezifisch wirkender Katalysatoren und Katalysatorgemische hat besonders in den Arbeiten von A. Mittasch (10) im Laboratorium der badischen Anilin- und Sodafabrik seit fast zwei Jahrzehnten zu theoretisch wichtigen und praktisch sehr bedeutsamen Ergebnissen geführt. Bei der katalytischen Oxydation von Ammoniak liefert nach A. Mittasch Eisenoxyd mit Zusatz von Wismutoxyd fast ebenso gute Ergebnisse wie ein guter Platinkontakt. Oder: Reines Zinkoxyd wirkt auf ein Kohlenoxydwasserstoffgemisch unter Druck in der Richtung der Methanolbildung; aber ein kleiner Zusatz von Eisen zur Kontaktsubstanz genügt, um die Reaktion in der Richtung der Kohlenwasserstoffbildung abzulenken. Die Enzymchemie kennt bemerkenswerte Analogien zur Reaktionslenkung durch Mischkatalysatoren. Trypsin und Trypsinkinase, Papain und Papaincyanwasserstoff sind Katalysatoren nicht nur von quantitativ verschiedenem Leistungsvermögen, sondern auch von qualitativ verschiedener Spezifität; die Abbaureaktionen der Proteine können mit Hilfe dieser spezifischen Reagenzien in verschiedene Bahnen, über verschiedenartige Zwischenprodukte geleitet werden.

Indessen erscheint eine allzu starke Herausarbeitung dieser Analogiebeziehungen nicht unbedenklich. Schon die Wirkungen einfacher und bekannter Katalysatoren lassen sich keineswegs auf ein gemeinsames Prinzip zurückführen. Von der Katalyse durch Zwischenreaktionen im homogenen Medium bis zur reinen Oberflächenwirkung scheinen alle Übergänge vertreten zu sein. Noch viel weniger brauchen einfache Katalysatoren und Fermente, selbst wenn sie gleiche Reaktion katalysieren, ihre Leistung durch denselben Mechanismus zu berwerkstelligen. „Dem unermesslichen Tatsachengebiet der Katalyse gehören Fälle von so verschiedener Art an, dass es ein unfruchtbares Bemühen ist, mit einer einzigen Erklärungsweise alle Erscheinungen zu erfassen" [R. Willstätter, l. c. (4)].

Die experimentelle Arbeit Willstätters geht von der Grundannahme aus, „dass die Träger enzymatischer Reaktionen Stoffindividuen unbekannter chemischer Eigenart sind" [l. c. (1)] und dass reaktionskinetische Messungen ihrer Wirkung es möglich machen sollten, „die verschiedenen Enzyme als chemisch individuelle Stoffe ihrer Menge nach zu bestimmen." Es wird im Laufe dieser Abhandlung darzulegen sein, in welchem Umfange diese beiden Grundannahmen sich bewährt haben, wie weit Einschränkungen und Modifikationen notwendig geworden sind. Unabhängig davon besteht der heuristische Wert der Auffassung; denn diese und nur diese Arbeitshypothese hat in der konsequenten Durchführung Willstätters zur Schaffung einer bedeutsamen, über den Rahmen der Enzymchemie hinausreichenden Methodik und zur Auffindung wichtiger experimenteller Ergebnisse geführt.

I. Quantitative Bestimmung der Enzyme.

Der Sinn quantitativer Bestimmungsmethoden der Enzyme ist ein zweifacher:

Sie dienen einmal der Kontrolle aller präparativen Operationen, die im Gange der Enzymgewinnung und Enzymreinigung zur Anwendung gelangen. Diese Kontrolle bezieht sich

a) auf die Ausbeute im Verhältnis zum Ausgangsmaterial,

b) auf die enzymatische Konzentration, den Reinheitsgrad in den erhaltenen Lösungen und Präparaten.

Die exakte quantitative Kontrolle der Ausbeuten und der Reinheit, die in älteren präparativ gerichteten Untersuchungen über Fermente fast stets gefehlt hatte, vermittelt erst ein sicheres Urteil über die Zweckmässigkeit und den Erfolg der angewandten Operationen; sie hat in vielen Fällen die Unzulänglichkeit früher empfohlener Darstellungs- und Reinigungsverfahren erwiesen.

Als allgemeines Mass für die Mengen (Ausbeuten) und die Konzentrationen (Reinheitsgrade) verschiedener Enzyme dienen nach dem Vorschlage von R. Willstätter und R. Kuhn (11) Masseinheiten, die auf Grund der Messung von Reaktionsgeschwindigkeiten festgesetzt werden. Die Mengen des Enzyms werden in „Enzymeinheiten“ angegeben, die enzymatischen Konzentrationen durch „Enzymwerte“, nämlich durch die Anzahl der Enzymeinheiten in gewissen Substanzmengen.

Die Festsetzung von Einheiten verfolgt noch einen anderen Zweck: Die Rohprodukte, die das Ausgangsmaterial der präparativen Versuche bilden, zeigen mannigfaltige Wirkungen gegenüber verschiedenen Substraten. So vermag die Pankreasdrüse Fette, Kohlenhydrate und Proteine abzubauen; der Hefepilz und die aus ihm gewonnenen Extrakte sind imstande, sowohl Proteine wie auch die verschiedensten Arten von Kohlenhydraten und Glucosiden zu zerlegen. Es ergibt sich die Frage, ob die beobachteten Wirkungen jeweils verschiedenen oder denselben aktiven Substanzen zuzuschreiben sind. Unter der Voraussetzung, dass der auf Grund einer bestimmten Wirkung ermittelten Anzahl von „Enzymeinheiten“ wirkliche Enzymmengen in dem geprüften Material proportional sind, sollte diese Frage leicht entschieden werden können. Vermag ein und dasselbe Enzym mehrere Reaktionen herbeizuführen, so sollten die aus der Messung dieser verschiedenen Reaktionen abgeleiteten Enzymeinheiten immer im konstanten gegenseitigen Verhältnis auftreten, unabhängig von der Beschaffenheit des Ausgangsmaterials und den Fraktionierungs- und Reinigungsvornahmen, denen man es unterwirft. Wenn aber die verschiedenen Wirkungen auf verschiedene Enzymindividuen zu beziehen sind, so wird, entsprechend dem wechselnden gegenseitigen Mengenverhältnis der Enzyme, auch das Verhältnis der gefundenen Einheiten von einem Präparat zu anderen wechseln. Die Ermittlung von Enzymeinheiten bedeutet also zugleich eine wichtige Unterlage für die Abgrenzung der Spezifität („Methode der Zeitwertquotienten“).

Eine solche Betrachtungsweise beruht jedoch auf einer unbewiesenen Voraussetzung. Es ist nämlich nicht sicher, dass „unter gleichen äusseren Bedingungen gleiche Enzymmengen unabhängig von der differierenden Art und Konzentration der natürlichen Begleitstoffe immer gleiche Reaktionsgeschwindigkeiten bewirken“ [B. Kuhn (11a)]. Dieser Einwand ist besonders klar durch A. Kiesel (12) ausgesprochen worden: „Erstens wird der quantitative Vergleich verschiedener Objekte und Individuen in bezug auf Fermentgehalt unrichtig, da wir nur auf Grund der fermentativen Wirkung eine Vorstellung über die Quantität des Ferments bekommen, die fermentative Wirkung aber von den Beimengungen höchst beeinflusst wird. Zweitens können die anwesenden fremdartigen Körper der Tätigkeit des Fermentes einer zum Angriff dargebotenen Substanz gegenüber hinderlich, einer anderen gegenüber aber ohne Einfluss oder sogar behilflich sein“.

Die Berechtigung dieser Bedenken ist in vollem Umfange anzuerkennen. Gerade durch die Untersuchungen Willstätters ist eine Reihe von Tatsachen bekannt geworden, die den von Kiesel geäusserten Einwand in ausgezeichneter

Weise zu illustrieren vermögen. Aber es kann behauptet werden, dass eine entsprechende Kenntnis dieser aktivierenden und hemmenden Faktoren, die auf experimentellem Wege zu gewinnen ist, ihren Einfluss meistens zu berücksichtigen und auszuschalten erlaubt. Die richtige quantitative Bestimmung von Enzymmengen hängt demnach ab von der Berücksichtigung aller für das Leistungsvermögen der Enzyme massgebenden Umstände, der Beobachtung und Ausschliessung aller erkennbaren Fehlerquellen. In der Tat ist es gelungen, die bestehenden Schwierigkeiten in einzelnen Fällen vollkommen, in vielen anderen in praktisch ausreichendem Masse zu überwinden.

A. Grundlagen der quantitativen Bestimmung.

Die Messung relativer Enzymmengen und ihr Vergleich in verschiedenen Enzympräparaten beruht auf der Ermittlung der Geschwindigkeit, mit der das Enzym unter bestimmten Bedingungen den Umsatz des Substrates vollzieht. Wenn die Enzymreaktion einem einfachen kinetischen Gesetz folgt, z. B. monomolekular verläuft, was nicht selten in guter Annäherung zutrifft, so bietet sich in den Reaktionskonstanten ein einfaches Mass der Reaktionsgeschwindigkeit. Unabhängig von der Form der Kinetik und daher allgemeiner anwendbar ist das Verfahren, diejenige Zeit zu ermitteln, in der die vorliegende Enzymmenge einen bestimmten Bruchteil, beispielsweise $50\,^0/_0$ des Substrates, umsetzt; diese Zeit, „der Zeitwert", kann z. B. aus mehreren Messungen des Reaktionsverlaufes durch Interpolation abgeleitet werden. In anderen Fällen bedient man sich zur Bestimmung von Enzymmengen empirischer Kurven, die die Beziehung zwischen Enzymmenge und Umsatz unter bestimmten Bedingungen und für eine bestimmte Reaktionszeit darstellen; solche Kurven ermittelt man durch Messung mit verschiedenen Mengen eines Enzympräparates, auf das die Leistungen anderer Präparate bezogen werden. Bei genügend grossem Substratüberschuss, kleiner Enzymmenge und kurzer Reaktionsdauer, d. h. wenn man sich auf die Messung von Anfangsgeschwindigkeiten beschränkt, können diese Kurven linear verlaufen; der Umsatz ist dann der Enzymmenge proportional.

Die Beziehung

$$\text{Enzymmenge} \times \text{Zeitwert} = \text{konstant}$$

hat sich für viele Enzymreaktionen in mehr oder weniger weitem Bereich als gültig erwiesen, wenn es sich um verschiedene Mengen ein und desselben Enzympräparates handelt. Für den Fall monomolekularen Reaktionsverlaufes lässt sie sich völlig analog wiedergeben durch

$$\text{Enzymmenge}/\text{Reaktionskonstante} = \text{konstant.}$$

Das besagt, dass Enzymmengen, die sich etwa wie 1 : 2 : 4 verhalten, eine bestimmte Leistung, z. B. den Umsatz von $50\,^0/_0$ des Substrates, in Zeiten bewirken, die im Verhältnis 4 : 2 : 1 stehen.

Abweichungen von dieser Beziehung, deren Gültigkeit jederzeit nachgeprüft werden kann, weisen darauf hin, dass durch Nebenvorgänge der rein katalytische Ablauf der Enzymreaktion beeinträchtigt wird. So galt es z. B. nach den Untersuchungen von A. Bach und R. Chodat (13) als Merkmal der Peroxydase, dass eine bestimmte Menge des Enzyms jeweils nur eine bestimmte Menge Hydroperoxyd zu aktivieren vermöge. Ein solches Verhalten wäre mit dem Enzymbegriff nicht vereinbar. Es hat sich zeigen lassen, dass es durch die unter den angewandten ungeeigneten Reaktionsbedingungen erfolgende Hemmung des Enzyms vorgetäuscht war und dass es unter schonenderen Bedingungen leicht gelingt, Proportionalität zwischen Enzymmenge und Reaktionsgeschwindigkeit zu erzielen [Willstätter und A. Stoll (14)].

Zwischen Enzymmenge und Reaktionszeit für einen bestimmten Umsatz besteht umgekehrte Proportionalität auch noch bei den meisten derjenigen Reaktionen, deren Kinetik im einzelnen undurchsichtig ist, wie z. B. bei der Spaltung von Proteinen, hochmolekularen Kohlenhydraten und dergleichen.

Das quantitative katalytische Leistungsvermögen einer gegebenen Enzymmenge hängt von einer Reihe von Faktoren ab, unter denen die Temperatur, die Wasserstoffionenkonzentration, die Konzentration des Substrates, der Verteilungszustand und die Anwesenheit aktivierender oder hemmender Substanzen die wichtigsten sind. Ein Teil dieser Faktoren kann frei gewählt und bei allen Messungen gleichmässig gestaltet werden, ein anderer ist mehr oder weniger von der jeweiligen Beschaffenheit des untersuchten Enzymmaterials abhängig. Die Aufgabe einer exakten Mengenbestimmung der Enzyme besteht darin, die Bedingungen so zu wählen, dass die von der Zusammensetzung und dem Zustand der Enzymlösungen herrührenden wechselnden Einflüsse nach Möglichkeit zurücktreten gegenüber der Wirkung der unter den Versuchsbedingungen konstant gehaltenen Faktoren. Man wird also versuchen, die Leistungen eines Enzyms zu verfolgen entweder unter Bedingungen, unter denen es seine maximale Wirksamkeit entfaltet, oder doch so, dass immer ein konstanter Bruchteil der maximalen Wirkung zur Geltung gebracht wird. Das wird nicht immer vollständig zu erreichen sein. Die angewandten Bestimmungsmethoden sind daher „für jeden Schritt der Isolierung von neuem nachzuprüfen und hinsichtlich ihrer Zulässigkeit und Genauigkeit vorsichtig zu bewerten. Die quantitativen Bestimmungen und Vergleiche der Enzymmengen sind oft ungenau und unsicher, aber sie sind unentbehrlich“ [Willstätter, l. c. (2)].

Zur quantitativen Verfolgung des enzymatisch ausgelösten chemischen Umsatzes selbst sind in den Untersuchungen Willstätters sehr verschiedenartige Methoden in Anwendung gekommen, nämlich gravimetrische (Chlorophyllase, Proteasen), titrimetrische (Esterasen, Proteasen, Carbohydrasen), polarimetrische (Carbohydrasen), stalagmometrische (Lipasen), colorimetrische (Peroxydase) u. dgl. Natürlich bringt auch die Anwendung dieser Methoden selbst eine Reihe von Fehlermöglichkeiten mit sich, von denen einige bei der Besprechung der einzelnen Bestimmungsmethoden noch zu erwähnen sein werden. Hier sollen nur diejenigen Gesichtspunkte erörtert werden, die massgebend sind, wenn es sich darum handelt, aus der gemessenen enzymatischen Wirkung auf die zugrundeliegenden Enzymmengen zurückzuschliessen.

1. Die Wasserstoffionenkonzentration.

Die Erfahrung, dass die Wirksamkeit der Enzyme in vielen Fällen von der Herstellung einer geeigneten Reaktion des Mediums abhängt, ist zwar alter Besitz der Enzymchemie; aber es ist das Verdienst von S. P. L. Sörensen (l. c.) und von L. Michaelis (l. c.), den entscheidenden Einfluss der Wasserstoffionenkonzentration klar erkannt und Methoden zu seiner Berücksichtigung und Beherrschung angegeben zu haben. Die Gestalt der p_H-Kurve, vor allem aber die Lage des Reaktionsoptimums, wurde besonders in den Untersuchungen der Michaelisschen Schule vielfach als eine charakteristische und unterscheidende Eigenschaft der einzelnen Enzyme angesehen. Indessen hat man zu beachten, dass die Wasserstoffionenkonzentration nur einen, wenn auch einen oft sehr wesentlichen, von den zahlreichen Einflüssen des Milieus darstellt. In den Untersuchungen Willstätters ist der Nachweis erbracht worden, dass die p_H-Abhängigkeit nicht nur von der Natur des Enzyms, sondern mitunter ebensosehr von der des Substrates bestimmt wird und ausserdem bisweilen durch ganz andere, kompliziertere Faktoren vorgetäuscht oder entstellt werden kann. Allgemein erscheint die Messung mit sehr unreinen Enzympräparaten nicht geeignet, um die wirkliche p_H-Abhängigkeit eines Enzyms erkennen zu lassen.

Indessen ist das Verhalten der einzelnen Enzyme in dieser Hinsicht ein verschiedenes. Im Falle des Invertins findet man das p_H-Optimum ($p_H = 4$—5) und die wesentlichen Eigenschaften der Aktivitäts-p_H-kurve übereinstimmend, gleichgültig, ob zur Messung rohe Hefeauszüge [L. Michaelis und H. Davidsohn (15), Michaelis und Rothstein (16), Michaelis (17)] oder rund 400 mal konzentriertere, von Kohlehydraten, Proteinen und Phosphorverbindungen freie Enzympräparate verwendet werden [Willstätter, J. Graser und R. Kuhn (18)]. Auch bei seiner Einwirkung auf Raffinose [Willstätter und R. Kuhn (19)] zeigt das Enzym fast genau dieselbe Abhängigkeit von der $[H^{\cdot}]$. Ebenso zeigt auch die Maltose keine charakteristischen Unterschiede des p_H-Optimums bei der Einwirkung auf verschiedene Substrate, nämlich auf Maltose [Michaelis und P. Rona (20), Willstätter und W. Steibelt (21), Willstätter und E. Bamann (22)] (Optimum 6—7) und auf α-Methylglucosid [Rona und Michaelis (20), Willstätter und Steibelt (23)]; geringfügige Differenzen scheinen hier eher von der Beschaffenheit der Enzymlösung bedingt zu sein.

Das Verhalten der Saccharase, deren p_H-Abhängigkeit im wesentlichen durch die elektrochemische Natur des Fermentes bestimmt sein dürfte, scheint einen Grenzfall darzustellen. Schon die β-Glucosidase des Emulsins zeigt deutliche, wenn auch nicht sehr erhebliche Unterschiede bei der Spaltung verschiedener Substrate. Man findet das Optimum für die Spaltung von

Salicin bei $p_H = 4{,}4$, Helicin bei $p_H = 5{,}3$ [1]
Arbutin bei $p_H = 4{,}1$, β-Methylglucosid $p_H = 4{,}4$ bis 5,0,
β-Phenylglucosid etwa bei p_H 5 (24, 25).

Die Proteasen und die Lipasen bieten schliesslich Beispiele dafür, dass die beobachtete p_H-Abhängigkeit vorwiegend von der Natur des Substrates und von den aktivierenden oder hemmenden Beimengungen der Enzyme bestimmt wird.

Das Optimum der Pankreaslipase verschiedener Tiere wird übereinstimmend im schwach alkalischen Gebiet gefunden. Es liegt für die Pankreaslipase des Rindes nach P. Rona und Z. Bien (26) bei $p_H = 8{,}4$ bis 9,0, für die Lipase des Menschen und des Hundes nach P. Rona und Pavlovic (27) und nach H. Davidsohn (28) zwischen $p_H = 6{,}95$ und 8; dasselbe gilt von der Pankreaslipase des Schweines. Auch die Leberesterase [Knaffl-Lenz (29)] und die Takaesterase [Willstätter und H. Kumagawa (31), I. Ogawa (32)] wirken am besten im schwach alkalischen Gebiet. Indessen führte schon eine eingehendere Untersuchung der Pankreaslipase [Willstätter, E. Waldschmidt-Leitz und F. Memmen (30)] zu dem Ergebnis, „dass diese Abhängigkeit, so wie sie gefunden wurde, durch ganz andere, kompliziertere Faktoren vorgetäuscht oder entstellt wird". Gewisse Stoffe, die in der Drüse und ihren Auszügen die Lipase begleiten, oder die im Darm mit ihr zusammentreffen, z. B. Calciumsalze, gallensaure Salze und Eiweissstoffe, wirken nämlich im alkalischen Gebiet aktivierend und sind indifferent oder sogar hemmend im sauren Gebiet.

Ganz anders erscheint das Verhalten der Magenlipase. Das Wirkungsoptimum der Magenlipase des Menschen und des Hundes liegt nach den Untersuchungen von H. Davidsohn (33) und nach den Angaben von M. Takata (34) im sauren Gebiet z. B. für Magenlipase des Menschen zwischen $p_H = 4$ und 5. Die von H. Davidsohn (l. c.) vertretene Ansicht, „dass die festgestellte Divergenz zwischen der Pankreas- und der Magenlipase als Beweis für die Existenz zweier verschiedener lipatischer Fermente angesehen" werden könne, ist auch von H. v. Euler (35) in seinem Lehrbuch übernommen worden. Indessen ist das Verhalten der Magenlipasen verschiedenen Ursprungs nicht einheitlich. Die Magenlipase des Schweines wirkt nach Willstätter, F. Haurowitz und F. Memmen (36) am besten im schwach alkalischen Gebiet. Aber sie stimmt auch nicht mit der Pankreaslipase überein: während diese bei $p_H = 8{,}6$ mehr wie zehnmal rascher spaltet als bei $p_H = 4{,}7$, findet man bei der Magenlipase des Schweines das Verhältnis zwischen der Spaltung bei alkalischer und bei saurer Reaktion kleiner und von Präparat zu Präparat

[1] K. Josephson (25a) findet das Optimum der Helicinspaltung bei $p_H = 4{,}4$; seine Untersuchung bestätigt im übrigen die Angaben Willstätters. Das p_H-Optimum ändert sich nicht bei der Reinigung des Enzyms [Josephson (25b)].

schwankend, nämlich zwischen 2 und 8. Ähnlich verhält sich die Lipase des Pferdemagens. Dagegen war für die Lipase des menschlichen Magens [F. Haurowitz und W. Petrou (37)], ebenso für die von Hund und Katze der Befund von Davidsohn vollkommen zu bestätigen. Nach den Ergebnissen von Willstätter, Haurowitz und Memmen [l. c. 36)] konnte es scheinen, „als sei die Magenlipase der Carnivoren (..) für saures Medium eingestellt (..), die Magenlipase der Herbivoren dagegen für die Wirkung im alkalischem Medium". Diese Annahme hat sich nicht im vollen Umfange bestätigt: Abweichend von der Norm findet man bei Hasen und Kaninchen saures, umgekehrt bei allen Vögeln und Fischen, auch den fleischfressenden, alkalisches Wirkungsoptimum (Haurowitz und Petrou, l. c.).

Wichtig ist nun das Ergebnis, dass das Optimum, obwohl es für jede einzelne Tierspezies in den Rohlösungen ausserordentlich konstant gefunden wird [Haurowitz, l. c. (37)], keineswegs eine Eigenschaft des Enzyms selbst darstellt. Im Laufe der Reinigung schwinden die Unterschiede, welche die verschiedenen Magenlipasen sowohl untereinander wie im Vergleich mit der Pankreaslipase aufweisen. Dieser Nachweis hat im Falle der Schweinemagenlipase [Willstätter und Memmen (38)], der Hundelipase [Willstätter und Mitarbeiter, l. c. (36)] und der menschlichen Magenlipase (Haurowitz, l. c.) erbracht werden können. Die folgende Zusammenstellung, die sich auf das Verhalten der Magenlipase vom Hunde bezieht, zeigt deutlich, wie mit jedem Schritte der Reinigung das Wirkungsoptimum aus dem sauren Gebiet in das alkalische wandert:

Wirkungsoptimum und -minimum im Bereich zwischen $p_H = 4{,}7$ und 8,6 (Magenlipase des Hundes).

	Optimum p_H	Minimum p_H
Lipaselösung aus Mucosa . . .	5,5—6,3	8,6
Umgefällt mit Essigsäure . . .	5,5—6,3	8,6
Elektrodialysiert	6,3—7,1	4,7
Mit Kaolin gereinigt	7,1—7,9	4,7

Wenn man die Wirkung bei alkalischer Reaktion ohne Ausgleich verfolgt, so wächst daher trotz der unvermeidlichen Verluste in den aufeinanderfolgenden Operationen der Reinigung die Ausbeute scheinbar um mehr als das Doppelte. Die beobachteten Unterschiede zwischen Magen- und Pankreaslipase, wie auch zwischen den Magenlipasen verschiedener Tiere, beruhen auf dem Einfluss aktivierender und hemmender Begleitstoffe. Die Lipasen mit saurem Optimum, z. B. die Hundelipase, enthalten in ihrem natürlichen Vorkommen Beimischungen, die im alkalischen Gebiet stark hemmen, vielleicht auch solche, die im sauren Gebiet aktivieren.

Bei der Lipase des Ricinussamens ändert sich die ph-Abhängigkeit im Laufe der Keimung. Das Wirkungsoptimum liegt beim ruhenden Samen bei ph = 4,7 bis 5,0 und verschiebt sich während der Keimung zum Neutralpunkt. Der Vorgang steht mit dem Abbau von Proteinsubstanzen in Zusammenhang. Denn es gelingt, denselben Effekt auch künstlich herbeizuführen, nämlich durch gelinde Einwirkung von Pepsin auf die Lipase [Willstätter und E. Waldschmidt-Leitz (39)].

Bei den Proteasen dürfte vor allem die elektrochemische Natur des Substrates für den Verlauf der p_H-Kurve von Bedeutung sein. J. H. Northrop (40) hat für den Fall des Pepsins und des Trypsins die Auffassung entwickelt, dass jenes nur mit Eiweisskationen, dieses nur mit Eiweissanionen zu reagieren vermöge. Diese Folgerung ergibt sich aus Beobachtungen, wonach die Aktivitäts-p_H-Kurven der beiden Enzyme in einer Reihe von Fällen mit den Dissoziationskurven der angewandten Substrate annähernd zusammenfallen. Willstätter und W. Grassmann (41, 42) haben dem das Beispiel der Proteasen aus Carica Papaya (Papain) und aus Ananas (Bromelin) gegenübergestellt. Die beiden einander sehr nahe stehenden Enzyme spalten Gelatine und Albuminpepton am besten bei $p_H = 5$, also am isoelektrischen Punkt der verwendeten Proteinsubstrate. Für die Auflösung von Blutfibrin durch Papain (mit Blausäure) findet man dagegen, übereinstimmend mit vielen älteren Angaben, das Optimum im schwach alkalischen Gebiet, nämlich etwa bei $p_H = 7,2$. Auch diese Reaktion entspricht dem für Fibrin angegebenen isoelektrischen Punkt [I. N. Kugelmass (43)]. Trotzdem scheint weder die für Pepsin und Trypsin, noch die für Papain und Bromelin angenommene Beziehung zum Dissoziationszustand des Substrates genügend gesichert. Nach (unveröffentlichten) Versuchen von E. Waldschmidt-Leitz (44) entspricht die Northropsche Theorie in mehreren untersuchten Beispielen nicht dem experimentellen Ergebnis. Im Falle der Fibrinauflösung durch Papain könnte das Resultat durch die Adsorptionsverhältnisse an dem angewandten unlöslichen Substrat entstellt sein. Die Prüfung mit einigen löslichen Proteinen von basischem Charakter, die der Verfasser vorgenommen hat (unveröffentlicht), ergibt keinen einfachen Zusammenhang. Die Spaltung von Clupein und Thymushiston erfolgt zwar optimal bei einer mehr alkalischen Reaktion als diejenige von Gelatine und Albuminpepton, nämlich bei $p_H = 6,5$ bzw. 7,0, aber nicht so sehr im alkalischen Gebiet, wie es nach dem stark basischen Charakter dieser Substrate und auf Grund einiger älterer Literaturangaben [Rogozinsky (45)] zu erwarten war. Es ist also wahrscheinlich, dass die Gestalt der p_H-Kurve im Falle der Proteasen sowohl von der elektrochemischen Natur des Substrates wie von der des Enzyms bestimmt wird. Daneben dürften sich, wie nach den Befunden von W. E. Ringer und B. W. Grutteringk (46) angenommen werden muss, störende Einflüsse der in den angewandten Puffermischungen enthaltenen Ionen geltend machen.

Noch ein anderer Umstand hat die richtige Ermittlung der p_H-Abhängigkeit von Proteasen in gewissen Fällen früher vereitelt. Die Untersuchungen der Willstätterschen Schule haben zu dem Ergebnis geführt, dass viele

Proteasen in ihrem natürlichen Vorkommen nicht einheitlich, sondern in Form von Gemischen vorliegen. Prüft man die p_H-Abhängigkeit der Gelatineverdauung durch ein rohes Hefeautolysaat, so gelangt man je nach der angewandten Methodik und dem verwendeten Enzymmaterial zu verschiedenen Ergebnissen. K. G. Dernby (47) hat nach dem Verfahren der Gelatineverflüssigung [C. Fermi (48), S. Palitzsch und L. Walbum (49)] zwei Optima beobachtet, nämlich bei $p_H = 4{,}5$ und bei $p_H = 7{,}0$. Willstätter und W. Grassmann (50), die den Carboxylzuwachs durch Titration in alkoholischer Lösung ermitteln, finden z. B. ein dazwischenliegendes Optimum bei $p_H = 6{,}5$. In diesen Fällen ist die beobachtete Abhängigkeit vorgetäuscht durch das Zusammenwirken mehrerer Einzelenzyme. Das Enzymgemisch der Hefe enthält eine Pflanzenprotease, welche Gelatine und Albuminpepton optimal bei $p_H = 5$ bis 6 angreift, und ein dipeptidspaltendes, gegen Gelatine unwirksames Enzym mit alkalischem Reaktionsoptimum ($p_H = 7{,}8$). Die wahre p_H-Abhängigkeit der Protease ist erst nach der Befreiung von der dipeptidspaltenden Komponente erkennbar.

Auch die Spaltung von Dipeptiden und diejenige der höheren Peptide werden in der Hefe nicht durch dasselbe Enzym herbeigeführt [W. Grassmann (51)] (vergl. S. 141). Das polypeptidspaltende Enzym stimmt in der Abhänggkeit von der Reaktion mit der Dipeptidase nicht überein, es wirkt gegenüber Alanylglycyl-glycin und Leucyl-glycyl-glycin am besten zwischen $p_H = 6{,}7$ und 7,0. Es ist wahrscheinlich, dass auch die schwankenden p_H-Optima ($p_H = 6{,}6$ bis 7,3), die von E. Abderhalden und A. Fodor (52) bei der Hydrolyse von Polypeptiden durch Hefesaft beobachtet worden sind, auf das Zusammenwirken wechselnder Mengen von Dipeptidase und Polypeptidase zurückzuführen sind.

2. Einfluss der Verteilung.

Für das Zustandekommen der enzymatischen Reaktion ist, wie man anzunehmen hat, der unmittelbare Kontakt zwischen Ferment- und Substratmolekül Voraussetzung. Die Reaktionsgeschwindigkeit wird daher vom Verteilungszustand des Enzyms nur dann unabhängig sein können, wenn das Herandiffundieren des Substrates und die Wegdiffusion der Spaltprodukte von der Enzymoberfläche erheblich rascher erfolgt als die eigentliche Enzymreaktion, also z. B. der Zerfall der Enzymsubstratverbindung. Im folgenden soll zunächst die Wirkung von Enzymen in makroheterogenen Systemen, nämlich in Adsorbaten und in unlöslichen Ausgangsmaterialien (Zellen und Geweben), mit der in Lösung beobachteten Wirkung quantitativ verglichen werden. Ohne Zweifel ist für die Entfaltung der Enzymwirkung vielfach, besonders bei den Lipasen, in höherem Masse der Herstellung mehr oder weniger geeigneter Kolloidkomplexe (mikroheterogene Systeme) entscheidend. Einflüsse dieser Art, die nicht so sicher von anderen Mechanismen der Aktivierung und Hemmung unterschieden werden können, sollen erst im folgenden Abschnitt besprochen werden.

Man kennt Enzymadsorbate, in denen die Wirkung vollkommen erhalten ist, neben solchen von abgeschwächter oder aufgehobener Wirkung. Beispiele der ersten Art bieten besonders die Adsorbate des Invertins, z. B. an Kaolin oder Tonerde. „Die Invertinwirkung ist . . . unabhängig von dem gesamten Kolloidsystem, in welches das Enzym eingebettet ist, von der Teilchengrösse, von der Verteilung" [Willstätter, J. Graser und R. Kuhn, l. c. (18)]. Die quantitative Wirksamkeit von Adsorbaten des Invertins stimmt stets vollkommen mit derjenigen überein, die man nach der Analyse der zugehörigen Restlösungen und Elutionen zu erwarten hat. Dabei hat man allerdings zu beachten, dass unter den Bedingungen der üblichen Invertinbestimmung das Enzym durch die angewandte phosphathaltige Rohrzuckerlösung aus den Tonerdeadsorbaten eluiert wird, wenn auch nicht momentan. Indessen findet man den Wirkungswert von gelöstem und adsorbiertem Invertin auch dann übereinstimmend, wenn man ihn unter Bedingungen bestimmt, unter denen eine Elution vollständig unterbleibt [Willstätter und R. Kuhn (53), I. M. Nelson und D. J. Hitchcock (54)].

Auch die Tonerde- und Kaolinadsorbate der Pankreaslipase sind enzymatisch wirksam, aber man findet darin nur einen Bruchteil, z. B. die Hälfte derjenigen Wirkung, die nach dem Enzymgehalt der Restlösung vorhanden sein sollte. Dabei ist nicht etwa ein Teil des Enzyms durch die Adsorption zerstört worden; denn in den aus den Adsorbaten gewonnenen Elutionen findet sich wieder die volle Enzymmenge. Es ist wahrscheinlich, dass in solchen Adsorbaten das Enzym einem günstigeren Reaktionssystem (einem Adsorbens, das auch für das Substrat Adsorptionsaffinität besitzt) entzogen ist.

Diese Erklärung genügt nicht für die Cholesterin- oder Tristearinadsorbate der Lipase. In diesem zeigt das Enzym gar keine Wirkung oder doch nur eine ganz geringe Wirksamkeit, obwohl es noch erhalten ist. Es erscheint wahrscheinlich und bei der chemischen Natur dieser Adsorptionsmittel verständlich, dass die spezifisch wirkende Gruppe der Lipase im Cholesterin- und Tristearinadsorbat in Mitleidenschaft gezogen ist.

Auch die verminderte Wirksamkeit, die das in Proteinbleiniederschlägen festgehaltene Invertin aufweist, dürfte auf eine Beeinträchtigung der spezifisch wirkenden Gruppe des Enzymmoleküls zurückzuführen sein. Man findet in den Bleifällungen des Invertins nur beispielsweise 10—17 % des wirklichen Enzymgehaltes. Aber hier handelt es sich nicht um den Verteilungszustand. Auch in den Lösungen von reinerem Invertin, die durch Bleisalze gar nicht mehr gefällt werden, setzt schon eine geringe Menge Bleiacetat die enzymatische Wirkung in reversibler Weise herab. Die Erscheinung erinnert viel mehr an die reversible Vergiftung des Invertins durch Silber- oder Quecksilbersalze, die von H. v. Euler und Mitarbeitern (55) beobachtet und untersucht worden ist.

Für den Vergleich der Ausgangsmaterialien und für die Beurteilung der bei der Freilegung der Enzyme angewandten Methoden ist es notwendig, die Enzyme auch unmittelbar in ihren natürlichen Vorkommnissen (Pflanzengewebe und Zellen, Drüsen u. dgl.) ihrer Menge nach zu bestimmen. Auch dies konnte in vielen Fällen mit genügender Sicherheit und Genauigkeit erreicht werden. Wenn man die Peroxydase in sehr fein zerriebenen Pflanzenwurzeln [Willstätter und A. Stoll (14)], das Emulsin im entölten Samenpulver [Willstätter und W. Csanyi (24)], Lipase, Trypsin oder Amylase in der entfetteten und getrockneten Pankreasdrüse [Willstätter und Mitarbeiter (30)] quantitativ bestimmt, so findet man dieselben Enzymmengen, die aus den betreffenden Materialien durch verschiedene geeignete Freilegungsmethoden im Maximum gewonnen werden können. Es ist allerdings mit der Möglichkeit zu rechnen, dass in einzelnen dieser Beispiele das Enzym unter den Bedingungen der Bestimmungsmethode aus dem Material herausgelöst wird und tatsächlich in gelöstem Zustand wirksam ist.

Besonders sorgfältig sind die Verhältnisse im Falle der Hefeenzyme untersucht worden. Die quantitative Bestimmung von Enzymen in der Hefe ist auf folgenden Wegen gelungen:

1. in der unversehrten lebenden Hefe (also bei Ausschluss von Zellgift),
2. in der noch lebenden Hefe bei Anwesenheit von Zellgift,
3. in der abgetöteten verflüssigten Hefe;

diese drei Methoden, die sich gegenseitig kontrollieren, werden gesichert durch den Vergleich mit der Bestimmung

4. in Autolysaten, die das Enzym in maximaler Ausbeute enthalten.

Im Falle des Invertins führen die angeführten Methoden stets zu übereinstimmenden Ergebnissen. „Invertin in der Zelle wirkt wie Invertin in Wasser" [R. Willstätter, J. Graser und R. Kuhn (18)]. Dass man das Invertin der frischen Hefe in Gegenwart von Puffer und etwas Zellgift zuverlässig bestimmen kann, war schon in den Untersuchungen von J. O'Sullivan (56) und von H. v. Euler (60) erkannt und durch Willstätter und F. Racke (57, 58) bestätigt worden. Man findet gleichmässig sichere Ergebnisse, gleichgültig ob die saccharasereichsten Hefen (S. W. = $^1/_{15}$) oder fast hundertmal invertinärmere untersucht werden. Auch ist es belanglos, ob die Hefe einer Vorbehandlung unterworfen worden ist, die das Enzym in der Zelle festlegt und seine autolytische Freilegung vollkommen unterbindet.

Indessen konnte es noch zweifelhaft erscheinen, ob die in Gegenwart eines Antisepticums ermittelten Werte auch dem Enzymgehalt der Zelle in vollkommen unversehrtem Zustand, also ohne Zellgift, entsprechen. Die Invertinbestimmung in lebender Hefe ohne Zellgift wird durch die gleichzeitig verlaufende Gärung gestört; allerdings ist der dadurch bedingte Fehler schon bei gewöhnlicher Brauereihefe nicht sehr erheblich. Die Frage lässt sich scharf erst an der durch Gärführung bei geringer Zuckerkonzentration sehr invertinreich gemachten Hefe (190) entscheiden. Hier ist die Invertinwirkung im Verhältnis zur Gärungsgeschwindigkeit so stark, dass die Gärung in der Beobachtungszeit ganz ohne Einfluss ist. Die Bestimmung in der lebenden Hefe ohne Zellgift ergibt in diesem Falle nur eine ganz wenig höhere Wirksamkeit als die übliche Bestimmung in Gegenwart von Antisepticum [Willstätter und E. Bamann, l. c. (22), und zwar S. 257].

Bei den an Invertin ausserordentlich armen Hefen, die durch Einwirkung verdünnter Säuren oder Alkalien erhalten werden (S.W. $^1/_{1000}$—$^1/_{24000}$), fallen die in Gegenwart eines Zellgiftes, aber ohne vorhergehende Verflüssigung (Methode 2) durchgeführten Bestimmungen unsicher aus. Die erste Beobachtungszeit der Invertinbestimmung ergibt keine oder fast keine Wirkung, aber die späteren zeigen etwas grösseren, wenn auch immer noch ausserordentlich geringen Invertingehalt an. „Es scheint, dass das wenige noch vorhandene Invertin unzugänglich ist, vielleicht durch Gerinnungsvorgänge versperrt". In diesen Fällen werden zuverlässige Werte erhalten, wenn man der Bestimmung eine Verflüssigung der Hefe von etwa $^1/_2$stündiger Dauer (Methode 3) vorausgehen lässt.

Viel verwickelter scheinen zunächst die Verhältnisse im Falle der Hefemaltase zu liegen. Schon der Nachweis der Maltase in der Hefe hat früher so grosse Schwierigkeiten bereitet, dass ihre Existenz in frischer Hefe zweifelhaft erschien. Es galt lange als ein charakteristischer Unterschied zwischen Maltase und Saccharase, dass jene nur aus getrockneter, diese aber auch aus frischer Hefe gewonnen werden könne, und es war daher mit der Möglichkeit zu rechnen, dass das Enzym erst beim Trocknen gebildet wird.

Versuche der Maltosespaltung mit frischer Hefe führten zu widersprechenden Ergebnissen. Aus den Versuchen von G. H. Morris (61) und von E. Fischer (62) schien hervorzugehen, dass frische Hefe in chloroformgesättigter Lösung gegenüber Maltose unwirksam sei. In Gegenwart anderer anästhesierender Mittel, wie Thymol und Toluol konnte aber E. Fischer (l. c. 62) kräftige Maltosespaltung erzielen. Nach den Ergebnissen von Willstätter und Steibelt (21) ist der Nachweis des Enzyms in frischer Hefe und seine Gewinnung aus derselben nur daran gescheitert, dass „man weder der Empfindlichkeit des Maltase gegen Säuren noch der Abhängigkeit ihrer Wirkung von der Reaktion des Mediums genügend Rechnung getragen hat". Bei der Abtötung der Hefe durch Zellgifte wird nämlich in der Hefezelle Säure gebildet — rascher in Gegenwart von Chloroform, langsamer mit Toluol — und diese Säure schafft ein für die Spaltung der Maltose ungünstiges Milieu. „Die Maltase ist viel mehr als andere Enzyme auf einen engen Bereich von Wasserstoffionenkonzentrationen angewiesen und dieser wird bei der Säureproduktion der Hefe überschritten, während das optimale H-Gebiet des Invertins dadurch nicht gestört wird". Für die Bestimmung der Maltase genügt es daher nicht, die Hefe in Gegenwart von Zellgift auf die Zuckerlösung einwirken zu lassen. Auch der Zusatz eines alkalisch reagierenden und genügend konzentrierten Puffers ist noch unzulänglich, sein Vordringen zum Reaktionsort im Zellinnern erfolgt zu langsam. Es ist notwendig, die Hefe zunächst mit Essigester rasch zu verflüssigen, dann zu verdünnen, zu neutralisieren und den Puffer zuzufügen. Aber die nach der Methode von Willstätter und Steibelt gewonnenen Werte sind noch schwankend, schlecht reproduzierbar.

Willstätter und E. Bamann (22) haben das Verfahren bezüglich einiger wesentlicher experimenteller Einzelheiten ergänzt und seine Zuverlässigkeit nochmals eingehend geprüft. Es ergibt sich, dass die Ergebnisse der verbesserten Methode vollkommen übereinstimmen mit denjenigen zweier anderer Verfahren, die die Verflüssigung unter Vermeidung von Zellgift, nämlich durch Einwirkung von festem Diammonphosphat oder Kochsalz erreichen. Auch ist es gelungen, genau so viele Maltase in Lösung überzuführen, als die Analyse der Hefe ergeben hat.

Auch die Wirkung der Hefedipeptidase kann unmittelbar nach der Verflüssigung der Hefe, solange das Enzym die Zelle noch nicht verlassen hat, gemessen werden. Aber man findet in diesem Falle nur einen Teil, z. B. 20 bis 40% derjenigen Enzymmenge, die aus der Hefe bei einer 1—2 Tage dauernden Autolyse gewonnen werden kann [Willstätter und W. Grassmann (50)].

Für die Wirkung der Zymase dagegen ist es durchaus nicht gleichgültig, ob sie sich in Lösung oder im Zellinneren betätigt. Es ist bekannt, dass von der Gärwirkung der lebenden Hefe nur ein geringer Bruchteil in den Zymaselösungen wiedergefunden wird, wenig nach dem Macerationsverfahren von A. v. Lebedew (63), noch weniger nach der Buchnerschen Presssaftmethode. Verhältnismässig beträchtlich ist die Gärwirkung der Trockenhefen. Indessen ist H. Sobotka (64) in einer gemeinsam mit Willstätter durchgeführten Untersuchung zu dem Ergebnis gelangt, dass Trockenhefe als solche überhaupt nicht zu gären vermag. Ihre Wirkung beruht auf der während der Induktionsperiode erfolgenden Erholung lebender Hefezellen [vgl. dazu auch E. Abderhalden und A. Fodor (65)]. Zwischen der Gärung durch Trockenhefe und durch Frischhefe besteht demnach kein prinzipieller Unterschied; aber sie ist, wie z. B. die Empfindlichkeit gegen Antiseptica beweist, grundsätzlich unterschieden von der geringen Gärwirkung der frei gelösten Zymase. Einzelne Komponenten des Gärungsenzyms (etwa die Carboxylase oder die Phosphatese) mögen ihre Wirksamkeit auch in Lösung unvermindert beibehalten. Das komplizierte System der Zymase vermag seine volle und naturgemässe Wirkung nur in Zusammenhang mit dem lebenden Plasma innerhalb der Zellen zu entfalten. Es wirkt, „sei es mechanisch oder chemisch an das Plasma gebunden, und zwar derartig gebunden, dass seine einzelnen Komponenten an jener Stelle des Zellkörpers verankert und lokalisiert sind, wo das Milieu — Acidität, Lage der adsorptionsfähigen Gruppen des Plasmas usw. — ihnen speziell günstig und durch die osmotischen Verhältnisse der Umsatz der Zwischenprodukte, wie in einem Betrieb mit Arbeitsteilung, passend organisiert ist“ (Sobotka, l. c.).

Die richtige Bestimmung der in der Hefe enthaltenen Enzymmengen ist wichtig für die Beurteilung aller derjenigen Verfahren, die darauf ausgehen, die enzymatische Ausrüstung der Hefen in ihrer Zusammensetzung willkürlich zu verändern. So gelingt es zu zeigen, dass die durch Gärführung bei niederer Zuckerkonzentration bewirkte Invertinvermehrung für das Invertin spezifisch ist. Während der Saccharasegehalt auf beispielsweise das Zehnfache ansteigt, wächst der Gehalt an Maltase nur unwesentlich und erreicht kaum die proteolytische Wirksamkeit und das Gärvermögen. Umgekehrt wird bei der durch Säure und Alkalibehandlung bewirkten Invertinverminderung die Gärkraft meist nur wenig, mitunter auch gar nicht verändert, während der Gehalt an Protease erheblich, der an Maltase noch mehr wie der Invertingehalt herabgesetzt wird.

Durch quantitative Messungen dieser Art kann auch die Frage geprüft werden, „ob in der Praxis die Hefen ausgewählt worden sind, welche mit den zuckerspaltenden Enzymen ausgerüstet sind, die sie nach der herrschenden Theorie für die ihnen zukommende Aufgabe brauchen". Für die Brauereihefen trifft dies zu; sie sind reich an Maltase und sie vermögen Maltose rasch zu vergären. Anders steht es mit den Brennereihefen: Die Hefe M (vom Berliner Institut für Gärungsgewerbe) und zwei aus der Industrie bezogene andere obergärige Hefen (Branntweinhefe der Sinner-A.-G. und der Spiritusfabrik Stadlau bei Wien) enthielten keine Maltase oder doch nur Spuren davon. Übrigens war auch das Gärvermögen dieser wichtigen Hefen (für Máltose und Saccharose) verhältnismässig gering. „Wenn man ihren enzymatischen Wert analysiert, ist es schwer begreiflich, welchen Umständen sie die angenommene Überlegenheit verdanken mögen" [Willstätter und Steibelt (66)].

Mit der Auffindung praktisch maltasefreier, aber maltasevergärender Heferassen war die wichtige Frage aufgeworfen, ob der Vergärung eines Disaccharids notwendigerweise die Hydrolyse zum Monosaccharid vorausgehen müsse. Die Untersuchungen von E. Fischer und P. Lindner (67) hatten zu der Anschauung (68) geführt, „dass jeder Mikroorganismus, welcher ein Polysaccharid zu vergären vermag, auch ein die Spaltung dieses Polysaccharids auslösendes Enzym enthält und dass die Vergärung immer erst indirekt — d. h. nach primär erfolgter Zerlegung in gärfähige Monosaccharide — erfolgt" [vgl. dazu auch A. Slator (69) und H. v. Euler und G. Lundequist (70)]. Vergleicht man das Maltosegärvermögen verschiedener Heferassen mit ihrer Fähigkeit zur Maltosehydrolyse, so beobachtet man dreierlei Fälle. Bei Münchner Brauereihefe verläuft die Hydrolyse von Maltose etwas rascher als ihre Vergärung. Maltasearme, aber sicher noch maltasehaltige Brennereihefen (Hefe II und XII des Berliner Instituts für Gärungsgewerbe, sowie eine dänische Hefe) bewirkten die Gärung der Maltose etwas rascher als ihre Hydrolyse. Bei den praktisch maltasefreien Hefen (Rasse M, Sinner- und Stadlauer Hefe, reine Branntweinhefe der Zuckerraffinerie Frankental) erfolgt die Gärung in Zeiten, in denen die Hydrolyse gar keine Rolle spielt (z. B. Halbspaltungszeit für Maltose 100 000 Minuten, Halbgärzeit unter gleichen Bedingungen 242 Minuten) [Willstätter und Steibelt (66), Willstätter und E. Bamann (22)].

Damit wird bewiesen, dass wichtige Hefen der Brennerei die Maltose ausschliesslich direkt, also ohne vorhergehende Hydrolyse vergären. Aber der Nachweis der direkten Maltosegärung lässt sich allgemeiner auch für Brauereihefe erbringen. Behandelt man Bierhefe nach dem Verfahren von Willstätter und Ch. D. Lowry jr. (59) mit verdünnter Schwefelsäure, so sinkt, wie erwähnt, der Maltasegehalt auf etwa $^1/_{50}$ des ursprünglichen Wertes, während das Gärvermögen nicht wesentlich geändert wird. Bei so vorbehandelter Hefe ergibt sich z. B. eine Halbspaltungszeit für Maltase von 4000 gegenüber einer Halbgärzeit von 167 Minuten. Der Versuch wird aber in diesem Falle dadurch beeinträchtigt, dass sich die Fähigkeit zur Maltosehydrolyse im Laufe der Gärung wieder erholt. Vollkommen gesichert wird aber die Annahme direkter Vergärung durch den Nachweis, dass bei der ziemlich stark sauren Reaktion ($p_H = 4{,}5$), die für die Maltosegärung optimal ist [E. Hägglund und A. M. Augustson (72), Willstätter und Bamann (71)] die Tätigkeit der Maltase (Optimum $p_H = 7$) vollkommen ausgeschaltet ist.

Schwieriger ist die Frage zu entscheiden, ob auch der Rohrzucker ohne vorhergehende Hydrolyse vergoren werden kann. Denn durch die üblichen Hefen wird Rohrzucker viel rascher hydrolysiert als die Maltose. Auch Versuche mit Hefen, die durch Behandlung mit verdünnter Säure oder Alkali den grössten Teil ihres Invertins ohne gleichzeitige Einbusse an Gärkraft verloren haben, führen noch nicht zu eindeutigen Ergebnissen. Denn der Invertingehalt solcher Hefen (S.W. z. B. $^1/_{10\,000}$) erholt sich unter den Bedingungen der Gärversuche ziemlich rasch bis zu Saccharasewerten von $^1/_{1500}$ oder $^1/_{2000}$. Aber bei der Vergärung des Rohrzuckers mit solchen invertinarmen Hefen bei saurer Reaktion lässt es sich erreichen, dass die Gärung der Hydrolyse des Rohrzuckers vorauseilt. Durch Einstellung stark saurer Reaktion (pH ungefähr 2) wird nämlich die Gärwirkung nur um 30—50⁰/₀ herabgesetzt, die Saccharasewirkung aber auf 6—14⁰/₀ des bei optimaler Reaktion gefundenen Wertes. Man findet dann z. B.

	1.	2.	4. Beispiel
Halbspaltungszeit (Rohrzucker) . . .	213	465	305 Minuten
Halbgärzeit	190	323	226 „

Die Unterschiede sind also hier nur verhältnismässig gering. Dabei ist noch zu beachten, dass die Invertinwirkung im Gärversuch grösser sein kann als die Bestimmung anzeigt, weil die die Invertinwirkung hemmende Glucose durch Gärung beseitigt wird. Aber die Schlussfolgerung einer direkten Rohrzuckergärung wird gestützt durch den Nachweis, dass die Zelle den Invertzucker, der ihr doch jedenfalls nur sehr spärlich zur Verfügung stehen sollte, gar nicht voll ausnützt, sondern in die umgebende Lösung entlässt. Man findet im Laufe der Gärung erhebliche Mengen reduzierender Substanz in den Gärlösungen.

Auch für die milchzuckervergärenden Hefen hat es sich wahrscheinlich machen lassen, dass sie die Gärung des Disaccharids mindestens teilweise direkt, d. h. ohne vorhergehende Hydrolyse, vollziehen [Willstätter und G. Oppenheimer (73)].

3. Aktivierung und Hemmung.

Allgemeine Gesichtspunkte für die Einordnung und Deutung der im folgenden zu besprechenden Aktivierungs- und Hemmungserscheinungen ergeben sich aus der Weiterentwicklung der oben eingeführten Annahme, wonach für das Zustandekommen der Enzymreaktion der unmittelbare Kontakt zwischen Enzym und Substrat Voraussetzung ist. „Den meisten Theorien über Katalyse ist die Vorstellung gemeinsam, dass für die Geschwindigkeit der katalysierten Reaktion ... die Vereinigung des Katalysators mit den Reaktionsteilnehmern massgebend ist und dass der analytisch nachweisbare Umsatz durch den Zerfall dieses Komplexes zustande kommt“ [R. Kuhn (74)]. Es ist zunächst gleichgültig, welche spezielleren Annahmen über die Natur des Enzymsubstratkomplexes gemacht werden, ob er als Kolloidaggregat oder als mehr oder weniger dissoziationsfähige chemische Verbindung gedacht wird; auch ist es vorläufig belanglos, welche Beständigkeit und Lebensdauer man ihm zuschreibt. Hier genügt es festzustellen, dass zugefügte oder die in den natürlichen Enzymmaterialien enthaltenen Fremdstoffe in zweierlei Weise auf den Verlauf der Enzymreaktion einwirken können: Sie können für das Zustandekommen des Enzymsubstratkomplexes oder aber für seinen Zerfall in die Endprodukte der Reaktion förderlich oder hemmend sein.

Bei den (tierischen) Lipasen, die — selbst wasserlöslich — auf die Spaltung unlöslicher Substrate eingestellt sind, müssen besonders komplizierte Voraussetzungen für das Zustandekommen des geeigneten Kontaktes zwischen Enzym und Substrat erwartet werden. In der Tat werden die Lipasen in ihrer Wirksamkeit durch eine Reihe anscheinend sehr verschiedenartiger Stoffe in ausserordentlich starkem Masse beeinflusst. Die Ölspaltung durch Pankreaslipase ist bei schwach alkalischer Reaktion aktivierbar unter anderem durch Kalkseifen [H. Pottevin (75), A. Kanitz (76), C. A. Pekelharing (77)], gallensaures Salz [E. F. Terroine (78), A. Hamsik (79)], Eieralbumin [Willstätter und Mitarbeiter, l. c. (30)], ferner auch durch Glycerin in höherer Konzentration. Durch das Zusammenwirken mehrerer Aktivatoren werden erheblich höhere Aktivierungseffekte erzielt, als dies durch die Wirkung der einzelnen, selbst bei Anwendung ungewöhnlich hoher Konzentrationen möglich ist. Die nachstehende Tabelle 1 [nach Willstätter, l. c. (30)] vermittelt einen Überblick über die Grössenordnung der beobachteten Effekte.

Der Einfluss dieser Zusatzstoffe ist aber nicht immer einheitlich. Dass er im sauren Gebiet sogar dem Sinne nach verändert gefunden wird, ist schon erwähnt worden. Das Verhalten gegenüber Proteinen, gallensauren Salzen und Kalkseifen variiert ausserdem mit der Herkunft der Lipase und mit der Natur des Substrates.

Die Wirkung der Pankreaslipase auf Tributyrin wird, anders als die Ölspaltung, bei saurer und alkalischer Reaktion durch Proteine und Pepton

Tabelle 1. Aktivierung von Pankreaslipase bei $p_H = 8,9$.

$CaCl_2$ mg	Natriumglykocholat mg	Albumin mg	Ölspaltung %
—	—	—	4,0
10	—	—	19,4
—	10	—	10,9
—	80	—	19,5
—	—	90	17,4
10	10	—	13,6
10	—	15	23,6
20	—	30	27,2
—	10	15	20,8
—	20	30	22,8
10	10	15	23,4

stark gehemmt. Dieser Unterschied ist aber nur scheinbar so wesentlich. In Gegenwart von Natriumoleat, das selbst ein guter Aktivator für die Tributyrinhydrolyse ist, wirkt nämlich Albumin im umgekehrten Sinne, aktivierend. Nun kommt bei der pankreatischen Fettspaltung im alkalischen Medium nie Albumin allein zur Wirkung, sondern nur seine Kombination mit der entstehende Seife. Der Aktivierung der lipatischen Ölspaltung durch Eiweiss entspricht also die Aktivierung der Tributyrinspaltung durch Seife + Albumin. Dagegen wirkt gallensaures Natrium, sowie ölsaures Natrium und besonders ölsaures Calcium auch im Falle der Tributyrinhydrolyse als kräftiger Aktivator.

Die Spaltung einfacher Ester, z. B. von Buttersäuremethylester, wird gleichfalls durch gallensaures Salz, Calciumsalz und Albumin und besonders durch die Kombination dieser drei Aktivatoren erheblich gesteigert; auch Glycerin in höherer Konzentration befördert die Hydrolyse. Während aber die Wirkung des mit Kalkseife aktivierten Enzyms im Falle der Hydrolyse von Glyceriden durch Eieralbumin nicht geändert wird, erfährt sie im Falle der Methylbutyratspaltung nochmals erhebliche Steigerung.

Bei Magenlipase findet man Proteinzusatz im allgemeinen ohne Einfluss. Dies beruht darauf, dass die rohen Präparate des Enzyms an sich schon reich an Proteinstoffen sind. Die Wirkung gallensaurer Salze ist schwankend; einzelne Präparate sind aktivierbar, andere indifferent. Es lässt sich zeigen, dass das Ausbleiben der Aktivierung auf der Anwesenheit eines gallenähnlich wirkenden Aktivators im Enzymmaterial beruht. Mit fortschreitender Reinigung der Magenlipase schwinden alle Unterschiede, die das Enzym in seinem Verhalten zu den geprüften Aktivatoren, wie auch in der p_H-Abhängigkeit, gegenüber der Pankreaslipase aufweist.

Vollkommen verschiedene Verhältnisse ergeben sich beim esterspaltenden Enzym der Leber. Natriumglykocholat, Natrium- und besonders Calciumoleat wirken hemmend, und zwar schon in kleiner Konzentration.

Es fällt auf, dass die hemmende Wirkung der Seife abgeschwächt wird in Gegenwart von Albumin, das für sich allein ohne Wirkung ist. Die Unterschiede zwischen Pankreas- und Leberenzym können im Laufe der Reinigung nicht zum Verschwinden gebracht werden. Das Verhalten gegenüber aktivierenden und hemmenden Stoffen, wie auch die Spezifitätseigenschaften, sprechen nicht für die Identität der Pankreas- und Leberesterase [Willstätter und F. Memmen (80)].

Das esterspaltende Enzym des Aspergillus oryzae unterscheidet sich in charakteristischer Weise sowohl von der Leber- wie von der Pankreasesterase. Natrium- und Calciumsalze sind ohne Einfluss, ebenso glykocholsaures Natrium. Dagegen hemmt Albumin kräftig, annähernd gleich stark in Gegenwart und Abwesenheit von Oleat [Willstätter und H. Kumagawa (31)]. Die folgende Tabelle 2 fasst die wichtigsten Erfahrungen zusammen, die über den Einfluss von Zusätzen auf die Tributyrinhydrolyse durch Esterasen verschiedener Herkunft vorliegen.

Tabelle 2. Einfluss von Zusätzen auf die Tributyrinspaltung bei $p_H = 8{,}6$.

Zusatz	Leberesterase	Takaesterase	Pankreaslipase
Natriumoleat	gehemmt	kein Einfluss	aktiviert
Calciumoleat	stark gehemmt	kein Einfluss	stark aktiviert
Albumin	kein Einfluss	stark gehemmt	stark gehemmt
Albumin + Calciumoleat	ziemlich stark gehemmt	stark gehemmt	stark aktiviert fast wie Calciumoleat allein

Für die richtige quantitative Messung von Lipasemengen ist in erster Linie der Einfluss derjenigen Aktivatoren und Hemmungskörper zu beachten, mit denen das Enzym in seinen natürlichen Vorkommnissen vergesellschaftet ist. Würde man Lipasepräparate, die im Laufe der Reinigung von wechselnden Mengen aktivierender oder hemmender Begleitstoffe abgetrennt werden, ohne Rücksicht auf den Einfluss der Beimengungen analysieren, so würden willkürliche und schwankende Ergebnisse erhalten werden. „Beim Vergleich der Lipasen aus den Organen eines und desselben Tieres können Fehler von Tausenden von Prozenten auftreten“ [Willstätter und F. Memmen (81), und zwar S. 20]. Es ist das Prinzip der von Willstätter und Mitarbeitern ausgearbeiteten Verfahren, die Bestimmung unter „ausgleichender Aktivierung“ oder „ausgleichender Hemmung“ vorzunehmen, d. h. dem Enzym im Bestimmungsansatz so viel hemmende oder aktivierende Stoffe darzubieten, dass der Einfluss der im Enzymmaterial enthaltenen und von Fall zu Fall wechselnden dagegen verschwindet. Die Quantität der Lipase wird also bestimmt „ohne Rücksicht auf die Wirkung, welche die Lipase in dem gegebenen Zustand ausübt; sie wird nämlich durch die Wirkung gemessen, die sie unter bestimmten Umständen anzunehmen und auszuüben vermag“

[Willstätter und Mitarbeiter (30), und zwar S. 94]. In der Tat haben es die ausgearbeiteten Bestimmungsverfahren möglich gemacht, die Lipase von dem rohen Organmaterial bis zu ihren reinsten Präparaten widerspruchsfrei ihrer Menge nach zu messen.

Die beschriebenen Aktivierungs- und Hemmungserscheinungen können am besten als Adsorptionswirkungen verstanden werden. Sie lassen sich mit der Annahme erklären, „dass die Wirkung auf der Erzeugung von Kolloidteilchen beruht, die zugleich auf Enzym und Substrat adsorbierend wirken". In der adsorbierenden Grenzschicht können Beziehungen zwischen Enzym und Substrat hergestellt sein, die für die Reaktion günstiger sind als die unmittelbare Beziehung zwischen Lipase und Fett. Die Kalkseife z. B. ist, wie man weiss, einerseits Adsorbens für Fett, andererseits für das Enzym. Solche Adsorbate vom Typus

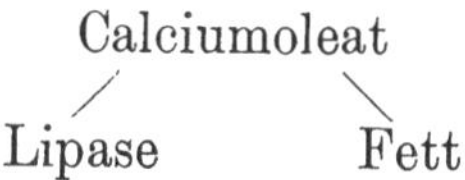

werden als „komplexe Adsorbate" bezeichnet. Von ihnen werden unterschieden die „gekoppelten Adsorbentien", wie sie durch das Zusammenwirken mehrerer Aktivatoren (Hemmungskörper) gebildet werden. Calciumchlorid + Albumin, glykocholsaures Natrium + Albumin, Calciumoleat + Albumin sind solche Systeme, die offenbar vielfach in besonders günstiger Weise sowohl das Enzym wie das Substrat zu adsorbieren vermögen.

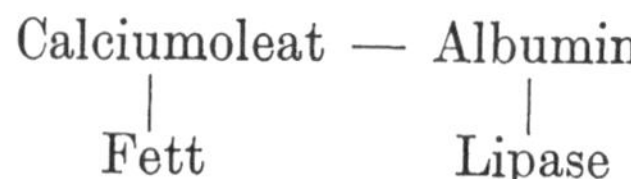

In der Tat sind Additionsverbindungen der beschriebenen Art, z. B. aus Eiweisskörpern und fettsauren Salzen, beschrieben und untersucht worden [A. Jarisch (82), Wo. Pauli (83), S. Matsumura (84)].

Wie die Aktivierungen auf Verbesserung der Adsorptionsverhältnisse, so lassen sich die Hemmungen auf Störungen derselben zurückführen. Die scheinbar recht verschiedenartigen Fälle der Hemmung können gemeinsam durch die Vorstellung gedeutet werden, dass der Hemmungskörper „mit einen für die Annäherung des Enzyms an sein Substrat günstigeren Adsorbens in Konkurrenz tritt". Es ist der Fall denkbar, dass der Hemmungskörper zwar das Enzym, aber nicht gewisse Substrate zu binden vermag oder dass die Adsorption des Substrates nur bei einer geeigneten Acidität der Lösung zustande kommt. Oder aber, das Enzym wird vom Hemmungskörper so gebunden, dass seine spezifisch wirkende Gruppe beeinträchtigt wird, wie dies etwa bei der Lipase im Cholesterinadsorbat der Fall ist.

Die aktivierende Wirkung des Glycerins dürfte auf anderem Wege, möglicherweise durch Veränderung der gegenseitigen Löslichkeit der beiden Phasen, zustande kommen. Die kräftige Aktivatorwirkung eines Tripeptids,

Leucyl-glycyl-glycin, die bei der Tributyrinhydrolyse durch Pankreaslipase beobachtet wird, lässt sich vorläufig noch keinem bestimmten Erklärungsschema einordnen. Dasselbe gilt von der Vergiftung durch Atoxyl und Chinin (wie auch durch einige andere Alkaloide), die von P. Rona und Mitarbeitern (85) aufgefunden und ausführlich untersucht worden ist. Rona und Mitarbeiter haben charakteristische Unterschiede in der Giftempfindlichkeit der Lipasen verschiedener Organe beobachtet und auch bei ihren reinsten Präparaten reproduzieren können. Es spricht manches für die Annahme, dass es sich hier um eine den Fermenten selbst eigentümliche Eigenschaft handelt, dass „die Giftempfindlichkeit nicht von den die Fermentwirkung begleitenden Faktoren der Umgebung, sondern von der „Natur"... des Fermentes selbst abhängt" [P. Rona und H. Petow (86)]. Sicher ist indessen, dass für die Grösse des Effektes die Begleitstoffe nicht ohne Bedeutung sind. In vergleichenden Versuchen von Willstätter und Memmen (80) wurde Leberlipase vom Schwein in ziemlich rohem Zustand durch Atoxyl um etwa 30% gehemmt, nach der Reinigung mit mehreren Adsorptionsverfahren um über 70% [vgl. dazu auch P. Rona und K. Gyotoku (86a)]. Bei der Pankreaslipase des Schweines fiel die Hemmbarkeit durch Chinin von Präparat zu Präparat verschieden aus. Versetzt man eine gegenüber Chinin nur sehr wenig empfindliche Glycerinlösung des Enzyms mit Albumin, so ruft nachher ein Zusatz von Chinin eine recht bedeutende Hemmung hervor.

In ihrer Abhängigkeit von den Begleitstoffen und vom Kolloidzustand stehen die Lipasen im ausgesprochenen Gegensatz zum Invertin, das von abtrennbaren Begleitern und vom gesamten Kolloidsystem in seiner Wirkung nicht beeinflusst wird. Aber der auffallende Unterschied ist kein Unterschied zwischen Enzym und Enzym. Er ist „bedingt durch den Unterschied zwischen den Substraten, dem wasserlöslichen Rohrzucker und dem wasserunlöslichen Fett; er ist also ein Unterschied zwischen den Systemen Saccharose-Saccharase und Fett-Lipase" [Willstätter, E. Waldschmidt-Leitz und F. Memmen, l. c. (30)]. Auch bei der Spaltung eines kolloidlöslichen Substrates, der Stärke, kennt man übrigens Beispiele solcher, wohl auf Adsorptionswirkung beruhender Aktivierungserscheinungen. Die Pankreasamylase wird nämlich, ähnlich wie die Lipase, von glykocholsaurem Natrium im alkalischen Gebiet aktiviert, im sauren gehemmt [Willstätter, Waldschmidt-Leitz und A. F. Hesse (87)]. Die bei den Lipasen beschriebenen Aktivierungs- und Hemmungseffekte sind — die von Rona studierten Giftwirkungen möglicherweise ausgenommen — durchaus unspezifisch. Sie stellen keine konstante Eigenschaft des Enzyms dar. Deshalb sind sie auch kein zuverlässiges Merkmal, um über die Identität oder Verschiedenheit der Lipasen verschiedenen Ursprungs zu entscheiden. Die Unterschiede, die zwischen Magen- und Pankreaslipase im Hinblick auf die p_H-Abhängigkeit und auf das Verhalten gegen Zusatzstoffe bestehen, verschwinden bei der Reinigung;

nicht aber die zwischen Pankreas- und Leberenzym. Doch wäre es kaum erlaubt, aus dieser Tatsache auf die Verschiedenheit der beiden letzten Enzyme zu schliessen, wenn sie sich nicht auch in anderer Hinsicht, besonders in ihren Spezifitätseigenschaften erheblich unterscheiden würden. Tatsächlich scheint gegenwärtig die Spezifität die einzige Eigenschaft der Lipasen zu sein, die von Begleitstoffen und Reinheitsgrad nicht erheblich entstellt wird.

Die untersuchten lipatischen Enzyme spalten sowohl Fette und einfachere Glyceride, wie auch die Ester einwertiger Alkohole. Aus dem vorliegenden Material scheint mit einiger Sicherheit hervorzugehen, dass die verschiedenartigen Wirkungen eines Fermentpräparates jeweils von einem einzigen Enzym herrühren. Bestimmt man das Wirkungsvermögen beispielsweise von Schweinepankreas gegenüber Olivenöl, Triacetin und Methylbutyrat und ermittelt man aus den gefundenen Werten die Anzahl der vorliegenden Enzymeinheiten, so findet man keine irgendwie erheblichen Verschiebungen ihres gegenseitigen Verhältnisses im Gange der Reinigung. Aber schon verschiedene Proben von Schweinepankreas stimmen nicht immer überein und noch erheblichere Differenzen werden beobachtet, wenn man das Spaltungsvermögen für Olivenöl und Methylbutyrat beispielsweise bei Schweine- und Schafpankreas vergleicht [Willstätter und F. Memmen (81)]. Doch dürften diese Differenzen eher auf die Unvollkommenheit der Bestimmungsmethoden als auf eine wesentliche Verschiedenheit der untersuchten Enzyme zurückzuführen sein. Auch zwischen Magen- und Pankreaslipase ergeben sich im gegenseitigen Verhältnis der Spaltungsgeschwindigkeiten von Olivenöl, niederen Glyceriden und einfachen Estern keine wesentlichen Unterschiede. Beide Enzyme sind wahre Lipasen; sie sind besonders zur Spaltung der Fette befähigt, aber sie vermögen auch einfache Ester noch gut zu hydrolysieren. Dabei ist indessen die Wirksamkeit der Magenlipase gegenüber den sämtlichen genannten Substraten von der der Pankreaslipase der Grössenordnung noch verschieden. Erst das zur etwa 600fachen Konzentration gereinigte, von Proteinen und Kohlenhydraten vollkommen befreite Magenenzym ist etwa ebenso wirksam wie rohe Pankreasdrüse. Dieser Befund spricht nicht für die Identität der beiden Enzyme [Willstätter und E. Bamann (87a)].

Ganz anders verhält sich — unabhängig vom Reinheitsgrad — das lipatische Enzym der Leber. Es ist eine Esterase, am besten zur Spaltung einfacher Ester geeignet und nur wenig wirksam gegenüber Glyceriden, besonders Fetten. Um dieselbe Spaltung wie mit 10 mg entfetteter und getrockneter Pankreasdrüse zu erzielen, sind von getrockneter Leber für die Hydrolyse von Buttersäuremethylester nur 4 mg, für die von Tributyrin 1000 mg, aber für die Spaltung von Olivenöl 160 g nötig. Noch ausgeprägter findet man die Bevorzugung einfacher Ester bei der Takaesterase: Das Verhältnis der Mandelsäureesterspaltung zur Tributyrinhydrolyse ist hier noch 60fach höher als bei Leberesterase, 5000mal grösser wie bei Pankreaslipase.

Die Prüfung der quantitativen Spezifität für Substrate aus den einzelnen Gruppen von Estern wird ergänzt durch die Untersuchung der sterischen Spezifität für Substrate von asymmetrischem Bau. Stereochemisches Auswahlvermögen eines esterspaltenden Enzyms, der Leberesterase, hat zuerst H. D. Dakin (88) an einer Reihe racemischer Ester der Mandelsäuregruppe beobachtet; O. Warburg (89) sowie E. Abderhalden (90) haben die Erscheinung zur präparativen Zerlegung racemischer Aminosäureester nutzbar zu machen versucht. Die sterische Spezifität der Esterasen ist, anders wie im Falle der Glucosidasen [E. Fischer (91)] und der Peptidasen [E. Fischer und E. Abderhalden (92)] keine absolute, sondern nur quantitativ. Die Spaltung der Antipoden erfolgt mit verschiedener Geschwindigkeit. Die Grösse der beobachteten Unterschiede ist von der Natur des Esters abhängig. In der Gruppe der α-substituierten Phenylessigsäuren nimmt das stereochemische Auswahlvermögen der Lipasen ab in der Reihenfolge der Substitution durch

NH_2, OH, OCH_3, Cl [Willstätter und Memmen (80)].

Bei dem Vergleich der wichtigsten tierischen Esterasen aus Pankreas, Leber und Magen hat sich ergeben, dass nur Leber- und Magenlipase derselben Tiergattung in ihrem sterischen Auswahlvermögen übereinstimmen. Die Esterase des Aspergillus oryzae zeigt im Verhalten zu den untersuchten Substraten keine Unterschiede mit der Leberesterase des Schweines, der sie auch sonst einigermassen nahe steht. Eine Bevorzugung bestimmter sterischer Reihen durch einzelne Enzyme ist nicht erkennbar. Bei weitgehender Reinigung der Pankreas-, Leber- und Magenlipase wird das stereochemische Auswahlvermögen dem Sinne nach nicht beeinflusst. In einzelnen Fällen scheint das gereinigte Enzym sterisch strenger auszuwählen als das unreine [Willstätter, E. Bamann und J. Waldschmidt-Graser (92a)]. Die angeführten Beobachtungen sprechen eher für die Annahme, dass die drei untersuchten tierischen Esterasen als verschiedene Enzyme anzusehen sind [Willstätter, (87a), (92a); vgl. dazu auch P. Rona und R. Ammon (92a)].

Tabelle 3. Optische Spezifität einiger Esterasen. (Drehungssinn der bevorzugten Komponente).

Racemisches Substrat	Enzym aus			
	Pankreas	Magen	Leber	Aspergillus oryzae
Mandelsäure-äthylester	—	+	+	+
Phenyl-chloressigsäure-methylester . .	—	+	—	—
Phenyl-methoxy-essigsäure-methylester	—		+	+
Tropasäure-methylester	+	+	—	—
Phenyl-aminoessigsäure-propylester. .	+		+	

Während die bisherigen Untersuchungen im Falle der Esterasen keine sicheren Anhaltspunkte dafür ergeben, dass Begleitstoffe die Spezifität des Enzyms wesentlich zu entstellen vermöchten, kennt man diesen Fall sehr wohl bei den Proteasen. Die Beispiele spezifischer Aktivierung der Proteasen sind aber von den bisher beschriebenen durch eine Reihe besonderer Eigentümlichkeiten unterschieden, die sich zwanglos nur durch die Annahme deuten lassen, dass es sich hier um chemische Einwirkungen auf das Enzym selbst handelt.

Von den hierher gehörigen Erscheinungen ist am längsten bekannt und am besten untersucht die Aktivierung des Pankreastrypsins durch die Enterokinase aus Darmschleimhaut.

Die Auffindung eines Aktivators des Trypsins im Duodenalsaft verdankt man einer im Laboratorium J. P. Pawlows durchgeführten Untersuchung von N. P. Schepowalnikow (93). Dieser Forscher zeigte, dass reiner pankreatischer Fistelsaft tryptisch vollkommen inaktiv war und dass er durch den Zutritt eines von der Darmschleimhaut abgegebenen Stoffes, der Enterokinase, Aktivität erlangte. Er fand ausserdem, dass die Aktivierung eine gewisse Zeit benötigte und dass der Aktivator durch Kochen zerstört wurde. Auf Grund dieser Beobachtungen erklärt Schepowalnikow die Erscheinung als enzymatischen Prozess; er betrachtete die Enterokinase als ein Enzym, unter dessen Einfluss eine von der Pankreasdrüse sezernierte Vorstufe des Trypsins, das Protrypsin, in aktives Ferment umgewandelt werde. Die Beobachtungen Schepowalnikows und seine Auffassung vom Wesen der Kinasewirkung haben u. a. in den wenige Jahre später ausgeführten Arbeiten von W. M. Bayliss und E. H. Starling (94) Bestätigung und Anerkennung gefunden. Nach ihren Versuchen vermag „die geringste Spur Enterokinase.... eine grosse Menge Trypsinogen in Trypsin zu verwandeln bei genügend langer Einwirkungsdauer".

Eine ganz andere Anschauung vertreten J. Hamburger und E. Heckma (95): Sie finden, dass eine bestimmte Menge Darmsaft immer nur eine bestimmte Menge des Zymogens zu aktivieren vermag, und sie schliessen daraus auf eine chemische Reaktion im stöchiometrischen Verhältnis. Aber die experimentellen Belege dieser Arbeit sind ebenso wie die wenig später beigebrachten Argumente von A. Dastre und H. Stassano (96) nicht genügend beweiskräftig gewesen, um ihrer Auffassung allgemeinere Anerkennung zu verschaffen. So urteilt das Lehrbuch der physiologischen Chemie von E. Abderhalden (97) im Jahre 1921 zusammenfassend: „Die Meinung, dass dieser Stoff dadurch wirke, dass er sich mit dem Trypsinzymogen verbinde und so dieses zum aktiven Ferment ergänze, konnte... widerlegt werden..... Die Wirkung der Enterokinase entspricht der eines Katalysators".

Gestützt auf eine zuverlässige quantitative Methode zur Verfolgung der Proteolyse (vgl. S. 57ff.) konnte E. Waldschmidt-Leitz (98) den Wirkungsmechanismus der Enterokinase in einer Weise aufklären, die einen grossen Teil der einander scheinbar widersprechenden Angaben der Literatur zu vereinigen gestattet. Zwar war der Befund von Schepowalnikow zu bestätigen, wonach eine gewisse Aktivierungszeit erforderlich ist. Der endgültige Aktivierungsgrad wird erreicht, nachdem der Aktivator eine bestimmte gleichbleibende Zeit — je nach der Reaktion der Lösung 30 bis 60 Minuten — auf das Enzymmaterial eingewirkt hat. Aber die Reaktion erfolgt trotzdem nach stöchiometrischen Verhältnissen: Unzureichende Aktivatormengen bringen nicht den vollen Aktivierungseffekt hervor; die zur Erreichung der maximalen Aktivierung erforderliche Menge der Kinase ist, wie aus den Versuchen der Tabelle 4 hervorgeht, der angewandten Trypsinmenge direkt proportional.

Die Vereinigung des Trypsins mit der Enterokinase ist reversibel. Es gelingt auf adsorptivem Wege, dem fertig aktivierten Enzym seinen Aktivator wieder zu entziehen und es im nichtaktivierten, wieder aktivierbarem Zustand zurückzugewinnen. Noch ein anderer Umstand spricht gegen eine Auffassung, die das nichtaktivierte Enzym als „Zymogen" betrachtet. Das enterokinasefreie Trypsin ist nämlich gar nicht inaktiv. Es ist nur inaktiv gegenüber gewissen Substraten, nämlich gegenüber höheren Eiweisskörpern, wie Gelatine, Fibrin oder Albumin. Trypsin und Trypsinkinase sind hinsichtlich ihrer Spezifitätseigenschaften, aber auch im Hinblick auf gewisse Unterschiede der Beständigkeit und des Adsorptionsverhaltens wie verschiedene Enzyme zu betrachten. Trypsin allein spaltet nur eine beschränkte Anzahl von Proteinsubstanzen, z. B. die Protamine und gewisse Peptone, und auch in diesen Substraten vermag es nur einen Teil derjenigen Peptidbindungen zu lösen, die für Trypsinkinase angreifbar sind.

Tabelle 4. Kinasemenge und Aktivierung bei Pankreastrypsin.

Kinaselösung ccm	Drüse (g) 0,062	0,125	0,250
0,00	0,42	0,86	1,78
0,01	0,91	1,11	1,92
0,02	**1,05**	1,32	2,16
0,03	—	1,46	—
0,04	1,02	**1,55**	2,38
0,05	—	1,56	—
0,06	—	—	2,49
0,08	—	—	**2,64**
0,10	—	1,55	2,63
0,20	—	1,54	2,66

Neben der Aktivierung durch Darmschleimhaut und schon bedeutend länger als diese kennt man eine andere Aktivierungserscheinung des Pankreastrypsins. Nach den Beobachtungen von W. Kühne (99) (1867) und von R. Heidenhain (100) werden aus frischen, sofort nach der Schlachtung verarbeiteten Drüsen in allen Fällen inaktive Auszüge gewonnen; aber man erhält aktives Trypsin, wenn die Drüse oder ihre Extrakte einige Zeitlang der Selbstverdauung überlassen werden. Kühne und Heidenhain haben angenommen, dass das Trypsin in der Drüse selbst mit einem anderen Stoff, etwa mit einem Protein, zu einer inaktiven Verbindung verknüpft sei; diese Verbindung soll unter der Einwirkung der bei der Autolyse gebildeten Säure zerfallen und und das Enzym abspalten. Waldschmidt-Leitz konnte den Nachweis führen, dass die Selbstaktivierung der Pankreasdrüse und ihrer Extrakte auf der Bildung eines Aktivators aus der Drüsensubstanz beruht, der mit der Enterokinase identisch sein dürfte. In gleicher Weise wie das durch Darmschleimhautauszug aktivierte Trypsin lässt sich nämlich auch das selbstaktivierte in seine Bestandteile, inaktives Trypsin einerseits und Aktivator andererseits, zerlegen. Auch von der in der frischen Drüse enthaltenden Vorstufe der Kinase, der Prokinase, aus welcher der Aktivator selbst, wahrscheinlich unter der Einwirkung des Pankreaserepsins, hervorgeht, kann das Trypsin auf adsorptivem Wege abgetrennt werden; die so erhaltenen Lösungen des inaktiven Trypsins erfahren beim Aufbewahren keine Selbstaktivierung.

Es ist wahrscheinlich, dass die Enterokinase bzw. ihre Vorstufe ausschliesslich in der Pankreasdrüse gebildet wird und von da aus in die Darmschleimhaut gelangt [Waldschmidt-Leitz und A. Harteneck (101)]. Angaben der Literatur, wonach auch aus anderen Organen Kinase erhalten werden können, haben sich nicht bestätigen lassen; ebensowenig trifft es zu, dass durch Calciumsalz oder durch gallensaures Salz die Enterokinase in ihrer Wirkung ersetzt werden könne. Die Enterokinase aus Darmschleimhaut hat sich nach den für Enzyme ausgearbeiteten Verfahren ziemlich weitgehend anreichern lassen. Alle Anzeichen sprechen dafür, dass in der Enterokinase ein bestimmter, unbekannter Stoff vorliegt, der den Enzymen in vielen Eigenschaften nahe steht, so hinsichtlich seiner geringen Hitzebeständigkeit, aber nicht in der Wirkung.

Die Erscheinung der Trypsinaktivierung findet ihr Gegenstück in der Aktivierung einer pflanzlichen Protease, des Papains, die unter dem Einfluss von Blausäure oder Schwefelwasserstoff erfolgt. Die Blausäureaktivierung des Papains ist zum ersten Male von S. H. Vines (102) beobachtet und später wiederholt untersucht worden, so von L. B. Mendel und A. F. Blood (103) und von E. M. Frankel (104). Indessen hat erst eine Untersuchung von R. Willstätter und W. Grassmann (41) einige für die Auffassung dieses Aktivierungsvorganges bedeutsame Besonderheiten aufgedeckt. Es hat sich gezeigt, dass die Einwirkung der Blausäure auf das Enzym Zeit braucht, wie im Falle der Enterokinase. Der maximale Aktivierungseffekt wird bei $p_H = 5$ erst etwa 1 Stunde nach dem Vermischen von Enzym und Aktivator erreicht. Auch die Papainblausäureverbindung ist dissoziationsfähig; nach der Entfernung des Cyanwasserstoffs durch Abdampfen oder Dialyse hinterbleibt das Enzym in inaktivem Zustand und kann, gleichfalls in zeitlich bedingter Reaktion, wieder aktiviert werden [Mendel und Blood, l. c., Willstätter und Grassmann (41)]. Im Falle der Schwefelwasserstoffaktivierung war ein zeitlicher Verlauf nicht zu beobachten; die Reaktion scheint hier unmessbar rasch zu erfolgen [Willstätter, W. Grassmann und O. Ambros (105)].

Wichtiger noch erscheint die Tatsache, dass auch beim Papain, wie im Falle des Trypsins, durch den Zusammentritt mit dem Aktivator die Spezifität des Enzyms verändert wird. Papain allein, wenigstens das Mercksche Handelspräparat, spaltet höhere Eiweisskörper, besonders denaturierte, wie Fibrin, Gelatine und Casein, aber es ist unwirksam gegen Proteinsubstanzen von einfacherem Bau, wie z. B. Peptone der Pepsinverdauung (Willstätter und Grassmann) und sämtliche untersuchte Protamine [Waldschmidt-Leitz, A. Schäffner und W. Grassmann (106), Waldschmidt-Leitz und Th. Kollmann (107)]. Der Dazutritt des Aktivators beschleunigt nicht nur die Hydrolyse hochmolekularer Proteine, sondern er befähigt das Enzym auch zur Spaltung von Peptonen und Protaminen. „Die Rolle der Enterokinase und der Blausäure ist", wie aus der folgenden Zusammenstellung ersehen werden kann, „gleichartig, aber vertauscht ist die Spezifität der aktivierten Enzyme" [Willstätter und Grassmann, l. c. (41)].

Indessen geht besonders aus den Versuchen über Protaminspaltung von Waldschmidt-Leitz und Mitarbeitern hervor, dass die Beziehung dieser vier Fermenttypen tatsächlich nicht durch eine so einfache Formel wiedergegeben werden kann. Keine von ihnen kann mit einer anderen gleichgesetzt werden (vgl. den Abschnitt „Spezifität der Proteasen").

	Gelatine, Casein usw.	Protamine, Pepton
Trypsin	—[1]	+
Trypsin-Kinase.	+	+ +
Papain	+	—
Papain-HCN	+ +	+

Die Erscheinung der Blausäure- und Schwefelwasserstoffaktivierung findet sich noch bei einer anderen pflanzlichen Protease, dem Bromelin der Ananas [Willstätter, Grassmann und O. Ambros (105)]. Indessen vermag hier schon das Enzym ohne Aktivatorzusatz Pepton zu spalten, wenn auch nur schwach, und man findet die Wirkung der Aktivatoren geringer als beim Papain und von Präparat zu Präparat schwankend. Das Verhalten des Bromelins, das auch in anderer Hinsicht (p_H-Abhängigkeit, Hitzebeständigkeit) dem Papain ausserordentlich nahe steht, ist am besten so zu verstehen, dass die beiden Proteasen identisch sind und dass die beobachteten Unterschiede durch Vergesellschaftung mit einem natürlichen Aktivator bedingt sind. Es erscheint demnach wohl möglich, und gewisse widersprechende Angaben der Literatur [Rogozinsky, l. c. (45), W. E. Ringer und B. W. Grutteringk (107)] machen es wahrscheinlich, dass auch das Papain in frischem Papayasaft und in einzelnen seiner Darstellungen von wechselnden Mengen eines blausäureähnlich wirkenden Aktivators begleitet ist.

Mit Rücksicht auf das wahrscheinliche Vorkommen solcher blausäureähnlich wirkender Aktivatoren und für den Vergleich aktivatorfreier und teilweise aktivierter Präparate des Enzyms empfiehlt sich die Anwendung ausreichender Blausäureaktivierung bei der quantitativen Bestimmung des Papains. Indessen scheint nach den Erfahrungen von H. Kraut und E. Bauer (108) diese Aktivierung nicht zu genügen, um den störenden Einfluss gewisser im Papayasaft enthaltender Hemmungskörper des Enzyms völlig auszuschalten.

Auch die Amylase ist in ihrer Wirksamkeit von der Mithilfe einfacher Ergänzungsstoffe abhängig, nämlich von gewissen anorganischen Ionen, besonders den Chlor-ionen. Tierische Amylase, z. B. aus Speichel oder

[1] Zeichen bedeuten: — keine nachweisbare Spaltung; + wird gespalten; + + Spaltung wird verstärkt.

Pankreas, findet man gemäss den Untersuchungen von H. Bierry, J. Giaya und V. Henri (109) nach völliger Entfernung der Salze wirkungslos, aber durch Zusatz von Kochsalz kann die Aktivität wieder hergestellt werden (Vgl. dagegen K. Myrbäck 109a). Dagegen wird bei der Amylase keimender Gerste nach H. Bierry (110) keine Aktivierung durch Halogenion beobachtet. Auch diese Aktivierungserscheinung kann am besten durch die Annahme einer chemischen Bindung zwischen Enzym und Aktivator gedeutet werden [vgl. dazu besonders L. Michaelis und H. Pechstein (111); K. Myrbäck, l. c.]; aber anders wie im Falle des Trypsins und des Papains erstreckt sich die Wirkung des Aktivators anscheinend auf den gesamten Spezifitätsbereich des Enzyms. Die Amylase verbindet sich nicht nur mit Halogenionen, sondern auch mit NO_3' oder ClO_3' zu aktiven Komplexen, die sich nach Michaelis (l. c.), sowie nach A. Hahn und R. Michalik (112) und nach K. Myrbäck (l. c.) durch ihr verschiedenes p_H-Optimum unterscheiden. Dem Phosphation dürfte eine besondere aktivierende Wirkung nicht zukommen [vgl. dazu Hahn und Mitarbeiter, l. c., Willstätter, E. Waldschmidt-Leitz und A. F. Hesse (87); Myrbäck l. c.].

Daneben ist für die Amylase wahrscheinlich noch die Existenz eines spezifisch eingestellten Aktivators („Komplement der Amylase") anzunehmen, dessen das Enzym für den Abbau niederer Dextrine bedarf. Amylaselösungen aus ungekeimter Gerste pflegen die Stärke niemals vollständig bis zur Stufe der Maltose abzubauen. Doch lassen sich aus der Hefe Hilfsstoffe gewinnen, die das Enzym zur quantitativen Verzuckerung der Stärke befähigen [vgl. dazu besonders H. Pringsheim und Mitarbeiter (113), R. Kuhn (114)]. Der Wirkungsbereich des Aktivators ist also, ähnlich wie im Falle der Enterokinase, ein begrenzter.

Die zuletzt behandelten Beispiele haben, wenn ihre theoretische Deutung richtig ist, das Gemeinsame, dass sich Fremdkörper bekannter oder unbekannter Art mit dem Enzym zu einem Komplex von erhöhter Aktivität vereinigen. Häufiger dürfte der umgekehrte Fall sein, die Hemmung durch Fremdsubstanzen, die mit dem Enzym zusammen einen unwirksamen oder vermindert wirksamen Komplex bilden. Ausser einigen schon besprochenen Beispielen der Hemmung bei den Lipasen gehören hierher vor allem die zahlreichen Fälle der Hemmung durch die Reaktionsendprodukte und durch besonders widerstandsfähige Substrate. Zu den Erscheinungen dieser Art, deren quantitative theoretische Behandlung erst im folgenden Abschnitt an einigen Beispielen entwickelt werden soll, ist z. B. die mehrfach untersuchte Hemmung des Trypsins durch natives Albumin zu rechnen [S. G. Hedin (115), Willstätter und H. Persiel (116)], ebenso die Hemmung der Papainwirkung durch Peptone [Willstätter und Grassmann, l. c. (41), und zwar S. 210).

Viel eindrucksvoller und sorgfältiger untersucht ist der Hemmungseffekt, den Ketocarbonsäureester bei der Spaltung von Mandelsäureester durch Leberesterase hervorrufen. Bei der Einwirkung des Enzyms auf Mandelsäureester beobachteten Willstätter, R. Kuhn, O. Lind und F. Memmen (117) die sonderbare Erscheinung, dass längere Zeit, z. B. 60 Minuten lang, nur spurenweise Verseifung stattfindet, dass aber nach Ablauf dieser Zeit die Hydrolyse des Esters plötzlich mit grosser Geschwindigkeit einsetzt. Die Latenzzeit findet man direkt proportional der Konzentration an Ester und umgekehrt proportional der angewandten Enzymmenge. Wenn man nach völliger Verseifung des Esters neues Substrat zusetzt, so beobachtete man abermals die entsprechende Induktionszeit. Es hat sich ergeben, dass die Reaktionsverzögerung hier ausschliesslich auf einer Verunreinigung des Substrates beruht. Reinigt man den Mandelsäureester nicht wie üblich durch Fraktionierung im Vakuum, sondern durch Umkrystallisieren aus Petroläther, so verschwindet die Latenzzeit vollständig. Die für die Erscheinung verantwortliche Substanz konnte als Phenyl-glyoxyl-säureester identifiziert werden, und in der Tat ist es gelungen, durch Zusatz dieses Esters oder einiger anderer Ketonsäureester zum Reaktionsgemisch den Effekt künstlich hervorzurufen. Das Zustandekommen und der quantitative Ablauf der Induktion sind vollkommen erklärbar unter der Annahme, dass der dem Mandelsäureester beigemengte Ketosäureester das Enzym mit ausserordentlich hoher Affinität zu binden vermag, so dass der Mandelsäureester, trotz seiner relativ viel höheren Konzentration, nicht erfolgreich mit ihm um das Ferment konkurrieren kann. Der Ketosäureester ist aber nur sehr schwer verseifbar, der Komplex Enzym-Ketosäureester zerfällt mit weit geringerer Geschwindigkeit als der Komplex Enzym-Mandelsäureester in die Endprodukte der Reaktion. Die rasch verlaufende Spaltung des Mandelsäureesters kann also erst dann einsetzen, wenn die gesamte vorhandene Menge an Ketoverbindung umgesetzt worden ist.

Vorläufig ungeklärt in ihrem Mechanismus sind gewisse Erscheinungen der Aktivitätszunahme und der Aktivitätsschwankung bei Enzympräparaten, besonders bei frisch dargestellten Enzymlösungen. Zu diesen Erscheinungen, welche die Sicherheit der aus der quantitativen Bestimmung der Fermente gezogenen Schlussfolgerungen beeinträchtigen, gehört z. B. die Aktivitätszunahme, die bei frisch bereiteten Hefeautolysaten sowohl hinsichtlich der Maltasewirkung wie auch hinsichtlich der proteolytischen Wirksamkeit beobachtet wird [Willstätter und W. Grassmann (50), Willstätter und E. Bamann (22)]. In beiden Fällen scheint die Neubildung von Enzym aus einer unwirksamen Vorstufe wenig wahrscheinlich. Es kann nach dem bisher vorliegenden Material nicht entschieden werden, ob es sich dabei um Verschiebungen in den Affinitätsverhältnissen des Enzyms (Änderungen des

„kolloidalen Trägers") oder um das Verschwinden enzymbindender Beimengungen oder um die Entstehung von Aktivatoren, etwa von der Art der Enterokinase, handelt.

Sehr merkwürdige Beobachtungen liegen in dieser Hinsicht bei der Peroxydase vor. Verfolgt man die Aktivität frisch gelöster gereinigter Peroxydasepräparate, so findet man „wellenförmigen Gang der peroxydatischen Wirksamkeit, Abnahme und Wiederzunahme oft in mehrmaliger Wiederholung bei tage- und wochenlanger Beobachtung" [Willstätter und H. Weber (118)]. Aus den zahlreichen Beispielen, über die Willstätter und Mitarbeiter (14, 118, 119, 120) berichten, sei eines hier angeführt:

Peroxydasepräparat aus weisser Rübe, 2 Jahre alt, ursprüngliche P.-Z. 1420.

Zeit nach dem Auflösen	1	1¼	2	2¼	18	18½	19	19½	20	20½	21 Stunden
Malachitgrün (mg)	159	160	165	152	170	188	125	150	153	144	156

Diese Inkonstanz der Enzymwirkung ist von mehreren Beobachtern und nach zwei unabhängigen Methoden (Purpurogalin- und Malachitgrünmethode) gemessen worden. Es ist nicht gelungen, bestimmte äussere Einflüsse (Temperatur, Belichtung u. dgl.) für die Erscheinung verantwortlich zu machen.

4. Einfluss der Substratkonzentration.

a) Aktivitäts-p_S-Kurven, Enzym-Substrat-Affinität.

Die Konzentration des Substrates, die hier unter den für die Geschwindigkeit enzymatischer Reaktionen massgebenden Faktoren an letzter Stelle besprochen wird, übertrifft die bisher erörterten an Bedeutung aus dem Grunde, weil die Untersuchung ihres Einflusses die Grundlagen für eine vielseitige anwendbare quantitative Theorie der Fermentkinetik geliefert und zu wichtigen Aufschlüssen über die Enzymspezifität, besonders im Gebiete der Carbohydrasen, geführt hat.

Der Versuch einer quantitativen Theorie enzymatischer Reaktionsgeschwindigkeiten gründet sich auf die schon eingeführte Vorstellung, wonach der Zerfall einer zwischen Enzym und Substrat gebildeten Verbindung den wesentlichen Vorgang der Enzymreaktion darstellt. Die Umsatzgeschwindigkeit wird nach dieser Vorstellung bestimmt einerseits durch die Bildungsgeschwindigkeit des Enzymsubstratkomplexes, andererseits durch die Geschwindigkeit seines Zerfalls in die Reaktionsendprodukte. Es hat sich, wie im folgenden noch zu zeigen sein wird, die Erfahrungstatsache ergeben, dass im allgemeinen — jedenfalls bei den in den folgenden Erörterungen im Vordergrunde stehenden Carbohydrasen — das Zustandekommen des Enzymsubstratkomplexes mit sehr grosser Geschwindigkeit erfolgt, dass also seine Zerfallsgeschwindigkeit die Gesamtgeschwindigkeit der Reaktion bestimmt. Die beobachtete Umsatzgeschwindigkeit wird also unter gleichen äusseren Bedingungen (Temperatur, p_H, Aktivatoren) der Konzentration der Enzymsubstratverbindung proportional sein. Es wird zu prüfen sein, in welchem Verhältnis die Konzentration der Enzymsubstratverbindung zur gesamten Konzentration des Enzyms steht. Diese Frage kann in vielen Fällen auf Grund von Messungen der Reaktionsgeschwindigkeit bei variierter Substratkonzentration beantwortet werden.

Misst man z. B. die Wirkung einer bestimmten Invertinmenge in Lösungen von wechselnder Rohrzuckerkonzentration, aber unter Konstanz aller übrigen Bedingungen und vergleicht man den in gleichen, kurz gewählten Zeiten bewirkten absoluten Umsatz, so findet man, dass die Reaktionsgeschwindigkeit mit steigender Konzentration des Rohrzuckers zunächst eine bedeutende Zunahme erfährt, um schliesslich bei einer bestimmten Substratkonzentration (z. B. bei 5% Rohrzucker) ein Maximum zu erreichen. Für rechnerische Zwecke hat es sich bewährt, die gemessenen Anfangsgeschwindigkeiten nicht als Funktion der Substratkonzentration selbst, sondern als Funktion des Logarithmus der reziproken Zuckerkonzentration („p_S") darzustellen. Derartige Messungen und ihre rechnerische Auswertung führen, wie zuerst L. Michaelis und M. L. Menten (121) gezeigt haben, zu dem Ergebnis, dass die Abhängigkeit der Anfangsgeschwindigkeit von der Substratkonzentration durch Kurven vom Typus der Dissoziationsrestkurven wiedergegeben werden kann. Beobachtet man, dass nach dem Gesagten zwischen der Anfangsgeschwindigkeit und der Konzentration der Enzymsubstratverbindung Proportionalität angenommen werden kann, so liegt der Schluss nahe, dass das Verhältnis zwischen dem freien und dem an Substrat gebundenen Anteil des Enzyms von der Substratkonzentration gemäss den Regeln des Massenwirkungsgesetzes abhängt. Für den Fall des Invertins gilt also:

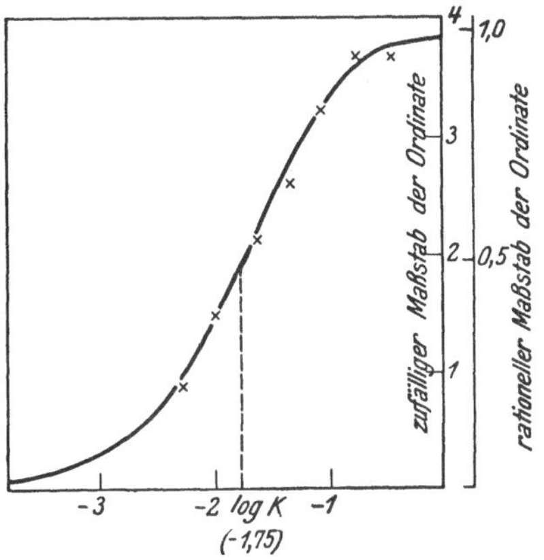

Abb. 1. Aktivitäts-p_S-Kurve der Saccharase nach Michaelis und Menten (l. c. 121, und zwar S. 339).

$$\text{Saccharase} + \text{Rohrzucker} \rightleftarrows \text{Saccharase} - \text{Rohrzucker}$$

und
$$\frac{[\text{Saccharase}]\cdot[\text{Rohrzucker}]}{[\text{Saccharase} - \text{Rohrzucker}]} = K_S$$

Der Wert von K_S stellt also ein Mass für die Dissoziationsfähigkeit der Enzymsubstratverbindung, ihr reziproker Wert im Mass für die Affinität des Enzyms zum Substrat dar. Eine einfache Überlegung führt zu dem Ergebnis, dass diejenige Rohrzuckerkonzentration, bei welcher die Hälfte des Enzyms frei, die Hälfte an Substrat gebunden ist (bei der also die Hälfte der maximalen Geschwindigkeit gemessen wird), der Dissoziationskonstanten k_S numerisch gleich ist[1], oder dass, was im wesentlichen gleichbedeutend ist, die Abszisse des Wendepunktes der Aktivitäts-p_S-Kurve dem Logarithmus der Affinitätskonstante entspricht.

Diese Deutung der beim Invertin gewonnenen quantitativen Ergebnisse führt nun zu zwei Fragestellungen. Es ist zu prüfen, ob die Anwendung des Massenwirkungsgesetzes auf Enzymreaktionen, insbesondere die Einführung derartiger einfacher Grundannahmen, allgemein zulässig ist. Weiterhin wird zu untersuchen sein, ob der Wert der Affinitätskonstante eines Enzyms gegenüber einem Substrat immer derselbe ist oder ob er von einem Enzympräparat zum anderen wechselt; eng damit verbunden ist die Frage, ob ausser den spaltbaren Substraten auch andere Stoffe Affinität zum Enzym aufweisen.

Die Anwendung des Massenwirkungsgesetzes im Gebiet kolloidaler Stoffe kann zunächst gewagt erscheinen. Indessen ist in wichtigen Untersuchungen von Wo. Pauli (122) und J. Loeb (123) der Nachweis erbracht worden, dass gewisse rein chemische Umsetzungen hydrophiler Kolloide, wie namentlich die Salzbildung von Proteinen, den Regeln des Massenwirkungsgesetzes unterliegen. Auch für viele Enzymreaktionen, besonders für die Wirkung der am besten untersuchten Carbohydrasen, gilt dies als Erfahrungstatsache. Die Aktivitäts-p_S-Kurve des Invertins (Saccharase- und Raffinasewirkung), der Hefe-α-Glucosidase (Spaltung von Maltose und von α-Methyl- oder α-Phenylglucosid), der α-Glucosidase des Emulsins und wohl auch des Darm- und Hefeerepsins [H. v. Euler und K. Josephson (124)] lassen sich als Dissoziationsrestkurven ohne Widerspruch deuten. Auch bei den Esterasen hat sich die Annahme definierter Affinität zwischen Enzym und Substrat als eine fruchtbare Arbeitshypothese erwiesen [Willstätter, R. Kuhn, O. Lind und F. Memmen (117), vgl. dazu die Ausführungen auf S. 35 dieser Abhandl., ferner Willstätter, R. Kuhn und E. Bamann 124a].

Man wird anzunehmen haben, dass die Wirkung der charakteristischen reaktionsfähigen Gruppen des Fermentmoleküls in den angeführten Fällen eine rein chemische ist und daher vom Massenwirkungsgesetz beherrscht wird, während „die in der Wirkungssphäre des kolloiden Trägers sich abspielenden Vorgänge durch räumliche Trennung für die wirksamen Gruppen des Enzyms unbemerkt bleiben" [R. Kuhn (125), und zwar S. 43]. Dagegen mag, wie Willstätter und Kuhn hervorheben, bei vielen anderen Enzymen im Sinne der von W. M. Bayliss (126) entwickelten Vorstellungen „die Adsorptionsisotherme ... auch für die Konzentrationsverhältnisse an der aktiven Gruppe entscheidend sein". (Eine ausführliche Diskussion dieser Frage findet sich bei R. Kuhn (127)]. Im Falle des Oxyhämoglobins z. B. wird die Abhängigkeit zwischen peroxydatischer Wirksamkeit und Hydroperoxydkonzentration durch die Freundlichsche Adsorptionsisotherme geregelt [Willstätter und

[1] Für diesen Fall gilt nämlich: $[\text{Saccharase}]_{\text{frei}} = [\text{Saccharase-Rohrzucker}]$.

A. Pollinger (128)]. Die Aktivitäts-p_S-Kurve wird ferner auch dann von der Gestalt einer Dissoziationsrestkurve abweichen, wenn ausser dem Zerfall der Enzymsubstratverbindung andere Teilvorgänge der Enzymreaktion die Gesamtgeschwindigkeit entscheidend beeinflussen.

Gegen die Anwendung des Massenwirkungsgesetzes hat neuerdings S. G. Hedin (129) wiederholt Einwände erhoben, zu denen K. Josephson (130), L. Michaelis (131) und R. Kuhn und H. Münch (132) Stellung genommen haben. Hedin lehnt die geschilderte Betrachtungsweise überhaupt grundsätzlich ab; indessen richtet sich seine Argumentation im wesentlichen — und zwar für den Fall des Invertins wohl sicher zu Unrecht (vgl. R. Kuhn und H. Münch, l. c.) — gegen eine rechnerische Einzelheit, die Vernachlässigung der an Enzym gebundenen Substratmenge gegenüber dem Gesamtsubstrat.

Es ist hervorzuheben, dass für die experimentelle Bestimmung der Affinitätskonstanten die Verhältnisse nicht immer so günstig zu liegen brauchen wie z. B. beim Invertin. Entscheidende Teile der Aktivitäts-p_S-Kurven können im Gebiete sehr hoher Substratkonzentration liegen, die wegen der Löslichkeit des Substrates nicht erreichbar ist. Oder aber, es können im Gebiete hoher Substratkonzentration sekundäre Störungen auftreten, die von der veränderten Beschaffenheit des Mediums (Viscosität, Dielektrizitätskonstante u. dgl.) herrühren.

Auch dürften die in den Betrachtungen von Michaelis und Menten eingeführten Grundannahmen mitunter zu einfach sein. So lässt sich das Verhalten der pflanzlichen Peroxydase bei wechselnder Hydroperoxydkonzentration nach den Experimenten von Willstätter und H. Weber (133) nicht ohne die Annahme verstehen, dass das Hydroperoxyd „an die Peroxydase zu einem aktiven und zu einem inaktiven Additionsprodukt angelagert wird". [Vgl. dazu auch Willstätter (134).]

Die Frage, ob die Affinität eines bestimmten Enzyms zu seinem Substrat immer quantitativ dieselbe bleibt, unabhängig von der Herkunft und der Reinheit des Enzymapparates, kann experimentell geprüft werden. Aus den Messungen von Michaelis und Menten (l. c.) hatte sich der Wert der Dissoziationskonstanten im System Saccharose-Saccharase zu 0,016 ergeben; später haben H. v. Euler und J. Laurin (135) die Lage des Gleichgewichts mit einem Invertinpräparat aus schwedischer Brauereihefe (Minutenwert 5,1) erneut gemessen und K zu 0,026 gefunden. Der bedeutende Unterschied der beiden Werte war unerklärt geblieben. Eine ausführliche Untersuchung der Frage durch R. Kuhn (125) führt zu noch grösseren Differenzen. Die Unterschiede der (scheinbaren) Dissoziationskonstanten der Saccharase-Saccharoseverbindungen betragen bei Invertinlösungen der verschiedensten Herkunft bis zu 250% des kleinsten numerischen Wertes (möglicher Fehler der Messung ± 5%). Die folgende Tabelle, in der die gefundenen Werte auszugsweise wiedergegeben werden, enthält ausser der Dissoziationskonstanten (K_S) und ihrem Reziproken, der Affinitätskonstanten (A_S) in der 4. Kolumne noch denjenigen Bruchteil des Enzyms, der unter den Bedingungen der üblichen

Invertinbestimmung, das ist in 0,1387n-Rohrzuckerlösung, vom Rohrzucker gebunden ist.

Tabelle 5. Affinität verschiedener Saccharasepräparate zu Saccharose.

Invertin	K_S	A_S	gebundene Saccharase %
Brennereihefe Rasse XII .	0,016	63	89,5
Brennereihefe Kopenhagen	0,017	59	89,0
Amerikan. Brauereihefe .	0,020	50	87,5
Münchener Löwenbräuhefe	0,029	35	82,5
Münchener Löwenbräuhefe	0,040	25	77,5

Auf der anderen Seite ergibt sich indessen, dass die Dissoziationskonstante der Saccharase-Saccharoseverbindung für Invertin aus Löwenbräuhefe beim rohen Autolysat und bei den daraus gewonnenen über 200 mal konzentrierteren, nach verschiedenartigen Verfahren von Kohlehydraten und Phosphorverbindungen befreiten Präparaten übereinstimmend gefunden wird. „Die Erfahrungstatsache von der Konstanz der Invertinwirkung bestätigend und zugleich vertiefend, erweist sich die Affinität zum Rohrzucker als völlig unabhängig von den wechselnden Adsorptionsaffinitäten, der Teilchengrösse und der elektrischen Ladung, die dem Enzym als Kolloid zukommen".

„Der Tatsache von der Unabhängigkeit der Affinitätskurven vom Reinheitsgrad steht die wechselnde Affinität des Invertins verschiedener Herkunft zum Rohrzucker gegenüber". Man kann den Grund dafür entweder in einer Verschiedenheit des Invertins von Hefe zu Hefe erblicken, sei es, dass man Unterschiede der kolloidalen Natur oder der reaktionsfähigen chemischen Gruppen des Enzyms dafür verantwortlich macht [man vergleiche dazu die Annahme von Saccharasehomologen durch H. v. Euler (136)]. Oder aber man sucht die Verschiedenheiten auf Beimischungen „wechselnder Mengen eines oder mehrerer dem Enzym selbst nahestehender Körper" zurückzuführen, „die, wie sie in der Natur gebildet wurden, das Invertin durch alle Reinigungsoperationen begleiten und mit seinen wirksamen Gruppen in Wechselwirkung stehen" [R. Kuhn (125), und zwar S. 54].

Es gibt nun theoretische Überlegungen und Experimente, die geeignet sind, die letztere Auffassung zu stützen. R. Kuhn (74) hat die Frage sorgfältig erörtert, in welcher Weise Beimengungen der Enzyme auf die Reaktionsgeschwindigkeit und besonders — dies ist hier wichtig — auf die scheinbare Affinität eines Enzyms einwirken können. „Kommt zu dem System Saccharase-Rohrzucker noch ein dritter Körper hinzu, welcher einen Teil des freien Enzyms zu binden und dadurch der Vereinigung mit dem Rohrzucker zu entziehen vermag, so muss dadurch die scheinbare Dissoziationskonstante erhöht, ihr reziproker Wert, die Affinität des Enzyms zum Zucker, erniedrigt werden". Qualitativ ist dies leicht einzusehen: In Gegenwart eines mit dem Rohrzucker um das Enzym konkurrierenden Körpers ist eine höhere Rohrzuckerkonzentration notwendig, um denjenigen Bruchteil des Enzyms an den Zucker zu binden, der in Abwesenheit des Fremdstoffes gebunden werden würde. Reagiert der Fremdkörper (K) mit dem Enzym im Sinne einer Gleichung

$$E + K \rightleftarrows (E\,K) \quad . \; . \; . \; . \; . \; . \; . \; . \; . \; . \; . \; . \quad (1)$$

wobei dem Komplex (EK) keine katalytische Wirksamkeit mehr zukommt, so beobachtet man, wie eine einfache Rechnung ergibt, statt der wirklichen Dissoziationskonstanten der Enzymrohrzuckerverbindung (K_S) eine scheinbare Dissoziationskonstante $K_S\left(\frac{K}{K_k} + 1\right)$, wenn K die Konzentration des Hemmungskörpers und K_k die Dissoziationskonstante des Gleichgewichtes (1) bedeutet.

In der Tat lässt sich der Nachweis führen, dass in Lösungen des Invertins von hoher scheinbarer Dissoziationskonstante (geringer Affinität des Enzyms zum Substrat) Hemmungskörper enthalten sind, die das Invertin zu binden vermögen. Vermischt man nämlich eine Invertinlösung von hoher Affinität mit dem Kochsaft eines Invertins von geringer Affinität, so findet man in der Mischung die (scheinbare) Affinität des Enzyms zum Rohrzucker vermindert auf annähernd denjenigen Wert, der für das Invertin von geringerer Affinität bestimmt worden ist. Umgekehrt beobachtet man keinen Einfluss auf die scheinbare Dissoziationskonstante, wenn Kochsaft aus Invertin von hoher Rohrzuckeraffinität mit Saccharase von geringer Affinität vermischt wird. Durch Anwendung eines grossen Überschusses an Kochsaft gelingt es, alle hochaffinen Invertinlösungen auf gleich niedrige Affinität zu bringen, welche 30 ± 2 beträgt ($K_S = 0{,}33$). „In übereinstimmendem Milieu der Begleitstoffe erweist sich somit die Affinität zum Rohrzucker als die gleiche und es scheinen demnach die rohrzuckerspaltenden Enzyme der verschiedenen Kulturhefen identisch zu sein". Zugleich erweist es sich, dass die oben eingeführte Annahme, das Enzym reagiere mit dem Hemmungskörper unter Bildung eines katalytisch unwirksamen Produktes, hier nicht streng zutrifft; es ist wahrscheinlicher, dass auch die an die kochbeständigen Begleiter gebundene Form wirksam ist und sich weiterhin mit Rohrzucker vereinigt, wenn auch mit verminderter Affinität.

Inkonstanz der Substrataffinität bei Enzymmaterialien verschiedener Herkunft beobachtet man auch bei anderen Glucosidasen. So findet man die Werte der Dissoziationskonstanten für die Salicinspaltung bei verschiedenen Emulsinpräparaten aus Mandeln schwankend zwischen 0,017 und 0,04, für die Spaltung von β-Methylglucosid zwischen 0,40 und 1,12 [Willstätter, R. Kuhn und H. Sobotka (137)]. Bei der Maltosespaltung durch Hefeautolysat liegen die gefundenen Konstanten zwischen 0,12 und 0,30, bei der α-Methylglucosidspaltung zwischen 0,028 und 0,075 (138).

Beim quantitativen Vergleich von Enzymmengen sind diese Verhältnisse zu beachten. Es genügt offenbar nicht, neben den anderen Bedingungen der Bestimmungsmethode auch die Einhaltung einer bestimmten Konzentration des Substrates festzulegen. Denn bei ein und derselben Konzentration werden, je nach dem wechselnden Wert der Affinitätskonstanten, recht verschiedene Bruchteile des Gesamtenzyms an das Substrat gebunden, also wirksam sein. Es ist vielmehr notwendig, dass man die Messungen auf solchen Punkten der Affinitäts-p_S-Kurven vornimmt, welche gleiche Ordinaten haben. Für die Verfolgung der bei der Reinigung eines bestimmten Enzympräparates erzielten Ausbeuten ist dieser Gesichtspunkt offenbar von geringerer Bedeutung, solange die Erfahrung gültig bleibt, dass die Affinitätskonstante im Gange der Reinigung nicht verändert wird.

Aber schon der Vergleich von Enzymmengen in Präparaten verschiedenen Ursprungs wird unkorrekt, wenn die wechselnde Substrataffinität nicht beachtet wird. Im höheren Masse noch gilt dies, falls es sich darum handelt, die Wirkungen von Enzymmaterialien gegenüber verschiedenen Substraten gegenseitig zu vergleichen. Es ist natürlich praktisch nicht durchführbar, die im Bestimmungsansatz angewandte Substratkonzentration von einem Enzymmaterial zum anderen entsprechend der jeweiligen Affinität des Enzyms zu variieren. Einfacher schon ist das Verfahren, die Substratkonzentration so gross zu wählen, dass unabhängig von den in Betracht kommenden Schwankungen der Affinität in jedem Falle praktisch die gesamte Enzymmenge an das Substrat gebunden, also in bezug auf die Substratkonzentration die maximal mögliche Geschwindigkeit der Hydrolyse erreicht ist. Wenn die Herstellung so hoher Substratkonzentrationen unmöglich oder unzweckmässig ist, genügt es statt dessen vielfach, die bei anderer Konzentration beobachteten Reaktionsgeschwindigkeiten graphisch oder rechnerisch auf unendlich grosse Substratkonzentration zu extrapolieren. Annähernd dasselbe wird erreicht, wenn man nach einem Vorschlage von Willstätter und R. Kuhn (11) für den Vergleich von Invertin mit ungleicher Affinität die in der üblichen Weise ermittelten Einheiten auf ein Invertin von der mittleren Affinitätskonstante 50 ($K_S = 0{,}02$) umrechnet. Die „reduzierten Einheiten“ ($S.E_{red.}$) ergeben sich auf Grund der Beziehung

$$S.E_{red.} = S.E\frac{n+K}{n+0{,}02}$$

worin n die Normalität der Saccharoselösung bedeutet, in der die Saccharasewerte ermittelt wurden. Im Falle des Invertins ist übrigens die unter den üblichen Bedingungen der Bestimmungsmethode (nach C. O'Sullivan und F. W. Tompson) eingehaltene Substratkonzentration so hoch, dass die von der wechselnden Affinität herrührenden Differenzen nicht sehr erheblich ausfallen (vgl. Tabelle 5).

b) Theorie der Zeitwertquotienten. — Zur Spezifität der Carbohydrasen.

Von besonderer Bedeutung erweist sich die Beobachtung der Affinitätsverhältnisse, wenn es sich darum handelt, über die enzymatische Einheitlichkeit eines gegenüber mehreren Substraten wirksamen Enzymmaterials zu entscheiden. Zu diesem Zwecke pflegt man zu prüfen, ob das Verhältnis derjenigen Geschwindigkeiten, mit denen die enzymhaltige Substanz den Umsatz der verschiedenen Substrate bewirkt, immer konstant gefunden wird oder im Gange der Reinigung und mit der Herkunft des Materials wechselt. In Untersuchungen, die der wechselnden Substrataffinität noch nicht Rechnung getragen hatten, war die Aktivität von Hefe und Invertinpräparaten verschiedenen Ursprungs gegenüber Saccharose und Raffinose (Galakto-sido-Saccharose) [Willstätter und R. Kuhn (19)], die Hydrolyse von Maltose und von α-Methylglucosid durch Hefen und Autolysate [Willstätter und W. Steibelt (139)], sowie die Wirkung des Emulsins gegenüber einer Reihe von β-Glucosiden [Willstätter und W. Csányi (24)] quantitativ verglichen worden. In allen Fällen hatte es sich ergeben, dass die ermittelten Aktivitätsquotienten von Präparat zu Präparat schwankten, und es war der Schluss gezogen worden, dass die betreffenden Enzymmaterialien die Spaltung der verglichenen Substrate jeweils mit Hilfe verschiedener, in wechselndem Verhältnis vorkommender Enzyme bewirken. Nur für die Spaltung des Helicins, Salicins und des β-Phenylglucosids durch Emulsin waren durchwegs konstante Quotienten ermittelt worden; es schien demnach wahrscheinlich, dass die drei aromatischen β-Glucoside durch ein einziges Enzym hydrolysiert würden [Willstätter und G. Oppenheimer (25)].

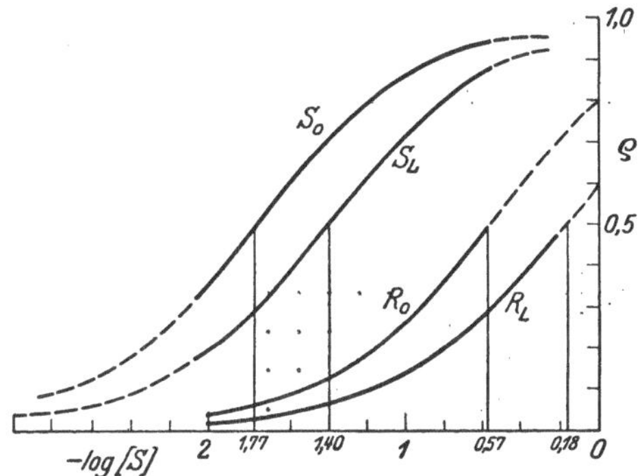

Abb. 2. Saccharase- und Raffinasewirkung verschiedener Invertine bei wechselnder Substratkonzentration. (Nach R. Kuhn, l. c. 125.)

Bei wechselnder Substrataffinität kann nun eine Konstanz der Zeitwertquotienten gar nicht allgemein erwartet werden. Vielmehr wird man — auch wenn ein einziges Enzym gegenüber den verschiedenen Substraten wirksam ist — Konstanz nur dann antreffen, wenn entweder zufällig die Affinitäten zu den verglichenen Substraten übereinstimmen, oder wenn die angewandten Substratkonzentrationen so gross sind, dass die in bezug auf die Substratkonzentration mögliche Maximalgeschwindigkeit in jedem Falle praktisch erreicht wird. Diese Bedingungen dürften in der Untersuchung von Willstätter und Oppenheimer hinsichtlich der aromatischen β-Glukoside zufällig annähernd erfüllt sein.

Für den Fall der Saccharase- und Raffinasewirkung von Invertinpräparaten, der hier zur Erörterung der Verhältnisse näher besprochen werden soll, ergibt sich nun zunächst aus den Aktivitäts-p_S-Kurven der Abb. 2 und aus der Zusammenstellung in Tabelle 6, dass die Affinität zur Raffinose in allen Fällen erheblich geringer ist, als die zum Rohrzucker. Und zwar findet man bei allen geprüften Präparaten das Verhältnis zwischen der Dissoziationskonstante der Raffinase-Raffinoseverbindung (K_R) und der Saccharase-Saccharoseverbindung (K_S), den „Affinitätsquotienten“ $K_R : K_S$, konstant, nämlich gleich 15—17. Das wäre auch dann noch zu erwarten, wenn die Schwankungen der Zeitwertquotienten durch ein wechselndes Mengenverhältnis zweier einander äusserst ähnlicher und daher von den Begleitstoffen in gleicher Weise abhängiger Enzyme zustande kommen würden.

Tabelle 6. Vergleich von Geschwindigkeitsquotient und Affinität verschiedener Invertine.

Invertin	Q (0,138 n)	K_S	K_R	$K_R : K_S$	Q_M	Q_∞
Berliner Rasse II	4,8	0,016	0,24	15	16	2,0
Berliner Rasse XII . . .	5,0	0,016	0,24	15	16	2,0
Dänische Brennereihefe . .	5,0	0,017	0,27	16	16	1,9
Münchener Brauereihefe .	8,3	0,040	0,66	17	17	1,9

Für die Identität des gegen die beiden Substrate wirksamen Enzyms ist erst entscheidend, dass trotz der beträchtlichen Schwankungen der in üblicher Weise — das ist in 0,138 n-Zuckerlösung — ermittelten Quotienten der Wert des auf Grund des Massenwirkungsgesetzes für unendlich hohe Substratkonzentration extrapolierten Quotienten (Q_∞) bei allen Enzymproben derselbe bleibt. „Es besteht daher kein Grund gegen die Annahme, dass das in den üblichen Hefen enthaltene Invertin sowohl den Rohrzucker als auch die Raffinose zu spalten vermag“. „Die Schwankungen der Enzymwertquotienten . . . sind bedingt durch die wechselnde Affinität, die dem Invertin verschiedener Hefen gegenüber jedem einzelnen der Substrate zukommt und durch die starke Verschiedenheit der Dissoziationskonstanten, die sich für die Verbindung eines bestimmten Invertins mit dem Di- und Trisaccharid ergeben“.

Der Sinn der für unendlich hohe Substratkonzentration extrapolierten Aktivitätsquotienten ist der, dass er das Verhältnis der Zerfallgeschwindigkeit äquimolekularer Mengen der Fermentrohrzuckerverbindung und der Fermentraffinoseverbindung angibt. Die relative Spezifität der Saccharase zu den beiden untersuchten Substraten ist also gekennzeichnet durch zwei Werte: den Affinitätsquotienten $K_R : K_S = 16$ und den extrapolierten Zeitwertquotienten $Q_\infty = 2{,}0$. „Wenn wir die Rohrzuckerinvertin- und die Raffinoseinvertinverbindung in reinem Zustand isolieren könnten, und sie in solcher Konzentration in Wasser von 30^0 lösten, dass die Konzentration der undissoziierten Enzymsubstratverbindung je ein Mol pro Liter betrüge, so wäre neben dem Trisaccharid $\sqrt{16} = 4$mal mehr freies Invertin in Lösung als neben dem Disaccharid. Für jedes in Melibiose + Fructose zerfallende Raffinosemolekül würden dann in der gleichen Zeit etwa zwei Rohrzuckermoleküle in Glucose + Fructose gespalten".

Der für eine beliebige Substratkonzentration [S] geltende Aktivitätsquotient Q lässt sich, wenn K_S, K_R und Q_∞ bekannt sind — die Anwendbarkeit des Massenwirkungsgesetzes vorausgesetzt — allgemein als Funktion von [S] ausdrücken gemäss der folgenden, von R. Kuhn abgeleiteten Beziehung

$$Q_S = Q_\infty \frac{[S] + K_R}{[S] + K_S} \quad . \; . \; . \; . \; . \; . \; . \; . \; . \; . \; . \; . \quad (2)$$

deren graphische Wiedergabe die Quotientenkurve in Abbildung 3 darstellt.

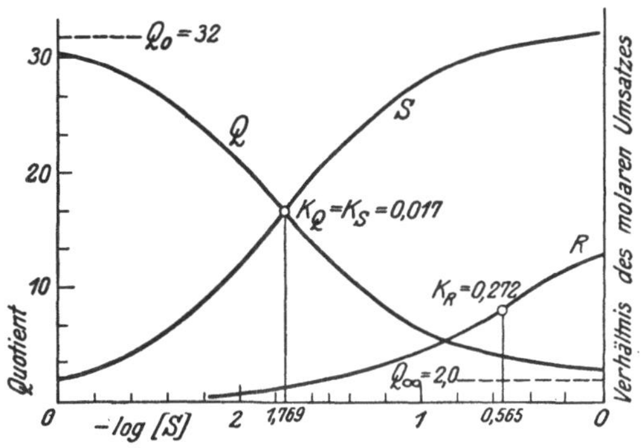

Aus den Eigenschaften der Quotientenkurve seien die folgenden hervorgehoben:

1. $$Q_0 = Q_\infty \frac{K_R}{K_S} \quad . \; . \; . \; . \quad (3)$$

Der Quotient liegt in jedem Falle zwischen den Werten Q_∞ (Grenzwert für hohe Substratkonzentration, Verhältnis der Zerfallsgeschwindigkeiten) und $Q_0 = Q_\infty \frac{K_R}{K_S}$ (Grenzwert für die Substratkonzentration 0). Schwankungen der Zeitwertquotienten, die beim Arbeiten mit willkürlicher, konstanter Substratkonzentration angetroffen werden, lassen sich also, sofern sie diese Grenzen überschreiten, nicht auf Verschiedenheiten der Affinitäten zurückführen. —

Abb. 3. Hydrolyse von Rohrzucker und Raffinose durch Invertin aus dänischer Brennereihefe. Abszissen: Logarithmen der reziproken molaren Zuckerkonzentration. Ordinaten: Für Versuchsbeginn extrapolierte Reaktionskonstanten. (Nach R. Kuhn, l. c. 74.)

$K_R > K_S$; folglich auch $Q_0 > Q_\infty$.
Die Spaltung des Substrates mit kleiner Enzymaffinität ist verhältnismässig am meisten begünstigt bei hoher, am wenigsten bei niedriger Substratkonzentration.

2. Der Wendepunkt der Quotientenkurve ist in jedem Falle dadurch ausgezeichnet, dass seine Abszisse (S_m) mit dem Parameter (K_S) derjenigen Enzymwirkung zusammenfällt, der die kleinste Dissoziationskonstante der Enzymsubstratverbindung zukommt: $S_m = K_S$. Die Ordinate des Wendepunktes (Q_m) ist demnach

[wegen (2)]: $Q_m = Q_\infty \frac{K_S + K_R}{2 K_S}$ und unter Beachtung von (3): $Q_m = \frac{1}{2} (Q_0 + Q_\infty)$.

Auch der Wert von Q_m ist, unabhängig vom numerischen Wert der einzelnen Affinitäten, konstant. Statt Q_∞ zu bestimmen, kann man daher auch die Bildung der Quotienten bei derjenigen Substratkonzentration vornehmen, wo das Substrat höherer Affinität mit 50% der (in bezug auf die Substratkonzentration) maximalen Anfangsgeschwindigkeit gespalten wird.

Ebenso wie beim Vergleich der Saccharase- und Raffinasewirkung hat sich auch bei der Einwirkung von Hefen und Autolysaten auf Maltose und auf α-Methyl-, α-Äthyl- und α-Phenylglucosid der Nachweis führen lassen, dass die unter Berücksichtigung der wechselnden Affinität reduzierten Zeitwertquotienten in allen Fällen übereinstimmen. Es ist also die Schlussfolgerung zu ziehen, dass eine einzige „α-Glucosidase“ zur Spaltung dieser drei Substrate befähigt ist [Willstätter, R. Kuhn und H. Sobotka (138)].

Indessen fehlen auch β-glucosidspaltende Enzyme in der Hefe nicht vollständig. Die Tatsache, dass die im Amygdalin enthaltene Disaccharidbindung nicht nur durch Emulsin, sondern auch durch Hefeauszüge gelöst werden kann, hat man lange dahin verstanden, dass die beiden Glucosemoleküle α-glucosidisch miteinander verknüpft seien. Das trifft nicht zu. Nach rascher enzymatischer Hydrolyse des Amygdalins beobachtet man nämlich starke Mutarotation nach aufwärts, woraus der Schluss gezogen werden muss, dass beide Hexosemoleküle in der β-Form vorliegen [R. Kuhn (140)]. Im Amygdalin ist also nicht β-Maltose, sondern β-Gentiobiose enthalten. Die Formel des Amygdalins, die mit dieser Erkenntnis auch sterisch vollkommen festgelegt war, konnte wenig später durch drei unabhängige Synthesen bestätigt werden [R. Campbell und W. N. Haworth (141), G. Zemplén und A. Kunz (142), R. Kuhn und H. Sobotka (143)].

Auch die einheitliche Natur des auf verschiedene aliphatische und aromatische β-Glucoside einwirkenden Enzyms im Emulsin hat sich unter Berücksichtigung der Affinitätsverhältnisse sicherstellen lassen [Willstätter, R. Kuhn und H. Sobotka (137); vgl. dazu auch K. Josephson (144)]. Das Enzym ist indessen sicher nicht identisch mit der Gentiobiase oder mit der Amygdalase.

Diese Befunde ermöglichen es, eine grosse Zahl der wichtigsten zucker- und glucosidspaltenden Enzyme in wenige Kategorien zusammen zu fassen, für die jeweils eine Beziehung zur α- oder β-Glucose oder zur Fructose charakteristisch zu sein scheint. Für die Berechtigung eines solchen Einteilungsprinzips lassen sich weitere experimentelle Stützen gewinnen: Es kann nämlich noch auf einem anderen Weg die Frage geprüft werden, welcher Bestandteil im Molekül eines Glucosids oder eines Di- und Trisaccharids für die Vereinigung mit dem Enzym und damit für den enzymatischen Angriff massgebend ist.

Es ist lange bekannt, dass die Geschwindigkeit enzymatischer Zuckerhydrolysen durch die Anwesenheit der Spaltstücke, z. B. der Glucose, herabgesetzt wird. Michaelis und Menten [l. c., vgl. auch Michaelis und P. Rona (145)] haben dies so gedeutet, dass das Enzym ebenso wie von dem spaltbaren Zucker auch von dem anwesenden Monosaccharid gebunden und dadurch der Vereinigung mit dem Substrat entzogen werden kann; die quantitative Durchführung dieser Betrachtung hat zu einer Bestimmung der zwischen der Saccharase und den Spaltstücken des Rohrzuckers bestehenden Affinität und zur Aufstellung einer recht befriedigenden Gleichung für den zeitlichen Verlauf der Saccharasewirkung geführt. Es ist also möglich, die Affinität einer Carbohydrase zu einem nichtspaltbaren Zucker zu bestimmen auf Grund von Messungen der hemmenden Wirkung, die der betreffende Zucker auf die Geschwindigkeit der enzymatischen Hydrolyse ausübt. Dabei ist indessen ein wichtiger Umstand zu beachten. Die hemmende Wirkung kann nicht nur dadurch zustande kommen, dass der Hemmungskörper mit dem Substrat um das Enzym konkurriert, sondern z. B. auch so, dass der Hemmungskörper die Zerfallsgeschwindigkeit der Enzymsubstratverbindung herabsetzt [Michaelis und Rona, l. c., Michaelis und H. Pechstein (146)]. Diese beiden Arten der Hemmung lassen sich nun nach den Überlegungen von Michaelis unterscheiden:

Die erste Art der Hemmung („Hemmung durch Affinität") ist dadurch gekennzeichnet, dass durch den hemmenden Stoff die Aktivitäts-p_S-Kurve parallel zu sich selbst verschoben wird. Die scheinbare Substrataffinität des Enzyms wird verringert, K_S gesteigert. Der Grenzwert der Geschwindigkeit für maximale Substratkonzentration bleibt unverändert. Der Hemmungskoeffizient

$$h = \frac{v_0 - v}{v}$$ [1]

fällt mit steigender Substratkonzentration, wenn die Konzentration des Hemmungskörpers H konstant bleibt (vgl. Abb. 4). Auf Grund der von Michaelis angegebenen Gleichung

$$K_H = \frac{[H] \cdot K_S}{([S] + K_S)\left(\frac{v_0}{v} - 1\right)}$$

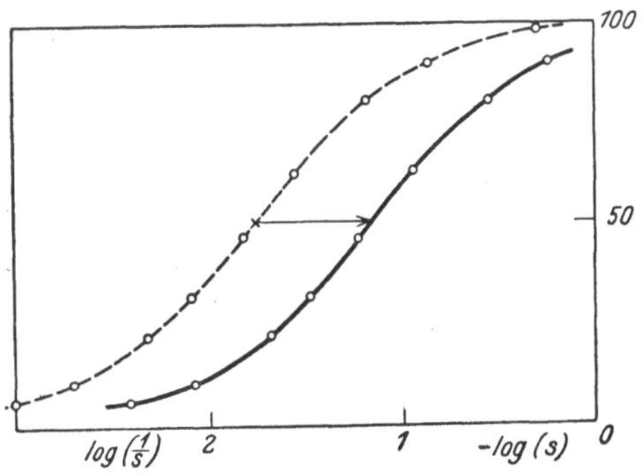

Abb. 4. Hemmung durch Affinitätsbeanspruchung.

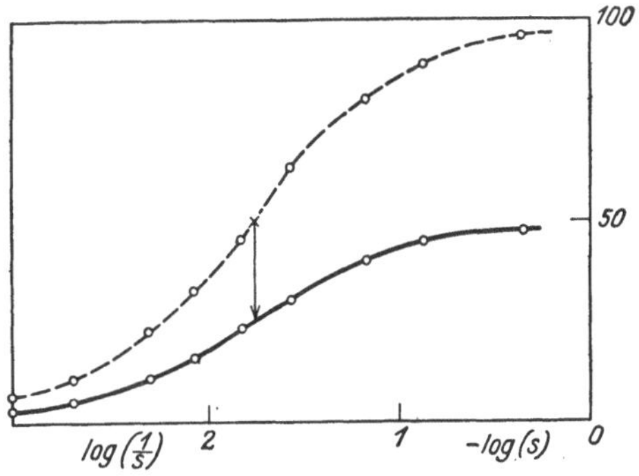

Abb. 5. Hemmung der Zerfallsgeschwindigkeit.

(Nach Michaelis und Pechstein l. c.[2])

kann die Dissoziationskonstante K_H der Enzymhemmungskörperverbindung berechnet werden, wenn K_S und h aus Messungen bekannt sind. Der Wert von K_H muss derselbe bleiben, wenn das Substrat des Enzyms gewechselt [K. Josephson (147)] oder die Konzentration des Substrates oder des Hemmungskörpers variiert wird.

Die zweite Art der Hemmung (Verringerung der Zerfallsgeschwindigkeit der Enzymsubstratverbindung) wird durch die folgenden Eigenschaften charakterisiert:

K_S bleibt unverändert.

Der Hemmungskoeffizient h ist von der Substratkonzentration unabhängig. Die Ordinaten der Aktivitäts-p-Kurven werden durch eine bestimmte Menge des Hemmungskörpers S um gleiche prozentische Beträge erniedrigt; im selben Verhältnis ist natürlich auch die Grenzgeschwindigkeit für $[S] = \infty$ verringert (vgl. Abb. 5).

K_H ist nicht konstant, sondern steigt mit fallender Substratkonzentration.

---

[1] v_0 = Reaktionsgeschwindigkeit ohne Zusatz, v = Reaktionsgeschwindigkeit in Gegenwart des Hemmungskörpers.

[2] Vgl. dazu R. Kuhn, l. c. 127, und zwar S. 192.

Der Angriff eines Enzyms auf den Rohrzucker kann eingeleitet werden entweder durch Anlagerung des Fermentes an die Fructosehälfte des Moleküls oder durch Bindung an die Glucosehälfte oder durch eine Reaktion mit der ätherartigen Sauerstoffbrücke des Disaccharids. Um zwischen diesen Möglichkeiten zu entscheiden, ist die Kenntnis der Affinitäten des Enzyms zu denjenigen Formen von Glucose und Fructose notwendig, die im Rohrzucker vorliegen. Die Angaben der Literatur über die hemmende Wirkung der Glucose bei Invertinspaltung des Rohrzuckers sind widersprechend. R. Kuhn (148) konnte einen Teil der Widersprüche auf die Nichtbeachtung der Mutarotation der Hexosen zurückführen. Es ergab sich nämlich, dass α-Glucose die Invertinwirkung nicht im geringsten beeinflusste, während die β-Modifikation eine starke Verlangsamung bewirkte. „E. F. Armstrong (149) und C. F. Hudson (150) haben gezeigt, dass die Glucose im Rohrzucker α-Glucose ist. Das Invertin der Hefe besitzt aber zu dieser Form des Traubenzuckers nicht die geringste Affinität. Man muss daraus per exclusionem schliessen, dass die starke Verlangsamung der Inversionsgeschwindigkeiten, die man bei Zusatz von gewöhnlicher Lävulose beobachtet, auch bei Zusatz der im Rohrzucker vorliegenden Form dieser Ketohexose, die im freien Zustand noch unbekannt ist, zu finden sein wird". „Die hohe Affinität zum Fruchtzucker zeigt, dass nur der Fructoserest für den Angriff des Hefeinvertins in Betracht kommt".

Es hat sich weiterhin zeigen lassen, dass es Fermente gibt, die den Rohrzucker durch primäre Anlagerung an die Glucoseseite anzugreifen scheinen. Die Saccharasewirkung eines anderen Enzymmaterials, der „Takadiastase" (Aspergillus oryzae), wurde nämlich in ihrer Wirkung durch Fructose gar nicht beeinflusst, aber ein Zusatz von α-Glucose setzte die Geschwindigkeit der Rohrzuckerhydrolyse erheblich herab [R. Kuhn (151)].

	Hefe-Saccharase	Taka-Saccharase
α-Glucose . .	hemmt nicht	hemmt stark
β-Glucose . .	hemmt	hemmt nicht
Fructose . .	hemmt	hemmt nicht.

Nach diesen Befunden hätte man die in der Natur vorkommenden rohrzuckerspaltenden Enzyme je nach ihrer Angriffsweise in zwei Klassen einzuteilen, die als Gluco- und Fructosaccharasen von R. Kuhn unterschieden werden. Indessen liegen die Verhältnisse doch durchaus nicht so klar. Zunächst wird die Wirkung der Hefesaccharase, wie Kuhn (152) später gezeigt hat, noch durch eine Anzahl anderer Hexosen und Pentosen gehemmt, die in keinerlei Beziehung zu den Spaltstücken des Rohrzuckers stehen, wie z. B. durch Galactose, Xylose und Arabinose. In einer ungefähr gleichzeitigen Arbeit von H. v. Euler und K. Josephson (153) ergibt sich überdies, dass auch die von Kuhn gefundenen Unterschiede in der Hemmbarkeit der Hefe- und der Aspergillus-Saccharase nicht allgemein gültig sind, dass insbesondere die

Saccharasen vieler Hefen von α-Glucose sehr stark, mitunter stärker als von β-Glucose gehemmt werden. Diese Befunde sind in einer Untersuchung von R. Kuhn und H. Münch (154) bestätigt und erweitert worden. Aus ihren Versuchen geht hervor, dass die Hemmbarkeit durch α- und durch β-Glucose von Hefe zu Hefe ohne Regelmässigkeit wechselt; selbst die hemmende Wirkung der Fructose war in einzelnen Fällen ausserordentlich gering. Auf der anderen Seite gibt es Saccharasepräparate aus Aspergillus oryzae, die entgegen der von Kuhn angenommenen Regel auch das h-Methylfructosid von R. Ch. Menzies (155) sehr glatt hydrolysieren [H. H. Schlubach und G. Rauchalles (156)].

Euler (157) und Josephson (158) haben die Ergebnisse ihrer Messungen dahin interpretiert, „dass die Affinität der Saccharase zum Rohrzucker gleichzeitig durch zwei Stellen des Substrates vermittelt wird, von welchen die eine sich im Fructoserest, die andere im Glucoserest befindet. Daraus ergibt sich aber unmittelbar, dass für die Verbindung von Saccharase mit Rohrzucker, überhaupt für die Verbindung eines hydrolysierenden Enzyms mit einem Substrat, nicht nur eine, sondern zwei Affinitäten in Betracht kommen, welche durch zwei Affinitätskonstanten bestimmt werden" („Zwei-Affinitätstheorie") [H. v. Euler, l. c. (5), und zwar S. 26]. Die auf Grund dieser Vorstellung geforderte Beziehung

$$K_{\text{Gluc.}} \cdot K_{\text{Fruct.}} = K_{\text{Saccharose}}$$

finden die Autoren annähernd erfüllt.

Eine neue ausführliche Untersuchung von R. Kuhn und H. Münch (159) und die von H. v. Euler und K. Josephson (160) neuerdings vorgenommene Modifikation ihrer Vorstellungen dürften nun eine gewisse Klärung der tatsächlichen Verhältnisse und eine Annäherung der beiderseitigen Standpunkte gebracht haben. Kuhn und Münch haben experimentell geprüft, in welchem Umfange die beobachteten Hemmungserscheinungen auf Affinität im Sinne der oben gegebenen Kriterien beruhen. Das ist, wie Kuhn mit Recht hervorhebt, in den Untersuchungen von Euler und Josephson nicht in genügender Weise geschehen. Zwar sind z. B. in der dritten Mitteilung über die Affinitätsverhältnisse der Saccharase durch K. Josephson (l. c.) aus Hemmungsversuchen Affinitätskonstanten zur α-Glucose auf Grund der Formel von Michaelis und Menten berechnet worden; diese Konstanten haben sich als annähernd übereinstimmend erwiesen, gleichgültig, ob bei ihrer Berechnung von der Hemmung der Raffinosespaltung oder der Saccharosespaltung ausgegangen wurde. Indessen wäre für die hier vorliegende Problemstellung in erster Linie der Nachweis entscheidend, dass der Wert der Konstanten bei wechselnder Substratkonzentration ungeändert bleibt. Aus den Versuchen von Kuhn und Münch geht mit Sicherheit hervor, dass die auf Grund der Aktivitäts-p_S-Kurven bestimmte scheinbare Affinität zum Substrat bei zahlreichen Hefen durch Zusatz von α-Glucose in keinem Falle geändert wird, während β-Glucose und Fructose die Aktivitäts-p_S-Kurve in allen Fällen nach der Seite der höheren Substratkonzentration verschieben. Die Hemmung durch Arabinose und Galactose scheint nur im Falle der β-Formen dieser Zucker vorwiegend durch Affinitätsbeeinflussung zustande zu kommen. Auch die Trehalose ändert das Enzymsubstratgleichgewicht nicht, sie „hemmt nicht durch Affinität."

Euler und Josephson (l. c.) heben demgegenüber hervor, dass auch Hemmungserscheinungen, die gemäss den Kriterien von Michaelis unzweifelhaft den Hemmungen zweiter Art zuzurechen sind, wie z. B. die Wirkung des α-Methylglucosids gegenüber dem Invertin, nicht ohne die Annahme irgendeiner Affinität zwischen Hemmungskörper und Enzym gedeutet werden können. „Wenn bei Gegenwart von 2% α-Methylglucosid bei der Spaltung des Rohrzuckers durch Hefesaccharase die Reaktionsgeschwindigkeit der Inversion auf etwa den zehnten Teil herabgesetzt ist, so können wir unserer Meinung nach diese unzweifelhaft spezifische Wirkung des α-Glucosids kaum in anderer Weise erklären, als dass das α-Methylglucosid eine Affinität zu der Hefesaccharase oder zu der Saccharaserohrzuckerverbindung besitzt". Dieser Einwand ist an sich zutreffend. Auch das Glycerin — dem Invertin gegenüber gleichfalls ein typischer Hemmungskörper zweiter Art — beeinflusst die Stabilität und das Elutionsverhalten der Saccharase schon in kleinen Konzentrationen in so charakteristischer Weise, dass Willstätter und Kuhn schon vor längerer Zeit [l. c. (53), und zwar S. 58] zu dem Schluss gelangt sind: „Zwischen den Enzym und dem Glycerin gibt es eine spezifische Beziehung". Aber der Einwand von Euler und Josephson dürfte kaum gegen die sachliche Berechtigung der von Michaelis und Mitarbeitern eingeführten Einteilung der Hemmungserscheinungen zu verwenden sein: er richtet sich lediglich gegen eine tatsächlich bestehende Unklarheit in der üblich gewordenen Ausdrucksweise. Wenn die hemmende Wirkung einer Substanz den Kennzeichen einer „Hemmung erster Art" entspricht, so ist zu folgern, dass der betreffende Körper „einen Teil des freien Enzyms zu binden und dadurch der Vereinigung mit dem Rohrzucker zu entziehen vermag"[1] [R. Kuhn (161)]. Es muss hervorgehoben werden, dass der Schwerpunkt dieser Behauptung nicht in ihrem ersten, sondern in ihrem zweiten Teile liegt und dass sie nur hinsichtlich ihres zweiten Teiles umkehrbar ist. Ein Hemmungskörper zweiter Art kann sehr wohl mit dem freien oder mit dem gebundenen Enzym reagieren, also Affinität zu ihm haben, aber er ist nicht imstande, die Bindung des Substrates an das Enzym zu blockieren, und er wird umgekehrt nicht durch das Substrat aus seiner Bindung am Enzym verdrängt werden, er wird also nicht von derjenigen Gruppe des Enzym gebunden sein, die sonst die Bindung des Substrates vermittelt. Deshalb kann seine Wirkung von der Substratkonzentration unabhängig sein. Es

[1] Gesperrt vom Referenten.

scheint korrekter, die Ausdrücke „Hemmung durch Affinität" und besonders „Hemmung ohne Affinität" fallen zu lassen und zu unterscheiden zwischen Hemmungskörpern, die mit dem Substrat um das Ferment konkurrieren, und solchen, die das nicht tun.

Euler und Josephson betonen ihre schon früher geäusserte [Euler, l. c. (157)] Annahme, dass die beiden Affinitäten des Enzyms („spezifische" und „Gruppenaffinität") „ihrer Natur nach nicht gleichwertig sind", und dass sich die spezifische „Affinität 1 bis jetzt durch keine andere Gruppe absättigen" lasse, „als durch die in der Fructose enthaltene"; sie entwickeln weiterhin die Auffassung, „dass die enzymatische Rohrzuckerspaltung durch eine Fructosaccharase dadurch eingeleitet wird, dass sich ein Komplex von der folgenden Art bildet

Fructose — Glucose
|
Saccharase " . . . . (I)

dass also im Falle einer Fructosesaccharase wohl nur die fructosebindende Gruppe 1 — nicht die glucosebindende Gruppe 2 — des Enzymmoleküls die primäre Bindung des freien Rohrzuckers vermittelt. Damit dürfte in einem sehr wesentlichen Punkt tatsächliche Übereinstimmung der Grundanschauungen erzielt sein.

Nach der von den Stockholmer Forschern vertretenen Ansicht wird der Zerfall der Enzymrohrzuckerverbindung eingeleitet durch den Übergang der „reaktionsvermittelnden Moleküle erster Ordnung" (I) in die „reaktionsvermittelnden Moleküle zweiter Ordnung (II)",

(I) Fructose — Glucose / | / Saccharase ⟶ (II) Fructose — Glucose / \ / / Saccharase

„die so instabil sind. . . ., dass das den Affinitätsverhältnissen entsprechende Gleichgewicht (I) $\rightleftarrows$ (II) nicht erreicht wird". Ein Körper wie α-Methylglucosid, dessen hemmende Wirkung von der Substratkonzentration unabhängig ist, wirkt nach dieser Vorstellung dadurch, dass er an der Affinitätsstelle 2 angelagert wird und so den Übergang von Komplex (I) in Komplex (II) verhindert. Die ursprüngliche Annahme von Michaelis, wonach das α-Methylglucosid den Zerfall der Invertinrohrzuckerverbindung hemmt, wird damit durch eine speziellere Annahme, ein anschaulicheres Bild, ersetzt.

Über die Angriffsweise der Saccharasen kann noch durch ein anderes, durchsichtigeres und daher in seinen Ergebnissen weniger umstrittenes Verfahren Aufschluss gewonnen werden. Untersucht man nämlich Derivate des Rohrzuckers auf ihre Spaltbarkeit durch Saccharasen, so ergibt sich, dass die Hefesaccharasen nur diejenigen Derivate des Rohrzuckers spalten, in denen die für die Vereinigung mit dem Enzym massgebende Fructosehälfte des Rohrzuckermoleküls unverändert ist, nämlich:

Rohrzucker			Glucose $<>$ Fructose
Gentianose		Glucose $<$	Glucose $<>$ Fructose
Raffinose		Galactose $<$	Glucose $<>$ Fructose
Stachyose	Galactose $<$	Galactose $<$	Glucose $<>$ Fructose
Hesperonal		Phosphorsäure $<$	Glucose $<>$ Fructose.

Umgekehrt wird die Melecitose

Glucose $<$ Fructose $<>$ Glucose

von Hefesaccharase nicht gespalten, weil hier die Fructose nicht freiliegt [R. Kuhn und G. E. von Grundherr (162)].

Glucosaccharasen, die in gewissen Schimmelpilzen [Aspergillus oryzae, Aspergillus niger, Penicillium glaucum (163)] vorgefunden werden, spalten umgekehrt die Melecitose, vermögen aber die durch Substitution am Glucoserest gebildeten Rohrzuckerderivate nur dann zu spalten, wenn durch zufällig beigemengte Glucosidasen oder Phosphatasen der Glucoserest des Rohrzuckers freigelegt wird. Dies ist für die Spaltung des Hesperonals (allerdings nur mit phosphatasehaltigem Enzymmaterial) von R. Kuhn und H. Münch [l. c., (154)], für die Raffinosespaltung von J. Leibowitz und P. Mechlinski (164) nachgewiesen worden. Gluco- und Fructosaccharasen sind jedoch in ihrem natürlichen Vorkommen nicht immer scharf geschieden. So findet sich in einzelnen Hefen, nicht aber in gereinigten Invertinlösungen, ein melecitosespaltendes Enzym, die Melecitase (Kuhn und v. Grundherr, l. c.). Auf der anderen Seite gibt es nach den Befunden von Kuhn und Frl. Rohdewald (165) Saccharasepräparate aus Aspergillus oryzae, die abweichend von den üblichen gegen Melecitose wirkungslos sind und Raffinose ohne vorherige Ablösung von Glucose an der Rohrzuckerbindung spalten. Es ist möglich, dass auch das von Schlubach und Rauchalles (l. c.) bei der Spaltung von h-Methylfructosid benützte Präparat von Takadiastase Fructosaccharase enthalten hat. Dagegen scheinen wirkliche Übergänge zwischen den beiden Saccharasetypen bisher nicht beschrieben zu sein.

c) Zur Spezifität der Amylasen.

„In einer Systematik spezifischer Katalysatorenwirkungen wird die Erscheinung, dass ein bestimmtes System unter dem Einfluss verschiedener Katalysatoren auf verschiedenartigem Wege wieder denselben Endzustand erreicht, besondere Beachtung verdienen“ [R. Kuhn, l. c. (151)]. Die Wirkungsweise der Fructo- und Glucosaccharasen stellt ein interessantes, wenn auch wahrschheinlich nicht das erste [E. F. Armstrong (166)] und sicher nicht das einzige Beispiel für die Konvergenz spezifischer Reaktionswege dar: Ausgangs- und Endprodukt sind dieselben, aber die die Reaktion vermittelnden labilen Enzymsubstratverbindungen haben verschiedenartigen Bau. Der Fall der Fructo- und Glucosaccharase ist nicht ohne Analogien. Die Erfahrungen der enzymatischen Proteolyse bieten zahlreiche Beispiele dafür, dass ein bestimmtes System durch die Einwirkung verschiedenartiger Katalysatorkombinationen über verschiedenartige stabile Zwischenprodukte zum selben Endzustand gelangt [Waldschmidt-Leitz, A. Schäffner und W. Grassmann, l. c. (106)]. Das gegenseitige Verhältnis der bei verschiedenartigem fermentativem Abbau der Stärke möglichen Reaktionswege nimmt in dieser Hinsicht eine Zwischenstellung ein: das stabile Endprodukt des Abbauprozesses ist in allen Fällen dasselbe, nämlich die gewöhnliche α-, β-Maltose, aber das erste analytisch nachweisbare Produkt der Enzymwirkung ist je nach der Art des angewandten Fermentes ein verschiedenes, nämlich β-Maltose im Falle der Hydrolyse durch Malzamylase (β-Amylose) und α-Maltose, wenn die Hydrolyse durch Einwirkung von Pankreas- oder Aspergillus-Amylase (α-Amylase) herbeigeführt wurde [R. Kuhn (167), l. c. (114)]. Die einfachste Annahme, die ein solches Verhalten zu erklären scheint, wäre die, dass die Glucosemoleküle in der Stärke durch α- und β-Bindungen in regelmässiger Abwechslung verknüpft sind: Die Angreifbarkeit der Stärke durch Emulsin scheint damit in Übereinstimmung zu stehen[1], ebenso auch der Befund von H. Pringsheim und J. Leibowitz (168), wonach bei gleichzeitiger Einwirkung von α- und β-Amylasen die Verzuckerung bis zur Glucosestufe geführt werden kann. Indessen liegen die Dinge nicht so einfach. Es müsste nämlich erwartet werden, dass die Wirkung einer α-Amylase nicht Maltose als Endprodukt liefert, sondern einen Zucker, dessen Disaccharidbindung der β-Reihe zugehört. Das ist nicht der Fall. „Unabhängig von der Natur der angewandten Amylase findet man Maltose als Hauptprodukt, unter geeigneten Versuchsbedingungen als alleiniges Endprodukt der Hydrolyse". Dies scheint sich dadurch deuten zu lassen, dass sekundäre Umlagerungen instabiler Sauerstoffbrücken — das Stattfinden solcher Umlagerungen erscheint auf Grund polarimetrischer Beobachtungen wahrscheinlich — im Falle der Hydrolyse durch α-Amylasen mit einer sterischen Umorientierung der die beiden Traubenzuckermoleküle des primären Reaktionsproduktes verknüpfenden Disaccharidbrücke verbunden sind; die bei der Hydrolyse durch α-Amylasen entstehende Maltose ist also nach dieser Auffassung ein Sekundärprodukt, entstanden durch konstitutive und gleichzeitig sterische Umlagerung eines primär gebildeten, vermutlich der β-Reihe zugehörigen Disaccharids.

B. Übersicht über die wichtigsten Bestimmungsmethoden und Einheiten.

1. Esterasen.

Als Substrat zur Messung der Esterasen sind in den Arbeiten Willstätters hohe Fette (Olivenöl), Glyceride einfacher Säuren (Triacetin, Tri-

[1] Allerdings dürften die Amylase und die β-Glucosidase des Emulsins nach den neueren Ergebnissen von K. Josephson (Ber. chem. Ges. 58. 2726. 1925; 59. 821. 1926) nicht identisch sein.

butyrin) und gewöhnliche Ester niedriger Fettsäuren (Methylbutyrat) angewandt worden; die Spaltung wurde entweder titrimetrisch oder stalagmometrisch nach der Methode von P. Rona und L. Michaelis (169) verfolgt. Den geschilderten Aktivierungs- und Hemmungsverhältnissen der Lipasen wurde durch Zusatz geeigneter Aktivatoren und Hemmungskörper („ausgleichende Aktivierung“ und „ausgleichende Hemmung“) Rechnung getragen.

Die Bedingungen der wichtigsten ausgearbeiteten Bestimmungsmethoden sind im einzelnen die folgenden:

a) Ölspaltung.

1. Bestimmung im alkalischen Medium bei konstantem p_H. Um die Fettspaltung bei konstanter alkalischer Reaktion auszuführen, bedarf es sehr grosser Pufferkonzentrationen, denen gegenüber die Lipasen, besonders im reineren Zustand, empfindlich sind. Man begnügt sich daher besser damit, die Reaktion nur annähernd konstant zu halten, nämlich zwischen $p_H = 8,9$ und $p_H = 8,7$.

Der Bestimmungsansatz besteht aus der Enzymlösung, 5 cm 5 n-Ammoniak-Ammonchloridpuffer von $p_H = 8,9$ (1 : 2), 10 mg $CaCl_2$ und 15 mg Albumin in insgesamt 15 ccm Wasser nebst 2,5 g Olivenöl. Der in einer Stunde bei 30° eintretende Aciditätszuwachs wird durch Titration mit 1,5 n-KOH ermittelt. Das Enzym ist unter den Bedingungen der Bestimmung nicht vollkommen haltbar, das Produkt aus der Enzymmenge und der Zeitdauer für einen bestimmten Grad der Verseifung ist nicht konstant, sondern fällt mit fallender Enzymmenge. Die Methode liefert besonders bei der Analyse reinerer und daher empfindlicher Lipasepräparate zu niedrige Werte. Diese Nachteile vermeidet das wichtige Verfahren der

2. Bestimmung bei wechselndem p_H und in Gegenwart von Aktivatoren. Die angewandte Pufferkonzentration ist 12,5mal geringer als im vorhergehenden Ansatz, die Reaktion der Mischung ist daher nicht konstant, sondern zu Beginn schwach alkalisch, bei einer Spaltung von etwa 8% des Substrates neutral und beim Endpunkt der Messung (24%ige Ölspaltung) schwach sauer ($p_H = 5.5$). Die Titration erfolgt mit n/10- bis n/1-KOH; im übrigen entsprechen die Bedingungen den vorausgehenden. Die Auswertung in Enzymeinheiten erfolgt mit Hilfe einer empirischen Enzymmenge-Umsatzkurve. Als Lipaseeinheit (L.-E.) wird diejenige Enzymmenge bezeichnet, die unter den Versuchsbedingungen in einer Stunde 24% des anwesenden Substrates spaltet. Diese Enzymmenge ist z. B. in 0,01 g einer getrockneten Probe von Schweinepankreas enthalten.

3. Bestimmung unter Hemmung im sauren Medium. Die Reaktion ist durch n/16-Acetatgemisch von $p_H = 4,7$ eingestellt. $CaCl_2$ fehlt; die übrigen Bedingungen wie oben. Die Spaltungsgeschwindigkeit beträgt weniger wie $^1/_{10}$ von der im alkalischen Medium gemessenen. Die nach der 2. und nach der 3. Methode ermittelte Anzahl der Enzymeinheiten findet man für alle geprüften Präparate von Pankreaslipase innerhalb der Fehlergrenzen übereinstimmend.

b) Spaltung von Tributyrin.

Der Bestimmunganṡatz enthält im Gesamtvolumen von 60 ccm das Enzym nebst 56 ccm gesättigter Tributyrinlösung, 2 ccm 2,5n-NH_3-NH_4Cl-Puffer von $p_H = 8{,}6$, 10 mg $CaCl_2$, 30 mg Eieralbumin und 10 mg Natriumoleat. Man verfolgt die Reaktion nach dem stalagmometrischen Verfahren. Als Butyraseeinheit (B.-E.) gilt diejenige Enzymmenge, die in 50 Minuten bei 30° eine Abnahme um 20 Tropfen, das ist um etwa die Hälfte der Differenz zwischen den Tropfenzahlen von reiner Tributyrinlösung und reinem Wasser, bewirkt. Eine Lipaseeinheit entspricht bei Schweine- und Schafspankreas etwa 700—820 Butyraseeinheiten.

Spaltung von Triacetin. Gemessen wird die Spaltung von 0,53 ccm Triacetin (= 0,0028 Mol) in Gegenwart von 16 mg Natriumoleat, 16 mg Calciumchlorid und 8 ccm 2,5 n-Ammonsalzpuffer im Gesamtvolumen von 40 ccm, und zwar in Gegenwart von 33% Glycerin. Als Einheit (L.-E.) gilt diejenige Enzymmenge, die in 30 Minuten bei 30° 10% der Essigsäure in Freiheit setzt. Enzymmenge und Spaltungsgrad sind in einem grossen Bereich annähernd proportional.

c) Hydrolyse von Methylbutyrat.

Man misst die Spaltung von 0,16 g Ester im Volumen von 20 ccm; die Konzentration der übrigen Zusätze entspricht den bei der Triacetinhydrolyse eingeführten Bedingungen. Die Einheit (L.-E.) spaltet in 60 Minuten 25% des anwesenden Methylbutyrats.

2. Carbohydrasen.

Die Hydrolyse der Kohlenhydrate wird im allgemeinen auf polarimetrischem Wege verfolgt. Dabei ist auf die Mutarotation der in Freiheit gesetzten Zucker Rücksicht zu nehmen. Zur Ergänzung können reduktometrische Verfahren herangezogen werden, so die Bestimmung mit Fehlingscher Lösung, z. B. nach G. Bertrand (170) oder die Hypojoditmethode von Willstätter und G. Schudel (171), die im Gegensatz zu den Kupfermethoden nur die Aldosen, nicht aber die Ketosen erfasst.

a) Invertin.

Als Mass für den Reinheitsgrad des Invertins gelten:

1. Der Zeitwert nach C. O'Sullivan und F. W. Tompson (172): Er gibt die in Minuten gemessene Zeit t an, die 0,05 g getrocknete Hefe oder der dieser Menge entsprechende Hefeauszug oder 0,05 g Präparat brauchen, um bei 15,5° 4 g Rohrzucker in 25 ccm Lösung, die 1% NaH_2PO_4 enthält, bis zur Nulldrehung für Natriumlicht zu spalten.

2. Der Vergleichszeitwert nach Willstätter und W. Steibelt [l. c. (21), und zwar S. 69). Die Nulldrehungszeit ist nur für die Spaltung des Rohrzuckers charakteristisch; daher ist der Zeitwert kein geeignetes Mass, wenn es sich darum handelt, die Wirkung von Hefen und Autolysaten gegenüber verschiedenen Zuckerarten oder Glucosiden zu vergleichen. Der Ver-

gleichszeitwert für Invertin gibt an, wieviel Minuten 0,5 g trockene Hefe oder Präparat brauchen, um 1,1875 g Rohrzucker, die in 25 ccm Lösung enthalten sind, bei 30° zu 50% zu spalten. Zwischen Zeitwert und Vergleichszeitwert besteht die Beziehung:

$$\text{Zeitwert} = 166 \times \text{Vergleichszeitwert}$$

[Willstätter, J. Graser und R. Kuhn (18)].

Im Gegensatz zu den für andere Enzyme festgelegten Masseinheiten sind Vergleichszeitwert und Zeitwert der enzymatischen Konzentration umgekehrt proportional. Die enzymatische Konzentration von Saccharasepräparaten wird daher nach dem Vorschlage von R. Willstätter und R. Kuhn [l. c. (11)] richtiger durch das Reziproke des Zeitwertes, den Saccharasewert, gekennzeichnet.

Als Mass für die Invertinmenge und damit für die Ausbeuten bei der Darstellung von Enzympräparaten dient in erster Linie die Saccharaseeinheit, das ist die Enzymmenge in 50 mg enzymhaltiger Substanz vom Zeitwert 1 unter den Bedingungen der Definition von C. O'Sullivan und F. W. Tompson. Der „Saccharaseeinheit" gleichwertig ist der in den älteren Arbeiten von Willstätter benutzte Ausdruck „Menge-Zeit-Quotient". Über „reduzierte Saccharaseeinheiten" vergleiche oben S. 42.

b) Maltase.

Der Wirkungswert verschiedener Hefen und Autolysate wird ausgedrückt durch die Zeit in Minuten, die 1 g trockene Hefe oder die daraus bereitete Lösung braucht, um 50 ccm einer 5%igen Maltoselösung oder die äquivalente Menge anderer α-Glucoside bei $p_H = 6{,}8$ (Phosphatpuffer) und bei 30° zur Hälfte zu spalten. Das Tausendfache des reziproken Zeitwertes wird als Maltase-, Methylglucosidasewert usw. bezeichnet [Willstätter, R. Kuhn und H. Sobotka (173)]. Maltaseeinheit ist die Enzymmenge in 1 g Trockensubstanz vom Zeitwert 1, das ist diejenige Enzymmenge, welche 2,5 g Maltosehydrat in 50 ccm Lösung bei $p_H = 6{,}8$ und bei 30° zu 50% in einer Minute spaltet. Die Kinetik der Maltase ist von Präparat zu Präparat verschieden; der Einfluss der verschiedenartigen Assoziationen des Enzyms kann bei der Bestimmung nicht vollständig ausgeschaltet werden. Die gefundenen Einheiten sind daher scheinbare, was durch die auch bei anderen Enzymen entsprechend angewandte Schreibweise M-[e] zum Ausdruck gebracht werden soll [Willstätter und E. Bamann, l. c. (22)].

Die aus der Hydrolyse anderer Disaccharide oder Glucoside ermittelten Enzymwerte, Einheiten usw. sind nach ähnlichen Grundsätzen festgesetzt.

c) Amylasen.

Die Enzymwirkung wird durch Messung der gebildeten Maltose nach der Hypojoditmethode von Willstätter und Schudel verfolgt. Die Amylaseeinheit (Am.-E.) stellt das Tausendfache derjenigen Menge von tierischer, z. B. Pankreasamylase, dar, die 25 ccm 1%iger löslicher Stärke Kahlbaum, die mit 10 ccm 0,2n-Phosphat von $p_H = 6{,}8$ und mit 1 ccm 0,2n-NaCl in 37 ccm Reaktionsgemisch enthalten sind, bei 37° mit einer Geschwindigkeit von

$$k = \frac{1}{t} \log_{10} \frac{a}{a-x} = 0{,}001$$

spaltet. a entspricht einer willkürlich angenommenen Verzuckerungsgrenze von 75%; dieser Grenzabbau ist nicht konstant und ohne innere Bedeutung. Doch sind die erhaltenen Zahlen bis zu 40% Umsatz für praktische Zwecke genügend genau.

3. Proteasen.

Zur Verfolgung der Proteolyse kommen sowohl physikalische (z. B. viscosimetrische) wie auch chemische Methoden in Frage. Der Gebrauch rein chemischer Messverfahren, wie sie in den Untersuchungen Willstätters und seiner Mitarbeiter fast durchweg zur Anwendung gekommen sind, hat zum ersten Male ein klares Bild von der chemischen Leistung und dem gegenseitigen Verhältnis der einzelnen am Eiweissabbau beteiligten Enzyme vermittelt; er ist gerechtfertigt durch den heute mit voller Sicherheit für alle wichtigen proteolytischen Enzyme erbrachten Nachweis, dass „der gesamte Prozess der hydrolytischen Aufspaltung . . . in der Lösung von Peptidbindungen besteht" [Waldschmidt-Leitz, A. Schäffner und W. Grassmann, l. c. (106)] und dass „der Carboxylzuwachs" — natürlich auch der Zuwachs an Aminogruppen — „ein richtiges Mass" darstellt, „das dem wesentlichen Vorgang der Proteolyse entspricht" [Willstätter, W. Grassmann und O. Ambros (174)].

Zur Bestimmung der bei der Proteasenwirkung in Freiheit gesetzten Atomgruppen standen zwei wichtige Methoden zur Verfügung: die gasometrische Methode von D. D. van Slyke (175) zur Bestimmung der Aminogruppen und die Formoltitration von S. P. L. Sörensen (176). Beide Verfahren sind in der Durchführung etwas umständlich, das Verfahren von Sörensen ist zudem nicht sehr genau und nicht frei von einigen systematischen Fehlerquellen. Willstätter und Waldschmidt-Leitz (177) haben daher eine weitere Methode zur Bestimmung der Carboxyle in Peptiden und Aminosäuren ausgearbeitet, die auf der folgenden Beobachtung beruht:

In alkoholischer Lösung genügend hoher Konzentration sind weder Ammoniak noch organische Amine stark genug ionisiert, um Indikatoren mit alkalischem Umschlagsbereich (Phenolphthalein, Thymolphthalein) zum Umschlag zu bringen. Man kann also z. B. in Ammoniumsalzen die anwesende Säure alkalimetrisch bestimmen, wenn die wässerige Lösung des Salzes mit einer genügenden Menge Alkohol vermischt wird. Das gleiche Verhalten zeigen nun nach F. W. Foreman (178), sowie nach der angeführten Arbeit von Willstätter und Waldschmidt die Aminosäuren und Peptide. Man kann ihre Carboxyle in alkoholischer Lösung mit Thymolphthalein als Indikator ohne Störung durch die Aminogruppe ebenso gut titrieren, wie die Carboxyle irgendwelcher Fettsäuren. Auch diejenigen Aminosäuren, die bei der Formaltitration ein anormales Verhalten zeigen, lassen sich in alkoholischer Lösung richtig titrieren, so das Tyrosin, Lysin, Prolin und Arginin. Von den üblichen Puffergemischen stört nur Phosphat in hoher Konzentration.

Hinsichtlich der Alkoholkonzentrationen, die zur Ausschaltung der Aminogruppen erforderlich sind, besteht ein charakteristischer Unterschied zwischen Aminosäuren und Peptiden. Die Polypeptide sind nämlich mit Phenolphthalein als Indikator schon in 50%igem Alkohol, mit Thymolphthalein bei noch geringerer Alkoholkonzentration vollständig titrierbar. Analog verhalten sich die geprüften Proteine und Pepsinpeptone. Dagegen erfordern die Aminosäuren, ebenso die Ammoniumsalze, erheblich höhere Alkoholkonzentrationen, nämlich etwa 97% bei Verwendung von Phenolphthalein und gegen 90% mit Thymolphthalein als Indikator. In 50%igem Alkohol und bei Anwendung von Phenolphthalein werden die meisten der biologisch wichtigen Aminosäuren mit ungefähr 28% ihrer Gesamtacidität erfasst.

Auf diese Unterschiede gründen Willstätter und Waldschmidt-Leitz eine einfache Methode, um den Anteil an Aminosäuren und Peptiden in Gemischen abzuschätzen. Unter der Annahme, dass die vorhandenen Aminosäuren bei der Titration in 50%igem Alkohol (Phenolphthalein) 28%

Tabelle 7. Titration einiger Ammoniumsalze, Aminosäuren und Peptide in wässrig-alkoholischer Lösung.

[Nach Willstätter und Waldschmidt-Leitz (177); Waldschmidt-Leitz (98); Waldschmidt-Leitz und Mitarbeiter (106)].

(Alkaliverbrauch in Prozenten der Theorie.)

	Indikator	Alkoholkonzentration (%)						
		0	20	40	50	75	90	97
Glykokoll	Phenolphthalein	—	—	—	28,5	60	86	99
	Thymolphthalein	—	—	—	88	94	100	—
Alanin	Phenolphthalein	—	—	—	28	64	93	99
	Thymolphthalein	—	—	—	78	94	100	—
Phenylalanin	Phenolphthalein	—	—	—	63	101	103	—
	Thymolphthalein	—	—	—	97	100	100	—
Arginin	Phenolphthalein	—	—	—	33	—	—	—
	Thymolphthalein	—	—	—	—	—	100	—
Prolin	Phenolphthalein	—	—	—	20	—	—	—
	Thymolphthalein	—	—	—	—	—	96	—
Ammoniumrhodanid	Phenolphthalein	—	—	—	36	80	97	100
Glycyl-glycin	Phenolphthalein	37	85	99	—	—	—	—
Leucyl-glycin	„	46	82	103	—	—	—	—
Leucyl-glycyl-leucin	„	38	78	103	—	—	—	—
Pepsinpepton aus Albumin	„	60	85	100	—	—	—	—

der theoretischen Alkalimenge verbrauchen, errechnet sich der auf Aminosäuren entfallende Anteil der Acidität nach der Formel

$$x = \frac{100(b - a)}{100 - 28}$$

worin a den in 50%igem Alkohol (Phenolphthalein) ermittelten Aciditätsanteil, b die in 90%igem Alkohol (Thymophthalein) gefundene Gesamtacidität bedeutet. Die quantitative Anwendung dieser Formel dürfte auf die aus einfachsten aliphatischen Aminosäuren aufgebauten Polypeptide und ihre Hydrolysenprodukte zu beschränken sein; qualitativ stehen die mit ihrer Hilfe beim Eiweissabbau gewonnenen Aussagen mit anderweitigen Erfahrungen in guter Übereinstimmung.

a) Trypsin.

Die für die quantitative Bestimmung des Pankreastrypsins massgebenden Gesichtspunkte sind: Anwendung eines geeigneten Substrates in genügend hoher Konzentration und Ausgleich des von einem Material zum anderen wechselnden Aktivitätszustandes durch maximale Aktivierung mit überschüssiger Enterokinase im Versuchsansatz. Die Bedingungen der Trypsinbestimmung sind mehrfach verbessert worden. Willstätter und H. Persiel (116) haben das vorläufige Verfahren der ersten Abhandlungen über Pankreasenzyme durch eine Bestimmungsmethode ersetzt, die der besonderen Wirkung der Enterokinase Rechnung trägt. An Stelle des von ihnen angewandten Substrates Gelatine verwendeten Willstätter, Waldschmidt-Leitz, S. Dunaiturria und G. Künstner (179) das leichter spaltbare und in alkoholischer Suspension besser titrierbare Casein, nachdem nachgewiesen war [Waldschmidt-Leitz und A. Harteneck (180)], dass auch dieses Material nur von Trypsin + Enterokinase, nicht aber durch kinasefreies Trypsin oder durch Erepsin angegriffen wird.

Als Trypsineinheit gilt diejenige Enzymmenge, die nach Vollaktivierung mit Enterokinase 0,3 g Casein im Volumen von 10 ccm bei $p_H = 8{,}9$ (n/5-NH_3-NH_4Cl-Puffer) und 30° in 20 Minuten entsprechend einem Aciditätszuwachs von 1,05 ccm n/5-KOH hydrolysiert.

b) Pankreaserepsin.

Als „Pankreaserepsineinheit" gilt nach Waldschmidt-Leitz und A. Harteneck (181) das Tausendfache derjenigen Enzymmenge, für welche sich bei der Spaltung von 0,1882 g dl-Leucyl-glycin, die bei ph = 7,8 (m/10-Phosphatpuffer) und 30° in 15 ccm Gesamtvolumen enthalten sind, die Konstante der monomolekularen Reaktion $k = \frac{1}{t} \lg_{10} \frac{a}{a - x}$ zu 0,001 ergibt. Die Einheit des Darmerepsins ist ähnlich definiert.

c) Papain.

Zur quantitativen Bestimmung des Papains lässt man das durch zweistündige Vorbehandlung mit 5 mg Blausäure vollaktivierte Enzym bei $p_H = 5{,}0$ (m/50-Citratpuffer) und 40° eine Stunde lang auf 0,4 g Gelatine im Volumen von 10 ccm einwirken. Die gefundenen Spaltungsbeträge werden mit Hilfe einer empirischen Enzymmenge-Umsatzkurve auf Einheiten umgewertet. Als Papaineinheit gilt die in 1 mg des von Willstätter und Grassmann (41) benützten Trockenpräparates (Succus Caricae Papayae, Merck) enthaltene Enzymmenge. 5 Einheiten bewirken unter den Versuchsbedingungen eine Spaltung entsprechend einem Aciditätszuwachs von 1,26 ccm n/5-KOH.

d) Hefetrypsin.

Man misst die Einwirkung des Enzyms auf 0,6 g Gelatine in 10 ccm bei 40° und bei $p_H = 5{,}0$ (m/31-Dinatriumcitrat). Die festgesetzte Einheit entspricht dem Enzymgehalt von 100 mg eines etwas gereinigten Trockenpräparates. 0,6 Einheiten bewirken unter den Versuchsbedingungen innerhalb 24 Stunden einen Aciditätszuwachs entsprechend 1,50 ccm n/5-KOH.

e) Hefedipeptidase.

Als Einheit der Hefe-Dipeptidase gilt diejenige Enzymmenge, die unter den Versuchsbedingungen (6/5 Millimol dl-Leucylglycin, m/30 Ammonphosphat $p_H = 7{,}8$, Volumen 10 ccm, 40°) die vorhandene l-Peptidmenge in einer Stunde zur Hälfte spaltet [Willstätter und W. Grassmann (50)]. Diese Menge ist bei richtiger Durchführung der Autolyse aus rund 30 mg Hefe-Trockengewicht zu erhalten [W. Grassmann und W. Haag (182)].

4. Peroxydase.

Die Mengenbestimmung der Peroxydase beruht auf der Oxydation des Pyrogallols zu dem gelben Farbstoff Purpurogallin:

Diese Reaktion, deren Mechanismus von Willstätter und H. Heiss (183) eingehend bearbeitet worden ist, führt über eine Reihe von Zwischenstufen und erfordert insgesamt drei Atome Sauerstoff auf ein Mol Purpurogallin.

2 Pyrogallol $\xrightarrow{-H_2}$ (Chinon) + Pyrogallol $\longrightarrow$ (Kondensationsprodukt) $\xrightarrow{-H_2}$ (Diketon) $\xrightarrow{+H_2O}$ (Carbonsäure) $\xrightarrow{-CO_2,\ -H_2}$ (Zwischenprodukt) $\xrightarrow{-H_2}$ Purpurogallin

Pyrogallol

Purpurogallin

Zur Bestimmung lässt man das Enzym in einem Volumen von 2 Liter auf die Mischung von 5 g Pyrogallol und 50 mg H_2O_2 bei 20° 5 Minuten lang einwirken. Die Konzentration der Peroxydase wird durch die „Purpurogallinzahl" (P.-Z.) angegeben, das ist die auf 1 mg Fermentmaterial unter den Versuchsbedingungen berechnete Farbstoffausbeute in Milligramm. Ein Gramm Substanz von der Purpurogallinzahl wird als „Peroxydaseeinheit" bezeichnet.

Die Purpurogallinausbeute (am besten zwischen 10 und 25 mg) kann auf wenige Zehntelmilligramm genau colorimetrisch ermittelt werden. Eigentümliche Schwankungen der enzymatischen Wirksamkeit, die bei reineren Peroxydasepräparaten beobachtet werden, lassen trotzdem die Sicherheit der quantitativen Methode zweifelhaft erscheinen. In der Tat scheint die Wahl einer so kompliziert verlaufenden Oxydationsreaktion nicht unbedenklich zu sein. Es ist mit der Möglichkeit zu rechnen, „dass von den wechselnden Begleitstoffen der Peroxydase irgendwelche auf eines der sehr reaktionsfähigen Zwischenprodukte der Purpurogallinbildung einwirken und dadurch den quantitativen Verlauf der Reaktion stören." Willstätter und H. Weber (118) haben daher ein zweites Bestimmungsverfahren ausgearbeitet, das sich auf eine sehr einfache Reaktion, die Überführung von Leukomalachitgrün in Malachitgrün, gründet. Die Leukobase wird zwar viel schwerer oxydiert als das Pyrogallol, aber der gebildete Triphenylmethanfarbstoff ist schon bei viel geringerer Konzentration messbar als das Purpurogallin. Die beiden Methoden führen zu übereinstimmenden Ergebnissen hinsichtlich der ermittelten Enzymmenge. Eine Peroxydaseeinheit (Purpurogallin) bildet unter den Bedingungen von Willstätter und Weber in 5 Minuten 53 mg Malachitgrün.

II. Methoden zur Anreicherung der Enzyme.

A. Anreicherung im Ausgangsmaterial.

Der Versuch, die Enzymbildung in der lebenden Zelle durch Herstellung besonderer Lebensbedingungen willkürlich zu beeinflussen und im Sinne der Anreicherung eines einzelnen Enzyms zu leiten, ist vielfach unternommen worden. Aber es gibt einstweilen keine allgemein anwendbaren Verfahren zu diesem Zwecke. Zwar beobachtet man nicht selten Zuwachs an Enzym in lebenden Pflanzenteilen, z. B. im keimenden Samen. Auch dauert mitunter die Enzymneubildung noch an, nachdem die geordnete Lebenstätigkeit des Gesamtorganismus schon unterbrochen ist; so findet man ein Anwachsen des Peroxydasegehaltes in zerschnittener Meerrettichwurzel bei der Dialyse gegen fliessendes Wasser [Willstätter und A. Stoll (14)]. Aber man weiss wenig über die Bedingungen, von denen diese Prozesse abhängen, und über die Möglichkeit, auf ihren Verlauf einzuwirken. Ein besonders geeignetes Material stellen in dieser Hinsicht die Mikroorganismen, Hefen und Pilze, dar. Es mag hier auf die Untersuchungen über die Galaktosegewöhnung der Hefen hingewiesen werden [Dubourg (184), Dienert (185), A. Slator (186), H. v. Euler und D. Johansson (187)]. Systematische Versuche zur Steigerung des Saccharasegehaltes der Hefen sind von Euler und Mitarbeitern (188) und etwas später von J. Meisenheimer, St. Gambarjan und L. Semper (189) in Angriff genommen worden. Es ist in diesen Untersuchungen gelungen, durch Gärführung von mehrtägiger Dauer in starker Zuckerlösung und in Gegenwart von Stickstoff- und Phosphorverbindungen den Invertingehalt der Hefe beträchtlich, nämlich auf das 4—5fache des anfänglichen Wertes zu steigern.

Willstätter und seine Mitarbeiter haben von diesem Verfahren erst ziemlich spät Gebrauch gemacht [9. Abhandlung zur Kenntnis des Invertins von Willstätter, Ch. D. Lowry und K. Schneider (190)]. Für die Ausgestaltung der Adsorptionsmethodik ist es von Vorteil gewesen, dass in den älteren Arbeiten nur gewöhnliche Brauereihefe, also ein verhältnismässig geringwertiges Material, zur Anwendung gekommen ist.

Bei der Durchführung der Invertinanreicherung sind nach den Befunden Willstätters zwei Umstände von Bedeutung. Zunächst ist der Erfolg stark vom physiologischen Zustande der Hefe abhängig: Hefe, die in der Brauerei eine grössere Anzahl von Gärungen durchgemacht hat, ist zur Enzymbildung nicht so gut geeignet als frisch eingesetzte Hefestämme.

Entscheidend sind aber die Bedingungen der Gärführung selbst. Das von Euler und von Meisenheimer erzielte Ergebnis kann weit übertroffen werden, wenn man die Hefe nicht in starker Zuckerlösung, sondern bei minimaler Zuckerkonzentration führt. Innerhalb eines Tages werden die Endwerte des Invertingehaltes erreicht, während die Hefe 40—100% ihres Frischgewichtes an Zucker verbraucht. Man gelangt zu Zeitwerten von 15—22, was einer Steigerung des anfänglichen Invertingehaltes auf das 8—16fache entspricht.

In den Untersuchungen H. v. Eulers war die Absicht vorherrschend, die zur Enzymbildung notwendigen Voraussetzungen kennen zu lernen und so möglicherweise Anhaltspunkte für die Beurteilung der chemischen Natur der Fermente selbst zu gewinnen. Willstätter verfolgte zunächst einen vorwiegend praktischen Zweck, die Beschaffung eines für die Reinigung des Invertins möglichst geeigneten Ausgangsmaterials. Dabei war es weniger wesentlich, den Saccharasegehalt im Verhältnis zur gesamten Hefesubstanz zu steigern, als vielmehr das Verhältnis der Saccharase zu anderer enzymartiger Substanz und zu den dem Enzym am nächsten stehenden Begleitstoffen zu verbessern, deren Abtrennung mit Hilfe der Adsorptionsmethodik vielfach nur schwer gelingt. Das ist in gewissem Masse erreicht worden. Bei der hohen Anreicherung des Invertins findet man andere Enzyme, wie Maltase, Protease, die Enzyme des Zymasekomplexes, nur wenig oder gar nicht vermehrt. Auch der Gehalt an Hefegummi und an Tryptophanpeptid, das sich als ein besonders hartnäckiger Begleiter der Saccharase erwiesen hat, steigt bei der Invertinanreicherung nicht an. Trotzdem hat sich die Erwartung nicht erfüllt, dass bei einem so günstigen Ausgangsmaterial die Anwendung der Adsorptionsmethoden zu wesentlichen Verbesserungen der früher erreichbaren Einheitsgrade führen würde.

Eine befriedigende Erklärung für die spezifische Zunahme der Saccharase unter den Bedingungen der Gärführung mit minimaler Zuckerkonzentration kann einstweilen nicht gegeben werden. Es ist naheliegend, die Enzymbildung als eine Funktion der gesamten vitalen Energie der Zelle aufzufassen. „Werden die Zellen gut ernährt, so bilden sie auch kräftige Fermente“ [C. Oppenheimer (191)]. Aber diese einfachste Erklärung trägt der besonders günstigen Wirkung geringer Zuckerkonzentrationen nicht Rechnung und versagt zur Deutung der Tatsache, dass die Vermehrung auf die Saccharase beschränkt ist. Es ist auch nicht so, dass die Hefe am stärksten diejenigen Enzyme entwickelt, deren sie zur Verarbeitung des ihr gebotenen Zuckers bedarf. Die Anreicherung der Saccharase gelingt nämlich ebensogut in Glucoselösung wie in Lösungen von Rohrzucker. Willstätter sucht die Erscheinung als Reizwirkung zu deuten: „Durch die Darbietung gärbaren Zuckers wird auf die Hefe ein Reiz ausgeübt, sie scheint dadurch in einen Zustand der Gärbereitschaft versetzt zu werden“. „Da bei geringer Zuckerzufuhr mehr Invertin neu gebildet wird, als bei reichlicher, so scheint es der Erregungszustand bei der limitierten Gärung zu sein, welcher der Enzymneubildung zu gute kommt“. Aber es bleibt ungeklärt, warum von den Hefeenzymen nur die Saccharase vermehrt wird. Dieses Enzym „nimmt im enzymatischen Apparat des Pilzes eine Ausnahmestellung ein“.

B. Verfahren der Enzymfreilegung.

Die neuere Enzymchemie kennt keinen grundsätzlichen Unterschied zwischen Enzymen, die in freier Lösung zu wirken imstande sind, und solchen, deren Tätigkeit an das lebende Protoplasma gebunden ist. Man hat mehr und mehr erkannt, dass auch viele der typischen „Endoenzyme“ unter Erhaltung ihrer Wirksamkeit in Lösung gebracht werden können. Wohl aber ist die Freilegung von Enzymen ein Problem, dessen Schwierigkeit von Fall zu Fall sehr stark wechseln kann und das durchaus nicht immer ideal lösbar zu sein braucht.

Die Anwendung der Adsorptionsverfahren hat das Vorliegen gelöster Enzyme zur Voraussetzung. Zwar können auch unlösliche, in Suspensionen wirksame Enzyme mitunter, wie das Beispiel der Ricinuslipase [Willstätter und E. Waldschmidt-Leitz (39)] zeigt, in gewissem Masse gereinigt werden; aber die dafür zur Verfügung stehenden Methoden sind spärlich, in ihrem Erfolg unsicher und kaum entwicklungsfähig.

Erst die Anwendung quantitativer Bestimmungsmethoden der Enzyme erlaubt eine sichere Beurteilung der zur Enzymfreilegung angewandten Verfahren. In vielen Fällen haben sich die üblich gewordenen älteren Darstellungsweisen als unzweckmässig kennzeichnen und durch geeignetere Methoden ersetzen lassen. So lässt sich z. B. aus Mandeln durch Extraktion mit Wasser oder verdünnter Essigsäure — ein schon von A. Wöhler und J. Liebig (192) und von P. Robiquet (193) zur Darstellung des Mandelmulsins angegebenes und im Prinzip noch vor kurzem (194, 195) allgemein übliches Verfahren — nur ein geringer Bruchteil des gesamten Enzyms in Lösung bringen. Das Ferment ist nämlich unter diesen Umständen sehr fest an die Pflanzensubstanz gebunden; aber beim Behandeln mit sehr verdünntem Ammoniak gelingt es nach Willstätter und W. Csányi (24) das Enzym freizulegen und in guter Ausbeute zu isolieren. Ähnliche Erfahrungen haben sich im Falle der Pankreaslipase ergeben: Wenn man mit frischer Pankreasdrüse arbeitet, wie dies in den meisten älteren Untersuchungen geschehen ist, so lässt sich nur ein ganz geringer Bruchteil des Gesamtenzyms in wässerige Lösung überführen. Aber die getrocknete Drüse gibt das Enzym in guter Ausbeute an Wasser oder Glycerin ab [A. Hamsik (196), Willstätter und E. Waldschmidt-Leitz (197)].

Die Aufgabe, ein Enzym quantitativ und zusammen mit möglichst wenigen oder doch mit möglichst wenig störenden Begleitstoffen in Lösung überzuführen, ist eingehend und systematisch im Falle der Peroxydase aus Meerrettich und im Falle der zuckerspaltenden Hefeenzyme bearbeitet worden.

1. Freilegung der Peroxydase aus Meerrettich.

Für die Methode der Isolierung der Peroxydase sind drei Richtlinien massgebend (14, 119): die Dialyse im Pflanzenmaterial, die zur Entfernung niedermolekularer und störender Beimengungen führt, die Festlegung des Enzyms im Pflanzenmaterial beim Behandeln mit Oxalsäure und schliesslich die fraktionierte Extraktion des Enzyms mit schwachem Alkali.

Der erste Schritt besteht in einer 4—6 Tage dauernden Dialyse gegen rasch fliessendes Brunnenwasser. Dabei wird das Enzym von der unversehrten Pflanzenzelle zum grössten Teil zurückgehalten, während leichter diffundierende, niedermolekulare Begleitstoffe in Lösung gehen. Die geringfügigen Verluste an enzymatischer Substanz, die dabei eintreten, werden einigermassen ausgeglichen durch Neubildung von Enzym, die auf der fortdauernden Lebenstätigkeit der Zelle beruht. Das Trockengewicht der Pflanzensubstanz vermindert sich bei dieser Operation um etwa ein Drittel.

Der zweite Schritt der Isolierung gründet sich auf die Beobachtung, dass bei der Einwirkung einer gut ausprobierten Menge von Oxalsäure die Dialyse fortschreitet, während zugleich die Peroxydase von der Pflanzenmasse adsorbiert und fester gebunden, aber bei Vermeidung eines Säureüberschusses nicht geschädigt wird. Die Säurebehandlung bedeutet eine tiefgehende Veränderung der Zellen: die regulierende Wirkung des Protoplasmas wird aufgehoben und die Tätigkeit autolytischer Enzyme eingeleitet; eine Reihe hochmolekularer Substanzen wird in leichter diffundierende, niedermolekulare umgewandelt. Andererseits ist die Peroxydase bei der Einwirkung von Säure so fest auf koagulierter Pflanzensubstanz niedergeschlagen worden, dass sich das Material nunmehr ohne Enzymverlust zu einem feinen Brei zermalen, mit etwas oxalsäurehaltigem Wasser waschen und schliesslich auspressen lässt.

Erst in der dritten Stufe der Isolierung wird das Enzym durch fraktionierte Behandlung mit Baryt in Lösung gebracht. Bei der ersten Einwirkung des Bariumhydroxyds bis zur neutralen Reaktion gehen in einem ersten Auszug saure Begleitstoffe, aber nur geringe Mengen des Enzyms in Lösung über. Das Enzym selbst wird erst in den letzten Anteilen, bei schwach alkalischer Reaktion, an die wässerige Lösung abgegeben. Nachdem der Baryt durch Einleiten von Kohlensäure entfernt worden ist, kann das Enzym durch Fällen mit Alkohol gewonnen werden. Die Peroxydase liegt in diesem Zustande, noch bevor die Adsorptionsreinigung begonnen hat, etwa 200mal konzentrierter vor als im Ausgangsmaterial.

2. Freilegung der Hefeenzyme.

Das Problem der Enzymfreilegung ist am gründlichsten studiert und am vollkommensten gelöst worden im Fall des Hefeinvertins. Die dabei gewonnenen Erfahrungen waren vorbildlich für die Darstellung anderer Hefeenzyme, wie der Proteasen und der Maltase. Allerdings sind diese Enzyme z. T. erheblich empfindlicher als die Saccharase, so dass nur die schonendsten der zur Invertinfreilegung ausgearbeiteten Verfahren für die Gewinnung der Maltase und der peptidspaltenden Enzyme in Frage kommen.

Die Isolierung des Invertins aus der Hefe besteht nicht in einem einfachen Lösungsvorgang. Bei kurzem Zerreiben und Abpressen oder Ausziehen mit Wasser geht nur ein geringer Bruchteil, z. B. 5—10 % des gesamten Enzyms in Lösung. Es hat sich ergeben, dass die von den älteren Autoren angewandten Freilegungsverfahren nur dann zu einer vollständigen oder annähernd vollständigen Gewinnung der Saccharase führen, wenn der Zellinhalt durch enzymatische Vorgänge chemisch verändert worden ist, ehe man ihn von den Hefeüberresten abtrennt. Ein Verfahren dieser Art ist von C. O'Sullivan und F. W. Tompson (198) [vgl. auch H. v. Euler und Mitarbeiter (199)] angegeben worden. Es besteht darin, dass die Hefe für sich allein ohne Antisepticum während ein bis zwei Monaten der Autolyse überlassen bleibt, worauf nach fast völliger Verflüssigung der Masse die enzymhaltige Lösung von den spärlichen ungelösten Zellresten geschieden wird. Nach C. S. Hudson und H. S. Paine (200) lässt man die mit ein bis zwei Teilen Wasser vermischte Hefe in Gegenwart von Toluol 4—7 Tage stehen, wobei das Ferment vollständig in die wässerige Lösung übertritt. Beide Verfahren sind also dadurch gekennzeichnet, dass die Hefemasse während längerer Zeit dem Spiele der dem Zelltod überlebenden Enzyme überlassen bleibt.

Die Freilegung des Invertins erscheint demnach als ein Teilvorgang des nach dem Absterben der Zelle einsetzenden enzymatischen Protoplasmaabbaues. Es ist für die Deutung der Befunde wesentlich und für den präparativen Erfolg entscheidend, dass es gelingt, diesen Teilprozess von dem Gesamtvorgang der Hefeautolyse weitgehend abzutrennen. Ein interessantes Experiment von Willstätter und F. Racke (58) ist geeignet, die enzymatische Natur der Invertinfreilegung mit Sicherheit zu erweisen und auf die Art der dabei beteiligten Enzyme einiges Licht zu werfen:

Gewisse Arten der Hefeabtötung, so die Behandlung der Hefe mit Essigester bei etwas erhöhter Temperatur, führen, ohne die Saccharase selbst erheblich zu schädigen, zu einer völligen Zerstörung des für ihre Auflösung verantwortlichen enzymatischen Apparates. Gemäss der in üblicher Weise ausgeführten Bestimmung ist das Invertin nach einer solchen Vorbehandlung praktisch vollständig erhalten, aber es ist nun, auch bei langem Stehen mit Wasser und Antisepticum nicht mehr imstande, aus dem Zellinneren in die umgebende Lösung überzutreten. Auch die Auflösung anderer Inhaltsstoffe der Hefe ist stark verlangsamt, das System eiweiss- und kohlenhydratspaltender Enzyme, durch deren Zusammenwirkung die Autolyse zustande kommt, ist geschädigt. In diesem Zustand muss man von aussen her der Hefe Enzym zur Verfügung stellen, um den Abbau der Hefesubstanz weiterzuführen. Durch Behandlung mit Pepsin und Trypsin, am besten durch aufeinanderfolgende Einwirkung beider Proteasen, gelingt es, den grössten Teil der Hefeproteine abzubauen und in Lösung zu bringen. Wenn dies erreicht ist, hat die Hefe etwa $^2/_3$ ihres Trockengewichtes verloren; aber das Invertin bleibt nach wie vor ungelöst. Die invertinhaltigen Zellreste werden nun der Wirkung von Malzamylase oder von Tannase ausgesetzt: In kurzer Zeit findet man die gesamte Saccharase in Lösung übergetreten, fast frei von Proteinen, aber zusammen mit grösseren Mengen mehr oder minder abgebauter Kohlenhydrate.

Es ergibt sich die Schlussfolgerung: „Es sind die Kohlenhydrate der Hefe, und zwar die unlöslichen, die das Invertin vor der Auflösung schützen und mit deren Abbau die Auflösung des Invertins Hand in Hand geht". Indessen liegen die Verhältnisse sicher komplizierter. Die Protease von Carica Papaya (Papain) — das Enzym ist frei von Amylasewirkung — vermag nämlich in diesem Versuche die Amylase gleichwertig zu ersetzen (201). Es scheinen demnach neben den Polysacchariden auch gewisse Proteine, vielleicht Glucoproteide, an der Festlegung des Enzyms beteiligt zu sein.

Die beschriebenen Experimente sagen nichts darüber aus, ob diese Substanzen in der Zelle chemisch oder adsorptiv mit dem Enzym verknüpft sind oder ob sie das Enzym durch mechanische Umhüllung vor der Auflösung bewahren. Indessen entscheiden andere Versuche zugunsten der letzteren Möglichkeit. Die vollkommene Freilegung des Invertins gelingt nämlich auch auf rein mechanischem Wege durch sehr langdauerndes Zerreiben der Zellen, und zwar unter Bedingungen, bei denen autolytische Prozesse ausgeschlossen sind, z. B. nach der geschilderten Vorbehandlung mit Essigester. Freilich genügt für diesen Zweck nicht ein blosses Aufreissen und Verletzen der Hefezellen; vielmehr ist es nötig, die Zerkleinerung möglichst bis zum Verschwinden aller sichtbaren Strukturelemente fortzuführen.

Für die praktische Gewinnung des Invertins kommt ein so langwieriges mechanisches Verfahren naturgemäss kaum in Frage. Das Verfahren von Sullivan und Thompson andererseits liefert zwar gute Ausbeuten, aber ein sehr unreines Enzym; dem Ferment ist die grösstmöglichste Menge von

Begleitstoffen beigemischt. In dieser Hinsicht ist das Ergebnis bei der fraktionierten Entleerung der Hefe mit proteolytischem und diastatischem Enzym am günstigsten. Bei Verarbeitung gewöhnlicher Hefen vom Zeitwert 300 bis 350 werden Lösungen vom Zeitwert 55—80 erhalten. Aber bei der folgenden Reinigung bieten diese Lösungen keine wesentlichen Vorteile gegenüber den nur etwa halb so konzentrierten, die nach dem erheblich einfacheren Verfahren von Hudson gewonnen werden. Die Gewinnungsmethode von Hudson ist daher in den älteren Arbeiten Willstätters praktisch die wichtigste. Sie liefert nach einer Autolysendauer von 4—6 Tagen Lösungen, die das gesamte Invertin der Hefe oder doch den grössten Teil davon neben etwa der Hälfte der Hefensubstanz enthalten. Unter den Begleitstoffen des Enzyms sind Kohlenhydrate und weitgehend abgebaute Proteine vorherrschend.

Für die Enzymausbeute beim Hudsonschen Verfahren ist die Wahl des Antisepticums nicht gleichgültig: in Gegenwart von Chloroform ergeben sich oft deutlich, in Gegenwart von Essigester stets erheblich geringere Enzymausbeuten. Diese beiden Zellgifte, besonders Essigester, bewirken die Abtötung der Hefezellen und die Einleitung der Autolyse weit rascher als Toluol. Dabei kommt es im Zellinnern zur Entwicklung erheblicher Säurekonzentrationen, wodurch zwar nicht das Invertin selbst, wohl aber die Freilegungsenzyme geschädigt werden. In Gegenwart des langsamer wirkenden Toluols vermag die gebildete Säure genügend rasch aus dem Zellinneren in die umgebende Lösung hinauszudiffundieren.

Dieser Umstand findet Berücksichtigung bei dem schonenderen und daher auch zur Gewinnung der Maltase und der Dipeptidase geeigneten Verfahren der „Neutralautolyse". Die auftretende Säure wird durch fortlaufenden Zusatz von verdünntem Ammoniak neutralisiert, der enzymatische Apparat wird weniger geschädigt; die Freilegung erfolgt daher rascher, nämlich schon innerhalb drei bis vier Tagen und entsprechend mehr selektiv. Die Enzymkonzentration im Autolysat beträgt annähernd das Dreifache, verglichen mit der Ausgangshefe (Zeitwerte 142 bis 114). So gewonnene Lösungen enthalten reichliche Mengen von Proteinsubstanzen, die aber, entsprechend den für die Hefeprotease ungünstigen Bedingungen, in geschontem, wenig abgebautem Zustand vorliegen.

Ein scheinbar geringfügiger Umstand gestattet nun dieses Verfahren wesentlich günstiger zu gestalten. Es ist vorteilhaft, das Zellgift nicht auf die mit Wasser verdünnte, sondern zunächst bis zur völligen Verflüssigung auf die abgepresste und unverdünnte Hefe (Wassergehalt etwa 75%) einwirken zu lassen [Willstätter und K. Schneider (202), und zwar S. 266, 277; Willstätter und F. Bamann (22), und zwar S. 265]. Die Wirkung des Zellgiftes erfolgt unter diesen Umständen energischer, die Verflüssigung ist in Gegenwart von Chloroform schon nach 10—20 Minuten, die Freilegung der Saccharase in der bei neutraler Reaktion gehaltenen Mischung nach etwa

48 Stunden beendet. Die enzymatische Konzentration in der Lösung ist etwa drei- bis dreieinhalbmal grösser als in den angewandten Hefen (Zeitwert des Autolysates 80—100). Für die Reinigung der Lösungen bedeutet es einen Vorteil, dass die reichlich vorhandenen Proteinsubstanzen noch in fast nativem Zustand vorliegen und durch blosses Ansäuern im geeigneten Stadium der Reinigung ohne Verlust an Saccharase entfernt werden können.

Eine wesentliche Verbesserung der Reinheitsgrade gelingt durch die Verarbeitung von Hefen, deren Invertingehalt nach der im vorausgehenden Abschnitt geschilderten Methode auf etwa das 15fache (Zeitwert 15—22) gesteigert worden ist. Bei diesen invertinreichen Hefen ergibt die Autolyse mit Chloroform nicht immer befriedigende Ausbeuten; gleichmässigere Ergebnisse werden in Gegenwart von Toluol erzielt. Die enzymatische Konzentration der durch rasche Neutralautolyse aus invertinreichen Hefen gewonnenen Lösungen entspricht etwa einem Zeitwert von 12—8, sie lässt sich aber weiter steigern auf Grund der Beobachtung, dass der bei der Abtötung der Hefe austretende Verflüssigungssaft beträchtliche Mengen von Hefegummi und anderen Verunreinigungen, aber nur geringe Mengen an Invertin — übrigens auch an Maltase, Proteasen und Peptidasen — enthält. Auch in den letzten in Lösung gehenden Anteilen liegt das Enzym wieder in ungünstiger Konzentration vor. Es ist also zweckmässig, den Verflüssigungssaft etwa 2 bis 3 Stunden nach Versuchsbeginn von der Hefe abzutrennen und die Rückstände nach dem Wiederansetzen mit Wasser und Toluol der Autolyse zu überlassen. Die zur Freilegung von mehr als 90% des Invertins erforderliche Zeit schwankt einigermassen von einer Hefeprobe zur anderen; sie liegt zwischen 6 und 24 Stunden. Auch diese Lösungen enthalten Hefeeiweiss in geschontem Zustand, indessen viel weniger als die ohne Fraktionierung gewonnenen. Die Entfernung des Proteins gelingt durch Ansäuern entweder vor oder nach dem Abtrennen des Autolysates von den Heferückständen. Die enzymatische Konzentration solcher Enzymlösungen aus invertinreicher Hefe entspricht Zeitwerten von 1—4, sie ist also rund hundertmal höher als in den nach den älteren Verfahren gewonnenen Lösungen. Schon durch eine langdauernde Dialyse konnte der Zeitwert 0,4 erreicht, der durch die umständlichen Reinigungsoperationen der ersten Abhandlung erzielte Erfolg (Zeitwert 0,5—1,0) also erheblich übertroffen werden.

Das zuletzt beschriebene Freilegungsverfahren sei an einem Beispiele erläutert [Willstätter, K. Schneider und E. Bamann (203), S. 267; vgl. dazu auch 12. Abhandl. (204) S. 11]:

340 g invertinreiche Hefe, die abgepresst 23,5% Trockengewicht hatte, enthielt beim Zeitwert 19,4 83 Saccharaseeinheiten, etwa soviel als 5 kg gewöhnliche Hefe. Die Hefe, vorgewärmt im Thermostaten, verrührte man bei 30° kräftig mittels eines dicken Glasstabes mit 35 ccm auf 30° erwärmten Toluol. Die Verflüssigung, die bei Zimmertemperatur Stunden erfordern würde, erfolgte in 45 Minuten, und zwar so, dass der Brei recht dünnflüssig war. Man verdünnte mit 340 ccm Wasser von 30°. Es ist für die Gewinnung eines hochwertigen Autolysates

günstig, mit dem Abtrennen noch etwa zwei weitere Stunden zu warten und während dieser Zeit ständig mit verdünntem Ammoniak zu neutralisieren. Dann füllt man auf 1 Liter auf und trennt mittels der Zentrifuge die Heferückstände ab, die noch mit 1 Liter Wasser von 30° ausgewaschen wurden. Der abgetrennte Verflüssigungssaft mitsamt dem Waschwasser enthielt 13,8% des angewandten Invertins und 17,4 g Trockensubstanz, das ist 22% des Hefetrockengewichtes, so dass also der Zeitwert dieser ersten Fraktion 30,5 betrug.

Die Heferückstände werden sogleich mit 340 ccm toluolgesättigtem Wasser von 30° unter Zusatz von Toluol aus den Zentrifugenbechern herausgespült. Die Autolyse nimmt im Thermostaten bei 30° ihren Fortgang. Nach beispielsweise 5 und 7 Stunden entnimmt man, um den zeitlichen Verlauf der Freilegung zu verfolgen, Proben von 5 ccm, die klar filtriert zur Bestimmung des Vergleichszeitwertes angewandt werden. $^1/_2$, später $^1/_4$ ccm reicht dafür. Im vorliegenden Falle waren nach 7 Stunden schon 88% des angewandten Hefeinvertins, eingerechnet das Invertin der abgetrennten Flüssigkeit in Lösung gegangen. An diesem Punkte, in anderen Beispielen bei einem etwas späteren, aber unter Vermeidung unnötig langer Dauer, wird die Autolyse abgebrochen. Der Versuch erfordert also einen Arbeitstag oder einen ganzen Tag. Vor der Isolierung der Lösung wird der dünne Brei zur Beseitigung von etwas gelöstem Eiweiss vorsichtig unter tüchtigem Umrühren mit n/20-Essigsäure angesäuert, und zwar etwa bis p_H 3,5—4. Dafür waren hier 220 ccm der Essigsäure erforderlich. Das Autolysat wird mittels der Zentrifuge von den Heferückständen abgetrennt und da es etwas trübe ist, durch Einrühren von geglühtem Kieselgur und durch Filtration über grosse dünne Filter geklärt. Schliesslich stellt man mit verdünntem Ammoniak wieder auf neutrale Reaktion ein.

Das Autolysat, 2,55 Liter, enthielt 53 S.-E., das ist 85% des in der Hauptfraktion der Autolyse gelösten Invertins und 64% des Gesamtinvertins der angewandten Hefe. Das Trockengewicht betrug 6,72 g, das ist 8,5% der Trockenhefe. Der Zeitwert des Autolysates war demnach 2,6.

C. Grundlinien der Adsorptionsmethode.

1. Einleitung.

„Die Enzyme sind, abgesehen von ihrem spezifischen Reaktionsvermögen, soviel man weiss, chemisch indifferente Stoffe. Auch soweit sie durch Fällungsreaktionen abgeschieden werden, beispielsweise mit Bleiacetat, ist die Niederschlagsbildung meistens nicht dem Enzym selbst, sondern seinen Beimischungen zuzuschreiben und demgemäss von der wechselnden Beschaffenheit der enzymhaltigen Lösung abhängig. Dazu kommt, die Isolierung erschwerend, das für die Abtrennung von Eiweiss, Kohlenhydraten und Salzen ungünstige Löslichkeitsverhalten der Enzyme, die in vielen organischen Lösungsmitteln, namentlich in den mit Wasser nicht mischbaren, unlöslich sind. Daher gibt es nur eine einzige, vielfältige, anpassungs- und entwicklungsfähige Methodik zur Isolierung der Enzyme, die Anwendung von Adsorptionsvorgängen“ (zweite Abhandlung über Pankreasenzyme, S. 133).

Die Verwendung von Adsorptionsverfahren zur Enzymreinigung hat eine weit zurückreichende Geschichte.

Man hat schon frühzeitig versucht, Enzyme durch Bindung an gewisse in den Lösungen hervorgerufene Fällungen, beispielsweise von Proteinen, niederzuschlagen und aus den Niederschlägen zu gewinnen. Eine weit zurückliegende Angabe dieser Art stammt von A. Brücke [München 1842 (205)]; seinen Experimenten dürften indessen noch ältere Versuche von Th. Schwann aus dem Jahre 1836 (205a) zum Vorbild gedient haben. Pepsin wurde zusammen mit Eiweissstoffen durch Bleiacetat gefällt und ging bei der Zersetzung des Niederschlages mit Schwefelwasserstoff wieder in Lösung. Indessen dürften derartige Verfahren kaum als Adsorptionen verstanden worden sein. Vielmehr hat man die Fällbarkeit als Eigenschaft des Enzyms betrachtet, vielfach sogar den das Enzym mitreissenden Niederschlag geradezu mit dem Ferment selbst identifiziert. Den Sinn des Verfahrens hat wohl als erster E. Brücke (206) im Jahre 1861 erkannt. Es ist ihm gelungen, „das Pepsin mechanisch an kleine feste Körper zu binden", so an Calciumphosphat, Schwefel oder Cholesterin, und er hat auch die beiden möglichen Methoden zur Zerlegung des Adsorbates in Angriff genommen, indem er einerseits zur Elution des Enzyms die Fällung von phosphorsaurem Kalk mit phosphorsäurehaltigem Wasser, oder im anderen Falle den Cholesterinniederschlag mit Äther behandelte, um das Adsorbens vom Enzym wegzulösen.

Schon in den beiden folgenden Jahren finden wir eine andere wichtige Aufgabe mit Hilfe der Adsorptionsmethode in Angriff genommen. Im Laboratorium von Kühne versuchen A. Danilewsky (207) und nach ihm J. Cohnheim (208) das Gemisch der Pankreasenzyme, nämlich Lipase, Amylase und Trypsin, durch Adsorption an Kollodium und an Calciumphosphat in seine Bestandteile aufzulösen. Etwas später hat O. Hammarsten (209) pepsinfreie Lösungen des Labenzyms durch fraktionierte Ausfällung mit kohlensaurer Magnesia oder mit Proteinniederschlägen zu gewinnen gesucht. „Beide Enzyme werden dadurch mechanisch mitgerissen", aber in ungleichem Masse, so dass schliesslich zwar noch Chymosin, aber kein Pepsin mehr in der Lösung zurückbleibt.

Die Bedeutung des zur Reinigung und zur Trennung von Enzymen beschrittenen Weges ist nicht genügend erkannt worden. Das Lehrbuch „Physiologische Chemie" von Hoppe-Seyler (211) urteilt über Brückes Darstellungsweise des Pepsins, die freilich zu wenig ausgebildet worden war: „Die Methode ist sehr umständlich und liefert nur sehr wenig Pepsin". Aber besonders auch die Experimente über Enzymtrennungen waren mit Vorsicht zu bewerten. Mit den fortschreitenden Erkenntnissen von der Bedeutung der Acidität und der Wichtigkeit von Aktivatoren schien die analytische Unterlage jener älteren Arbeiten nicht mehr genügend gesichert. Es war mit der Möglichkeit zu rechnen, dass die Ergebnisse der Versuche durch ungeeignete Reaktionsbedingungen, durch die ungleiche Empfindlichkeit der angewandten rein qualitativen Nachweismethoden oder durch andere sekundäre Einflüsse entstellt oder vorgetäuscht sein mochten. In der Tat sind viele der beschriebenen Trennungsversuche später nicht bestätigt oder anders gedeutet worden. Es ist in erster Linie dem Fehlen exakter Messmethoden zuzuschreiben, wenn die angebahnte Verwendung von Adsorptionsmethoden in der Folge nicht die Beachtung und Ausbildung erfahren hat, die sie verdient hatte.

Die Untersuchungen von L. Michaelis und M. Ehrenreich „Über die Adsorptionsanalyse der Fermente" (212), mit denen die „Studien über Kataphorese von Fermenten und Kolloiden" von G. Iskovesko (213) zu nennen sind, gaben der Entwicklung der Adsorptionsmethodik einen neuen Antrieb. Michaelis und Ehrenreich unterscheiden von der unspezifischen, durch reine Capillarkräfte bedingten „mechanischen Adsorption", die an allen chemisch indifferenten Stoffen von grosser Oberfläche, z. B. an Tierkohle, anzunehmen ist, die elektrochemische Adsorption, wie sie an der Oberfläche elektrisch geladener Kolloide zustande kommt. Durch Anwendung solcher Adsorbentien, „die unter allen Bedingungen entschiedene und einseitige Ladungen tragen", suchen die Autoren zu Aussagen über den elektrochemischen Charakter des Fermentes zu gelangen. Es ergibt sich die durch Adsorptionsversuche mit sauren und basischen Farbstoffen gestützte Schlussfolgerung, „dass alle Substanzen, die durch Kaolin adsorbiert werden können, Basen sein müssen, alle Substanzen, die durch Tonerde adsorbiert werden können, Säuren sein müssen". Die Adsorptionsvorgänge erscheinen danach bestimmt einerseits durch die Oberflächenentwicklung des Adsorbens, andererseits durch die elektrochemische Aufladung von Adsorbens und Ferment, in dem Sinne, dass positiv geladene Fermente nur von negativen Adsorbentien aufgenommen werden und umgekehrt, während amphotere Fermente von beiden Arten der Adsorbentien festgehalten werden sollten. Mit der Forderung der Theorie von Michaelis, die später durch Michaelis und P. Rona (214) weiter ausgestaltet worden ist, steht das Verhalten der Enzyme im elektrischen Felde im allgemeinen in Übereinstimmung [vgl. dazu Iscovesco l. c., Michaelis und Mitarbeiter (215), H. Bierry, V. Henry und G. Schäffer (216)].

Indessen vermögen die gekennzeichneten Anschauungen, wenn sie auch eine wesentliche Seite der Erscheinungen sicher richtig interpretieren, doch zur Deutung des heute vorliegenden experimentellen Materials kaum zu genügen. Zunächst ist hervorzuheben, dass das in den rohen Enzymlösungen beobachtete Adsorptionsverhalten gar nicht das des Enzymmoleküls selbst ist. Es gehört einem Aggregat des Enzyms mit von Fall zu Fall wechselnden Begleitern zu und es wird entstellt durch den Einfluss von Fremdstoffen, die mit dem enzymhaltigen Komplex um die adsorbierende Oberfläche konkurrieren. Aber auch mit dieser Einschränkung reicht die theoretische Deutung nicht aus. Im auswählenden Adsorptionsvermögen verschiedener Adsorbentien gegenüber zahlreichen Enzymen treten so mannigfaltige und komplizierte Unterschiede zutage, dass sie kaum der verschiedenen Dispersität und dem mehr sauren oder basischen Charakter der Adsorbentien allein zugeschrieben werden können.

Mit der Erkenntnis, dass im Falle der am besten untersuchten Hydroxyde des Aluminiums die zwischen Präparaten verschiedener Darstellungsweise auftretenden Unterschiede nicht allein auf die verschiedene Oberflächenentwicklung und das elektrochemische Verhalten, sondern in erster Linie auf exakt nachweisbare chemische Unterschiede der einzelnen Typen dieses Adsorptionsmittels zurückzuführen sind, ist ein neuer Gesichtspunkt für die theoretische Deutung beigebracht. Die elektrochemische Auffassung von Michaelis wird durch eine chemische Betrachtung der an der Grenzfläche erfolgenden Vorgänge zu ergänzen sein. Die Erscheinungen der Enzymadsorption dürften zurückzuführen sein auf chemische Affinität, und zwar auf geringfügige Restaffinitäten der Moleküle, die sich bisher der Messung und Definition entziehen [Willstätter (4, 4a)]. In ähnlicher Richtung bewegt sich auch die weitere Ausgestaltung, die Michaelis und Rona (l. c.) der Theorie gegeben haben. Bei unlöslichen salzartigen Adsorbentien — diesem Typus sind auch die (Ionengitter der) basischen und sauren Oxyde oder Hydroxyde zuzuzählen — verläuft nach ihren Ergebnissen die Adsorption entsprechend einer chemischen Umsetzung. „Bei elektrolytartigen Adsorbentien ist die Adsorption also identisch mit derjenigen Reaktion, welche auf Grund der gewöhnlichen chemischen Affinitäten vorhergesagt werden kann“ (Michaelis und Rona l. c.).

2. Die Adsorbentien.

a) Die Hydroxyde der Tonerde.

Die kolloidalen Hydrate der Tonerde, wie man sie aus Aluminiumsalzen mit Ammoniak oder durch Dialyse erhält, wurden seit den ausführlichen Untersuchungen von J. van Bemmelen (217) „nicht als chemisch bestimmte Individuen, sondern als unbestimmte Verbindungen in einem besonderen Aggregatzustand" betrachtet. Den wechselnden Wassergehalt der Gele erklärte van Bemmelen als „Adsorptionswasser", „eingeschlossenes (capillares)" oder als „micellares Imbibitionswasser", und die bedeutenden Unterschiede im chemischen und physikalischen Verhalten der Tonerdegele sollten durch die Quantität und die Art der Verankerung des locker gebundenen Wassers bedingt sein.

Die spezifisch ausgeprägten Eigentümlichkeiten im Adsorptionsverhalten verschiedener Tonerdepräparate widersprechen einer solchen rein kolloidchemischen Auffassung. Die von Willstätter gemeinsam mit H. Kraut und anderen Mitarbeitern (218) durchgeführten Untersuchungen haben im Gegenteil zum Nachweis einer grösseren Anzahl definierter Hydrate der Tonerde geführt, die durch ihre physikalischen und chemischen Eigenschaften und durch ihr Verhalten gegenüber Enzymen gekennzeichnet sind. In den früheren Untersuchungen [vgl. dazu E. Schumberger (219), H. B. Weiser (220)] war ihr Nachweis misslungen infolge ungeeigneter Darstellungsmethoden und unvollkommener Verfahren der Untersuchung.

Bildungsbedingungen und Darstellung der Tonerdehydrate.

Unter den wechselnden Arbeitsweisen, wie sie bei der Ausfällung des Aluminiumhydroxyds üblich sind, werden im allgemeinen Gemische verschiedenartiger Verbindungen erhalten. Für die Gewinnung reproduzierbarer und definierter Tonerdehydrate ist die Einhaltung ganz bestimmter Reaktionsbedingungen notwendig.

Das grobpulverige und mikrokrystalline Tonerdehydrat, das aus Aluminatlösungen durch Impfkrystallisation oder durch Einleiten von Kohlensäure gewonnen wird, besitzt, wie seit langem bekannt ist, die Zusammensetzung eines Aluminium-Orthohydroxydes $Al(OH_3)$. Es ist von den künstlich erhaltenen Tonerdehydraten das einzige, dem auch nach van Bemmelen eine definierte chemische Zusammensetzung zukommen sollte. In der Bedeutung als Adsorbens wird dieses Hydroxyd (Tonerde D) übertroffen durch die hochdispersen und typisch kolloidalen Tonerdesorten, die aus Aluminiumlösungen durch Ammoniak abgeschieden werden.

Diese Tonerdegele, in üblicher Weise mit Ammoniaküberschuss gefällt, sind plastisch und wasserärmer. Die Analyse ergibt Zusammensetzungen, die zwischen AlOOH (17,6% H_2O) und $Al(OH)_3$ (52,9% H_2O) gelegen sind., Man findet den Wassergehalt um so höher, je geringer die Ammoniakmenge bei der Fällung bemessen wurde, und man erzielt Präparate von der Zusammensetzung des Orthohydroxydes, wenn man die Hydroxylionenkonzentration des Gemisches durch Zusatz eines Puffers möglichst herabsetzt, z. B. dadurch, dass man dem Ammoniak noch einmal dieselbe Menge von Ammonsulfat zufügt, welche bei der Fällung entsteht. Die Verbindung $Al(OH)_3$ entsteht also einerseits mikrokrystallin bei maximaler OH'-Konzentration, nämlich bei der Zersetzung des Aluminates, andererseits als flockiger und adsorptionstüchtiger Niederschlag (Tonerde C), wenn die Fällung bei möglichst geringer Alkalität geschieht.

Charakteristisch ist das Verhalten der Tonerdegele beim Erhitzen mit Ammoniak. Das Orthohydroxyd wird dabei in seiner Zusammensetzung nicht verändert, aber es wird in mikrokrystalline Pulver von geringem Adsorptionsvermögen verwandelt, die Hydrargillitstruktur zeigen. Die mit Ammoniaküberschuss erhaltenen Präparate ändern ihr Aussehen wenig und erleiden nur geringe Einbusse der Adsorptionsfähigkeit. Aber ihr Wassergehalt verringert sich, nämlich von etwa 40% auf 22—27% und die Löslichkeit in verdünnten Säuren und Alkalien geht verloren. Die Zusammensetzung des Metahydroxydes wird indessen nie erreicht; das Vorliegen von Gemischen aus AlOOH und $Al(OH)_3$ kann ausgeschlossen werden. Diese mit überschüssigem Ammoniak behandelten Präparate („Tonerde A") sind Polyaluminiumhydroxyde, entstanden durch intermolekularen Austritt von Wasser aus mehreren Molekülen $Al(OH)_3$. Auf Grund der Analyse kann man auf eine Kettenlänge von 4—8 Al-Atomen schätzen. Danach ist es wahrscheinlich, dass die wasserreichen Niederschläge, die mit überschüssigem Ammoniak gefällt, aber nicht länger mit Ammoniak erhitzt worden sind („Tonerde B"), Hydrate dieser Polyhydroxyde darstellen. Ihr Wassergehalt ist nämlich höher als es der einfachsten Kettenformel $(OH)_2Al \cdot O \cdot Al(OH)_2$ entsprechen würde.

Bei der Gewinnung der Tonerde A hat man zu beachten, dass das Orthohydroxyd, einmal in unlöslichem Zustand abgeschieden, beim nachträglichen Erhitzen mit Ammoniak nicht mehr in das Polyhydroxyd übergeht. Wahrscheinlich ist nur das entstehende und noch in Lösung befindliche $Al(OH)_3$ zur Kondensation befähigt. Zur Vermeidung von C-Beimengungen ist es daher notwendig, bei der Darstellung der A- und B-Präparate die Bedingungen hoher und extrem geringer Alkalität zu vermeiden, die die Entstehung der Orthoverbindung gestatten.

Frisch dargestellte und rasch isolierte Tonerde C ist durch grosse Veränderlichkeit ausgezeichnet. Schon nach einigen Stunden oder in einem Tage geht die ursprüngliche weisse flockige Suspension („Tonerde Cα") in eine zusammenhängende plastische Gallerte von gelblicher Farbe („Tonerde Cβ") über. Gleichzeitig geht der Wassergehalt, der zuerst entsprechend der Formel $Al(OH)_3$ bei 53% oder (infolge von Hydratisierung) etwas höher gelegen war, erheblich zurück, nämlich auf Werte zwischen 43 und 50%. Aber auch diese

Form stellt noch nicht den stabilen Endzustand dar. Im Laufe von Monaten verwandelt sie sich in ein drittes Gel („Tonerde Cγ"), eine schön weisse, flockige, noch etwas plastische Suspension. Die Analysen des γ-Hydrogels stimmen gut zur Formel $Al(OH)_3$. Die Umwandlung ist von charakteristischen Veränderungen im Verhalten gegen Säuren und Alkalien und gegenüber Enzymen begleitet (s. u.). Am schärfsten unterscheiden sich die drei Modifikationen beim Behandeln mit heissem 10%igem Ammoniak. Durch dieses Reagens werden α und γ innerhalb 48 Stunden in krystallinische Pulver von Hydrargillittypus, β ohne äussere Veränderung, aber unter erheblicher Verminderung des Wassergehaltes in ein Gel von der annähernden Zusammensetzung eines Tetra-Aluminiumhydroxyds verwandelt. Es ist wahrscheinlich, dass in der α- und β-Modifikation polymorphe Formen des Orthohydroxyds vorliegen; die β-Verbindung dürfte als Hydrat des Tetra-Aluminumhydroxyds anzusprechen sein.

Tonerde A. 250 g $Al_2(SO_4)_3 \cdot 18\,H_2O$ in 750 ccm Wasser erwärmt man auf 55° und trägt die Lösung auf einmal unter stärkstem mechanischem Rühren in 2,5 l auf 55° erwärmtes Ammoniak von 15 Gew.-% ein. Die Temperatur steigt auf 58° und wird unter fortgesetztem Rühren eine halbe Stunde zwischen 55 und 60° gehalten. Die sehr voluminöse Fällung wird während des Digerierens etwas dünner, aber nicht eben flockig. Dann wird die Mischung, die man nicht von der Mutterlauge zu trennen braucht, in einen 5-Liter-Kolben mit eingeschliffenem Kühler umgefüllt und darin 48 Stunden in gelindem Sieden erhalten. Die Flüssigkeit bleibt dabei genügend ammoniakalisch, etwa 10%ig. Danach wird die Suspension im Dekantiertopf auf 12 Liter verdünnt und unter möglichst vollständigem Dekantieren häufig mit Wasser gewaschen. Am besten vor dem vierten Male wird der Niederschlag zur Zerlegung noch vorhandener Spuren basischen Sulfats mit $^1/_2$ Liter 15%igem Ammoniak verrührt. Dann wäscht man so lange aus, bis das Wasser drei aufeinanderfolgende Male nicht mehr klar geworden ist. Während der letzten Waschungen wird der Niederschlag immer kompakter, so dass am Ende die Waschflüssigkeit von dem am Boden klebenden plastischen Gele vollständig abgegossen werden kann. An diesem Zeichen erkennt man, dass das Auswaschen genügt.

Tonerde B. Die Fällung geschieht wie bei A, aber die Nachbehandlung mit Ammoniak kommt in Wegfall. Nach der Fällung wird höchstens $^1/_2$ Stunde gerührt, sofort im Dekantiertopf auf 12 Liter verdünnt und wie oben zu Ende dekantiert.

Tonerde Cα. Für die Darstellung ist Ammoniakalaun dem gewöhnlichen Aluminiumsulfat wegen des konstanten Wassergehaltes und der grösseren Reinheit vorzuziehen. Das Ammoniak wird zu jedem Versuch genau abgemessen und titrimetrisch bestimmt, um darauf die Menge des Alauns genau einzustellen.

100 ccm 10%iges Ammoniak werden in 600 ccm Wasser von 63°, das 22 g Ammoniumsulfat enthält, eingegossen und rasch auf 58° gebracht. Dazu gibt man unter starkem Rühren mit der Turbine auf einmal 150 ccm einer 58° warmen Lösung von 76,7 g Ammoniakalaun, wobei die Temperatur auf 61° steigt. Man lässt sie nicht unter 58° sinken und trennt 10 Minuten nach Beginn der Fällung in einer schnell auslaufenden Zentrifuge den Niederschlag möglichst rasch von der Mutterlauge ab. Er wird fünfmal in der Zentrifuge nachgewaschen, wobei man das Gel in eine Flasche überspült und mit je 1,5 Liter Wasser durchschüttelt. Zum ersten Waschwasser fügt man 1,25 g Ammoniak hinzu, zum zweiten doppelt soviel. Beim sechsten Zentrifugieren bleibt die überstehende Flüssigkeit trüb, der Niederschlag enthält dann nur noch Spuren von Sulfat. Rasches Arbeiten ist mit Rücksicht auf die geringe Beständigkeit der α-Modifikation notwendig; die ganze Operation vom Beginn der Fällung bis zum Ende des Waschens kann in etwas mehr als zwei Stunden beendet sein.

Tonerde Cβ. Die Umwandlung der α-Verbindung in β tritt einige Stunden nach der Ausfällung ein. Dabei ändert sich das Aussehen des Gels; aus einer flockigen Suspension wird eine einzige kompakte Masse von gelbstichigem plastischem Gel. Qualitativ kann die Umwandlung an der verminderten Löslichkeit in Säuren und Alkalien erkannt werden. Zum Nachweis und zur quantitativen Schätzung von β in Gemischen mit α dient die Erhitzung mit Ammoniak, wonach α noch den Wassergehalt von gegen 50%, β den Gehalt von 27% besitzt.

Tonerde Cγ. Die Fällung geschieht, wie bei Cα beschrieben, aber das Auswaschen erfolgt nicht in der Zentrifuge, sondern durch Dekantieren. Nachdem man eine Viertelstunde bei etwa 60° gerührt hat, spült man die Mischung in den Dekantiertopf über. Für den beschriebenen Ansatz ist jedesmal etwa 5 Liter Wasser zu verwenden; die Bewältigung grösserer Ansätze macht keine Schwierigkeiten. Der Niederschlag setzt sich zunächst rasch und klar ab, aber in ziemlich hoher Schicht. Zur Zerlegung basischen Aluminiumsulfates fügt man dem Waschwasser beim vierten Dekantieren einmal 80 ccm 20%iges Ammoniak hinzu. Nach häufigem Auswaschen (zwischen dem 12. und 20. Male) wird die Waschflüssigkeit nicht mehr klar. Von da an dekantiert man noch zweimal, wofür mindestens einige Tage erforderlich sind.

Das in Wasser suspendierte Tonerde-Gel braucht im allgemeinen mindestens einige Monate, um vollständig in die γ-Modifikation überzugehen. Man erkennt die erfolgte Umwandlung an dem flockigen, nicht gallertigen Aussehen, am Verhalten gegen Säuren und Alkali und gegen Ammoniak in der Hitze.

Tonerde D. Man löst 130 g reines Aluminiumhydroxyd des Handels mit 140 g Ätzkali (80%ig) in 900 ccm heissem Wasser, verdünnt auf 1 Liter und nach dem Filtrieren weiter auf 10 Liter. Zum Fällen leitet man zwei Tage einen schwachen Kohlensäurestrom ein. Den Niederschlag, der sich in einer niedrigen Schicht grobkörnig absetzt, befreit man von der Mutterlauge durch Dekantieren und 12maliges Auswaschen mit kohlensäurehaltigem Wasser, zum Schlusse mit destilliertem Wasser, das bei den letzten Malen trübe bleibt.

Aluminiummetahydroxyd. Von den zweiten Monohydroxyd des Aluminiums, dem Metahydroxyd, waren bisher nur die krystallisierten Mineralien Diaspor und Bauxit bekannt. Metahydroxyd bildet sich bei hoher Temperatur aus der Orthoverbindung. Erhitzt man das γ-Orthohydroxyd im trockenen Luftstrom, so beobachtet man in einem bemerkenswert weiten Temperaturbereich, nämlich zwischen 210 und 240°, Konstanz der Zusammensetzung. Die Substanz enthält dann 16,5—16,6% Wasser, während für AlOOH 17,6% berechnet sind. Entsprechende Haltestrecken bei annähernd ähnlicher Zusammensetzung treten auch bei der Entwässerung der α- und der β-Modifikation auf. Doch gelingt die Darstellung der einheitlichen Verbindung AlO_2H auf diesem Wege nicht. Zur Vermeidung von Nebenreaktionen ist es besser, die wässerigen Suspensionen beliebiger Tonerdegele mit Ammoniak im Einschlussrohr rasch auf 250° zu erhitzen. Die sonst bei 100° eintretende Mineralisierung der Orthoverbindung bleibt aus, und man erhält ein eher plastisches als flockiges, graustichiges Gel, dessen Zusammensetzung nach der Acetontrocknung gut auf die Metaverbindung stimmt (17,5—18,5%iges Wasser). Die endgültige Zusammensetzung wird bei 250° nach 8—9 Stunden erreicht und auch bei längerem Erhitzen nicht mehr geändert.

Eigenschaften und Beurteilung.

Analyse. Der auf den Nachweis bestimmter Hydratationsstufen gerichteten Untersuchung hat die Entfernung des gesamten capillar festgehaltenen Wassers vorherzugehen. Es galt als zweifelhaft, ob eine derartige Unterscheidung des chemisch und des physikalisch gebundenen Wassers experimentell verwirklicht werden könne. van Bemmelen hat darauf hingewiesen, dass die Hydrogele in anscheinend trockenem Zustand noch grosse Mengen von adsorbiertem und imbibiertem Wasser enthalten und dass dieses Wasser oft ebenso schwer abgegeben wird wie chemisch gebundenes.

Im Exsiccator lassen sich die Tonerdegele zur Gewichtskonstanz trocknen, allerdings langsam, nämlich innerhalb von Monaten im Vakuum über Schwefelsäure, erheblich rascher, nämlich innerhalb von etwa sechs Tagen, im Hochvakuum über Phosphorpentoxyd. Die so gewonnenen Präparate enthalten erhebliche Mengen von Wasser, z. B. bis über 50% des Glührückstandes. Es scheint ausschliesslich chemisch gebunden zu sein. Dafür spricht zunächst die Tatsache, dass die Tonerdegele verschiedener Darstellungsweise im Exsiccator getrocknet, sehr erhebliche Differenzen des Wassergehaltes aufweisen, die keinerlei Beziehung zur Dispersität der Präparate erkennen lassen, und dass die Zusammensetzung der getrockneten Präparate vielfach derjenigen chemisch einfacher Hydroxydverbindungen sehr nahekommt. So enthielt eine Probe der Tonerde Cγ, über Phosphorpentoxyd getrocknet, 53,7% H_2O, die mikrokrystalline Sorte D 52,6%, während die Formel $Al(OH)_3$ 52,9% verlangt. Das stark plastische und hochdisperse Gel der Sorte A, über Schwefelsäure getrocknet, hatte dagegen nur einen Wassergehalt von 25,2%.

Der Beweis für die restlose Entfernung des adsorbierten Wassers und für das Vorliegen von Hydraten in den exsiccatortrockenen Pulvern lässt sich leicht erbringen. Erwärmt man sie durch einen Strom warmer, mit Phosphorpentoxyd getrockneter Luft, so bleibt ihr Wassergehalt in einem weiten Temperaturintervall konstant, bei einem Aluminium-Orthohydroxyd bis 75°, bei den meisten anderen Gelen bis etwa 150°. Mit dem Überschreiten dieser Temperaturen sinkt der Wassergehalt rasch ab, meist mit scharfem Knick. Zur Erzielung scharfer Haltestellen ist es wesentlich, von den im Exsiccator vorgetrockneten Tonerdeproben auszugehen. Werden die Gele in feuchtem Zustande in einem Luftstrome von bestimmter Temperatur getrocknet, so erfolgen schon während der Abgabe des adsorbierten Wassers Umwandlungen (Anhydrisierungen) des vorliegenden Hydroxyds und man findet konstante Zusammensetzung entweder überhaupt nicht oder bei geringerem Wassergehalt. Es ist wahrscheinlich, dass die Nichtbeachtung dieses Umstandes in erster Linie für das Misslingen der auf die Auffindung definierter Hydrate gerichteten älteren Versuche verantwortlich zu machen ist.

Indessen können gegen diese Arbeitsweise Bedenken geltend gemacht werden. Es ist nicht sicher, ob die durch die Exsiccatortrocknung aufgefundenen Hydrate mit den in den wässerigen Suspensionen vorhandenen und beim Enzymversuch in Verwendung kommenden übereinstimmen. Man hat mit der Möglichkeit zu rechnen, dass während der langen Versuchsdauer Veränderungen der ursprünglichen Hydrate stattfinden. Im Falle der empfindlicheren Zinnsäuren und der Kieselsäure ist dies sicher nachgewiesen. Auch bei den Tonerden führt die langsame Trocknung zu irreversiblen Veränderungen, die zum mindesten die Beschaffenheit der Oberfläche betreffen. Die vorher plastischen Gele lassen sich nach dem Verweilen im evakuierten Exsiccator nicht mehr in den ursprünglichen Zustand überführen, sondern setzen sich auch nach langem Anschütteln mit Wasser sofort als amorphe kreideähnliche Niederschläge zu Boden. Das Verfahren der Exsiccatortrocknung war daher durch eine mehr schonende Methode der Hydratisolierung zu ersetzen oder zu ergänzen. Als solche eignet sich die Wasserverdrängung durch Aceton.

Man bringt eine Probe der wässerigen Suspension in schlankem Zylinder mit wasserfreiem Aceton auf das zehnfache Volumen, lässt absitzen, dekantiert die klare Flüssigkeit und wiederholt die Operation noch zwei- bis dreimal. Dann ersetzt man auf dieselbe Weise das Aceton durch niedrigsiedenden Petroläther. Das erhaltene Petroläthergel lässt sich auf einer kleinen Nutsche unter Ausschluss von Feuchtigkeit absaugen und zuletzt im hochevakuierten Exsiccator trocknen.

Das Verfahren liefert in drei bis vier Stunden analysenfertige Pulver und entfernt zuverlässig alles adsorbierte Wasser. Es ist ein wichtiges Ergebnis, dass die nach dem Acetonverfahren getrockneten Hydrogele der Tonerde in ihrem Wassergehalt im allgemeinen übereinstimmen mit den im Hochvakuum über Phosphorpentoxyd getrockneten Präparaten. In anderen Fällen, so bei den Zinnsäuren, sind allerdings die acetontrockenen Hydrogele wasserreicher. Hier scheinen in wässeriger Suspension besonders labile Hydrate vorzuliegen, die bei der Trocknung im Exsiccator, nicht bei der Behandlung mit Aceton, zersetzt werden. In jedem Falle dürfte die Analyse nach der Acetontrocknung die der Zusammensetzung des ursprünglichen Geles näherkommende sein.

Physikalische und chemische Eigenschaften. In ihrem äusseren Habitus zeigen sich vor allem die Poly-Aluminiumhydroxyde A und B als typische Kolloide mit allen Eigentümlichkeiten hoher Oberflächenentwicklung. Die Suspensionen dieser Gele sind schon in verhältnismässig grosser Verdünnung recht viscos; sie kleben an der Gefässwand und lassen sich in der Zentrifuge nicht ganz leicht zum Absetzen bringen. Im konzentrierten Zustand erscheinen sie als stark gequollene, plastische und etwas durchscheinende Gallerten. Es entspricht den äusseren Eigenschaften dieser Sorten und den Vorstellungen von ihrem Molekülbau, der eine geringe Ordnungsgeschwindigkeit der Teilchen vorherrschen lässt, wenn krystallisierte Vertreter der Aluminiumpolyhydroxyde bisher nicht erhalten werden konnten.

Dagegen stellen die kolloiden Orthohydroxyde $C\alpha$ und $C\gamma$ feinflockige oder pulverige Niederschläge dar, deren Suspensionen rein weiss und undurchsichtig erscheinen. Sie zeigen keine Neigung zu grösseren Aggregaten zu verkleben, haften der Gefässwand nicht an und setzen sich etwas leichter ab. In ihrem Adsorptionsvermögen, z. B. gegenüber Invertin, stehen sie den Polyhydroxyden nicht merklich nach. Man wird demnach annehmen dürfen, dass ihr Dispersitätsgrad von derselben Grössenordnung ist wie bei diesen, vielleicht auch, dass die etwas geringere Oberflächenentwicklung hier durch stärker betonte chemische Affinität kompensiert ist [Vgl. dazu auch R. Zsigmondy und D. G. R. Bonnell (220a)].

Die Sorten $C\beta$ und das Metahydroxyd stehen in ihren äusseren Merkmalen zwischen diesen beiden Typen. Unter ihnen ist das Metahydroxyd durch geringere Oberflächenentwicklung ausgezeichnet; dies ist auf Grund der Darstellungsbedingungen zu erwarten und ergibt sich aus dem geringeren Adsorptionsvermögen gegenüber allen geprüften Enzymen.

In chemischer Hinsicht ist das unterschiedliche Verhalten der Tonerdepräparate gegenüber Säuren und Alkalien verschiedener Konzentration bemerkenswert. Die beobachteten Löslichkeitsunterschiede (vgl. Tabelle 8) können nur zum kleineren Teil auf Differenzen im Dispersitätsgrad zurückgeführt werden. So löst sich die Tonerde A nur schwer und langsam in heisser konzentrierter Salzsäure und nicht in kalter konzentrierter oder in heisser stark verdünnter Natronlauge, die Sorte $C\alpha$ dagegen, deren Oberflächenentwicklung kaum grösser angenommen werden kann, ist schon in kalter 0,1%iger Salzsäure und in 0,4%iger Natronlauge leicht löslich. Das mikrokrystalline Präparat D wird von heisser Säure sogar leichter gelöst als das Tonerde-Gel A, während das kolloidale Metahydroxyd von Säuren und Alkalien überhaupt nicht angegriffen wird. Neben solchen vorwiegend chemisch bedingten Unterschieden bleibt aber der Einfluss der Oberflächenentwicklung deutlich erkennbar. Das zeigt ein Vergleich des schwerlöslichen Orthohydroxyds aus Aluminat mit den Gelen *Cα* und *Cγ*, die in der Zusammensetzung mit ihm übereinstimmen.

Man kann in den geschilderten Unterschieden der Angreifbarkeit, soweit sie chemisch bedingt sind, den Ausdruck der mehr oder weniger entwickelten sauren oder basischen Natur der Tonerdesorten erblicken. Danach sollten dem Orthohydroxyd *α* die am stärksten entwickelten basischen und sauren Eigenschaften zukommen, während mit dem Übergang in *β* zunächst der basische Charakter, bei der Umwandlung in *γ* weiterhin der basische und der saure Charakter abgeschwächt erscheint. Das Polyhydroxyd B ist demgegenüber als eine sehr schwache Base zu betrachten, hat aber noch ebenso ausgesprochene saure Eigenschaften wie die Orthohydroxyde. In der Sorte A ist der saure Charakter stark abgeschwächt, der basische gleichzeitig weiter vermindert. Dem Metahydroxyd fehlen sowohl saure wie basische Affinitäten.

Adsorptionsverhalten. Die chemische Beschreibung der Gele wird vervollständigt durch die Untersuchung ihres Adsorptionsvermögens gegenüber Enzymen. Als Mass für die Adsorptionsfähigkeit, besonders für die auswählende Wirkung eines Adsorbens, dient der „Adsorptionswert“ (A.-W.), das ist diejenige Anzahl von Einheiten eines bestimmten Enzyms, die von der Gewichtseinheit des Adsorbens, hier von 1 g (wasserfreier) Tonerde, unter

Tabelle 8. Vergleichende Übersicht der Tonerdesorte.

	Wassergehalt in %[1]	Formel	Aussehen	Löslichkeitsgrenze in Salzsäure kalt	Salzsäure warm	Natronlauge kalt	Natronlauge warm	Adsorptionsvermögen
Orthohydroxyd								
α	53	Al(OH)	weiss, flockig etwas plastisch	0,1 %	0,1 %	0,4 %	0,1 %	sehr gross
β	43—51	$4\,Al(OH)_3 - 3\,H_2O + X\,H_2O$	gelbstichig plastisch	10 %	0,1 %	0,4 %	0,1 %	etwas kleiner als
γ	53	$Al(OH)_3$	wie *α*	37 %	1 %	—[2]	0,1 %	wie *α*
Mineralisiert	53	$Al(OH)_3$	weiss, pulverig	—	5 %	—	4 %	sehr klein
aus Aluminat	53	$Al(OH)_3$	weiss, pulverig	15 %	?[2]	—	30 %[3]	sehr klein
Polyhydroxyd B	39—43	$[4\,Al(OH_3)\text{-}3\,H_2OH] + 2\,H_2O$ bis $[8\,Al(OH)_3 - 7\,H_2O] + 4\,H_2O$	gelbstichig, sehr plastisch	—	5 bis 10 %	—	0,1 %	wie *α*
A	22—27	$4\,Al(OH)_3 - 3\,H_2O$ bis $8\,Al(OH)_3 - 7\,H_2O$	rötlichgelb, sehr plastisch	—	37 %	—	30 %[3]	etwas kleiner als
Metahydroxyd	18	AlOOH	graustichig, mehr plastisch als flockig	—	—	—	?	klein

[1] Ber. auf Al_2O_3. — [2] — Bedeutet nicht merklich löslich, ? nicht geprüft. — [3] Nächst niedere Konzentrationen nicht geprüft.

bestimmten Verhältnissen aufgenommen werden. Die Angaben des Adsorptionswertes ist gegebenenfalls zu ergänzen durch den „Adsorptionsgrad", das ist derjenige Bruchteil des Enzyms in Prozenten, der nach Einstellung des Adsorptionsgleichgewichtes wegadsorbiert ist, ferner durch die Kennzeichnung der Versuchsbedingungen, unter denen besonders die Verdünnung und die Wasserstoffionenkonzentration, sowie die Vorgeschichte der Enzymlösung von Bedeutung sind.

Die quantitative Untersuchung des Adsorptionsvermögens vermittelt zunächst ein — allerdings recht grobes — Bild von der Oberflächenentwicklung des Adsorbens. Aluminiumhydroxyde mit grosser Oberfläche, wie die Sorten A, B und C, adsorbieren im allgemeinen reichlich, solche mit geringer Oberfläche, wie die mikrokrystalline Sorte D oder das Metahydroxyd, sind viel weniger wirksame Adsorbentien. Die Adsorptionswerte der zuletzt genannten Tonerdehydrate betragen z. B. für Invertin oft nur ein Hundertstel von denen der hochdispersen Gele. Auf der anderen Seite führen derartige Schätzungen zu dem Schlusse, dass die Alterungserscheinungen des frisch bereiteten Orthohydroxydgels, die mit einer ausgesprochenen Verminderung der Angreifbarkeit für Säuren und Alkalien verknüpft sind, nicht oder doch nicht vorwiegend auf Veränderungen der Dispersität beruhen können. Mit dem Übergang in die β-Verbindung wird nämlich die Adsorptionsfähigkeit für Invertin kaum verändert, vielleicht ein wenig vermindert, und bei der Verwandlung in γ erfolgt ein Anstieg des Adsorptionsvermögens für Invertin. Würde man unter der Annahme chemischer Identität dieser Tonerden das Verhältnis ihrer Oberflächen schätzen, so fände man beim gealterten Gel erheblich grössere Oberflächen als beim frisch dargestellten, während die Oberfläche von β diesem gegenüber als wenig verändert erschiene.

Zu einem ganz anderen Ergebnis würde man aber gelangen, wenn z. B. das Verhalten gegenüber dem Pankreastrypsin der Beurteilung zugrunde gelegt würde. Von der kurz gealterten Tonerde C β wird nämlich dieses Enzym sehr kräftig adsorbiert, von C γ fast gar nicht [E. Waldschmidt-Leitz, A. Schäffner und W. Grassmann (106)]. Auf ähnliche Verhältnisse stösst man fast immer, wenn verschiedene Tonerdesorten in ihrem Verhalten gegenüber mehreren Enzymen verglichen werden. So adsorbierte ein Aluminiummetahydroxyd die Saccharase rund 25 mal, die Maltase aber nur 5 mal schlechter als ein gewöhnliches Tonerdegel. Invertin wird vom Orthohydroxyd aus Aluminat mit fast 100 mal kleineren Adsorptionswerten, Lipase mur mit etwa 12 mal kleineren aufgenommen als vom Polyhydroxyd B. Hier kommen ohne Zweifel chemische Eigentümlichkeiten der verschiedenen Tonerdesorten zum Ausdruck. Es ergibt sich die Frage, ob die Unterschiede durch Abstufungen in der Säure- und Basennatur der einzelnen Tonerdeindividuen — etwa im Sinne der Theorie von Michaelis — bedingt sind. Diese Frage, zu der eine beträchtliche Menge von Einzelerfahrungen, aber noch zu wenig systematisches

Material vorliegt, kann heute noch nicht mit Sicherheit beantwortet werden. Jedenfalls ist ein irgendwie deutlicher Zusammenhang einstweilen nicht erkennbar. Wenn man (Tabelle 9) eine grössere Anzahl von Tonerdesorten und einige andere Metallhydroxyde ordnet nach ihrer Fähigkeit, Maltase aus dem Gemisch mit Saccharase auswählend zu adsorbieren, so findet man das höchste Auswahlvermögen beim Metahydroxyd, bei der Tonerde C β und beim Ferrihydroxyd, während an das andere Ende der Reihe das gealtere Orthohydroxyd, Zinkhydroxyd und Zinnsäure zu stehen kommen [Willstätter und E. Bamann (239)]. Von den zuerst genannten gut auswählenden Adsorbentien ist das Ferrihydroxyd eindeutig basisch, die Tonerde β nach ihrem Verhalten gegen Säuren und Alkalien deutlich sauer und sehr schwach basisch, während dem Aluminiummetahydroxyd saure und basische Eigenschaften fehlen sollten.

Tabelle 9. Auswählende Adsorption von Maltase neben Saccharase durch verschiedene Tonerdesorten und einige andere Metallhydroxyde. (Gekürzte Wiedergabe nach Versuchen von Willstätter und E. Bamann.)

Angewandt Maltase Einh.	Angewandt Saccharase vgl. Einh.	Adsorbens	Angewandte Menge g	Adsorbiert Maltase schätzungsweise	Adsorbiert Saccharase
0,0189	0,316	Tonerdegel v. d. Formel AlOOH	0,4800 Al_2O_3	$^8/_{10}$	3,7
0,0222	0,316	kurz gealterte Tonerde (C)	0,0995 Al_2O_3	$^8/_{10}$	6,0
0,0419	0,316	Eisenhydroxyd	0,32 Fe_2O_3	$^8/_{10}$	8,2
0,0329	0,316	frisch gefällte Tonerde (C)	0,1322 Al_2O_3	$^8/_{10}$	9,8
0,0188	0,316	Zinkhydroxyd	0,36 ZnO	$^7/_{10}$	13,7
0,0299	0,316	Tonerde C, gealtert	0,1600 Al_2O_3	$^8/_{10}$	32,5
0,0485	0,316	Zinnsäure	0,32 SnO_2	$^1/_2$	45,4

Bei der Beurteilung dieser Tatsachen hat man indessen zu berücksichtigen, dass vielfach keine volle Sicherheit darüber besteht, in welchem elektrochemischen Zustand die Adsorbentien sich unter den Versuchsbedingungen befinden. Schon geringfügige Beimengungen namentlich mehrwertiger Ionen können unter Umständen den Ladungssinn des Adsorbens (und auch des Adsorbendums) ändern. Auch besteht, wie R. Kuhn (221, und zwar S. 116) mit Recht hervorhebt, kein notwendiger Zusammenhang zwischen dem chemischen Verhalten des Adsorbens, wie es zum Beispiel in der Angreifbarkeit durch Säuren und Alkalien zum Ausdruck kommt, und dem für die Adsorptionseigenschaften entscheidenden Potentialsprung an der Oberfläche des Kolloidteilchens. Die gewonnenen Erkenntnisse von der chemischen Zusammensetzung der einzelnen Tonerdesorten reichen noch nicht aus, um die bei der Prüfung des Adsorptionsverhaltens beobachteten Tatsachen theoretisch zu deuten. Aber die Verwendung chemisch definierter Tonerdehydrate hat sich für die Lösung feinerer präparativer Aufgaben, besonders für die Scheidung einander nahestehender Enzyme als unentbehrlich erwiesen.

b) Andere Adsorbentien.

Andere Hydroxydverbindungen, wie das Ferrihydroxyd, die Zinnsäuren und Kieselsäuren, deren chemische Charakterisierung in den Untersuchungen von Willstätter, H. Kraut und Mitarbeitern in Angriff genommen worden ist, sind hinsichtlich ihrer Adsorptionseigenschaften noch nicht genügend untersucht und haben für die praktische enzymchemische Arbeit bisher kaum Bedeutung erlangt. Die monomolekularen Vertreter dieser Verbindungen sind im allgemeinen weniger beständig als im Falle des Aluminiums und haben eine starke Tendenz, sich unter Wasseraustritt zu kondensieren. Daher sind gerade die Analogen der praktisch wertvollsten Tonerdehydrate hier etwas schwerer zugänglich und weniger bequem zu handhaben. Auf eine eingehende Beschreibung dieser Körper muss verzichtet werden, obwohl es nicht zweifelhaft ist, dass einzelne von ihnen in besonderen Fällen als Adsorbentien mit Vorteil werden verwendet werden können.

Kaolin. Bei der Reinigung der Enzyme hat es sich im allgemeinen, wenn auch nicht immer, bewährt, der Anwendung eines elektropositiven Adsorbens die Reinigung durch ein elektronegatives folgen zu lassen und umgekehrt. Viele Begleitstoffe, die bei der Verwendung eines einzigen Adsorptionsmittels hartnäckig in die Adsorbate und Elutionen nachfolgen, lassen sich durch den Wechsel in der elektrischen Polarität des Adsorbens leicht abtrennen. So ist das Invertin aus rohen Hefeautolysaten nach der Reinigung durch Tonerdeadsorption von grossen Mengen an Hefegummi begleitet, deren Entfernung mit diesem Adsorbens nur schwer gelingt. Aber eine einzige Adsorption an Kaolin befreit das Enzym von dieser Beimengung, die in ihrer gesamten Menge in der Restlösung zurückbleibt.

Es hat sich ergeben, dass viele Enzyme im Kaolinadsorbat weit schneller der Zerstörung anheimfallen als an der Tonerdeoberfläche. Daher ist es richtiger, die Behandlung mit Kaolin in einem möglichst frühen Stadium der Reinigung vorzunehmen, solange das Enzym noch mit einer grösseren Menge schützender Begleitstoffe vergesellschaftet ist. Die Beständigkeit im Adsorbat wird häufig verbessert, die Elutionsausbeute erhöht, wenn man den Kaolin einer weitgehenden Vorbehandlung mit heisser konzentrierter Salzsäure unterwirft. Dabei wird das Silicat teilweise zersetzt, beträchtliche Mengen von Tonerde werden entfernt und Kieselsäure angereichert; zugleich belädt sich die Oberfläche in gewissem Umfang mit Chlorwasserstoff.

500 g Kaolin werden mit 1,5 Liter reiner Salzsäure ($D = 1{,}18$) gut vermischt und erwärmt, zunächst so langsam, dass es einen Tag bis zum beginnenden Kochen dauert, dann einen weiteren Tag zum lebhaften Sieden. Durch Verdünnen und wiederholtes Dekantieren mit Wasser trennt man die eisenhaltige Lösung vom Kaolin ab und wiederholt noch dreimal diese Behandlung mit Salzsäure, so dass im ganzen 14 Tage dafür notwendig sind. Schliesslich wird der Kaolin

mit kaltem Wasser nur so weit ausgewaschen, dass das Wasser fast keine saure Reaktion mehr zeigt, während aber eine kleine Probe des Kaolins auf Lackmuspapier noch stark sauer reagiert. — In anderen Fällen hat es sich auch bewährt, das vom grössten Teil der Salzsäure befreite Adsorbens mit Ammoniak genau zu neutralisieren.

Die Reihe der praktisch angewandten Adsorptionsmittel ist damit nicht erschöpft. Niederschläge von Calcium- oder Bleiphosphat, von Proteinen oder Proteinmetallverbindungen, Suspensionen von Tristearin und Cholesterin u. dgl. haben sich als brauchbare, mitunter sogar als vorzüglich auswählende Adsorbentien erwiesen.

Die Adsorption der Lipase an Cholesterin und Tristearin ist noch in besonderer Hinsicht bemerkenswert. Das beobachtete Verhalten des Enzyms in diesen Adsorbaten führt nämlich zu wichtigen Rückschlüssen über die Art und Weise, in der das Ferment in der Oberfläche des Adsorbens verankert ist. Während z. B. das Invertin in den Tonerdeadsorbaten, auch ohne eluiert zu werden, seine volle Wirksamkeit entfaltet [Willstätter und R. Kuhn (53)], gilt dies nur in vermindertem Masse von den Kaolin- und Tonerdeadsorbaten der Lipase und gar nicht von dem an Tristearin oder Cholesterin gebundenen Enzym [Willstätter und E. Waldschmidt-Leitz (197)]. Man kann die verminderte Wirksamkeit, wie sie die Lipase an der Tonerdeoberfläche entfaltet, mit der Annahme deuten, dass in diesen Adsorbaten das Enzym einem günstigeren Adsorptionssystem entzogen ist (nämlich einem Adsorbens, das auch für das Substrat Adsorptionsaffinität besitzt); aber diese Erklärung genügt nicht für die Tristearin und Cholesterinadsorbate. Hier verdient die Vorstellung den Vorzug, dass diese den natürlichen Substraten des Enzyms zugehörigen oder nahestehenden Adsorbentien das Ferment in der Weise binden, dass die spezifisch wirksame Gruppe in Mitleidenschaft gezogen ist.

Der Versuch, ein Enzym durch Bindung an ein spezifisches unlösliches Substrat abzuscheiden, ist des öfteren unternommen worden, so von M. Bleibtreu und E. Atzler (222) zur Isolierung des Fermentes der Blutgerinnung und von L. Ambard (223) bei der Bindung von Amylase an Stärke. Besonders bemerkenswert sind aber die Fälle, in denen es gelingt, ein Enzym aus dem Gemisch mit anderen naheverwandten Fermenten durch Adsorption an ein spezifisches unlösliches Substrat abzutrennen. Dies ist neuerdings von E. Waldschmidt-Leitz und K. Linderström-Lang (224) beschrieben worden. Nach den Beobachtungen dieser Autoren wird aus dem Gemisch von aktiviertem und enterokinasefreiem Trypsin durch einen in der Lösung selbst erzeugten Niederschlag von Casein nur der aktivierte Teil des Enzyms aufgenommen, während das aktivatorfreie, gegenüber Casein wirkungslose Enzym in der Lösung zurückbleibt. Indessen bewährt sich dieses Verfahren, ebenso wie das weiter unten zu beschreibende Verfahren der Elution durch lösliche Substrate, durchaus nicht in allen Fällen. So wird aus dem Gemisch der Hefeproteasen durch Suspensionen von Fibrin oder durch in der Lösung hervorgerufene Fällungen von Casein nicht nur das tryptische, sondern auch in beträchtlichem Masse das ereptische Enzym aufgenommen [W. Grassmann und W. Haag (182)].

3. Einfluss der Begleitstoffe und der Reaktionsbedingungen.

Die Anwendung einfacher theoretischer Vorstellungen bei der Beurteilung des Adsorptionsverhaltens der Fermente wird erschwert durch den Umstand, dass in den Versuchen niemals die Enzyme als reine Stoffe gelöst vorliegen, sondern immer im Gemisch mit überwiegenden Mengen anderer Substanzen von mehr oder weniger unbekannter Natur. Das Studium derEnzymadsorption hat sehr bald (1. Abhandlung über Invertin) zu dem wichtigen Ergebnis geführt, dass die bei der Adsorption unreiner Enzymlösungen zutage tretenden Eigenschaften nicht den Enzymen selbst zukommen, sondern auf ein Aggregat mit zufälligen und wechselnden Begleitstoffen zu beziehen sind.

Invertin kann aus den rohen Hefeautolysaten bei mässiger Verdünnung und Acidität durch Kaolin nicht adsorbiert werden, aber die Adsorption gelingt unter sonst ähnlichen Bedingungen, wenn die Reinheit des Enzyms in gewissem Grade gesteigert worden ist, z. B. durch vorausgegangene Adsorption an Tonerde. Einige quantitative Angaben sollen die Verhältnisse anschaulich machen: Behandelt man 100 ccm eines rohen Hefeautolysates, die etwa 0,5 Saccharaseeinheiten enthalten — diese Enzymmenge wird z. B. aus 8 g trockener, mässig wirksamer Brauereihefe gewonnen — mit 10 g Kaolin, so beobachtet man keine messbare Adsorption (1. Abhandlung über Invertin). Der Adsorptionswert des Kaolins ergibt sich also — unter Berücksichtigung der Fehlerbreite des analytischen Bestimmungsverfahrens — zu weniger als 0,001. Für das vorgereinigte Enzym aber ergeben sich Adsorptionswerte von 0,2 bis 0,5, bei saurer Reaktion sogar solche von 1,6. Unter diesen Umständen ist also die gleiche Kaolinmenge imstande, das gesamte aus 250 g trockener Hefe gewinnbare Enzym aufzunehmen.

Ähnliche Unterschiede, allerdings nur quantitativer Natur, findet man, wenn Invertin verschiedenen Reinheitsgrades an Tonerde adsorbiert wird. Das Enzym ist schon aus ungereinigter Lösung absorbierbar, aber nur schlecht; man beobachtete Adsorptionswerte von z. B. 0,17. Bei etwa 500mal reineren Enzympräparaten konnte dagegen, unter Einhaltung günstiger Bedingungen der Acidität und der Verdünnung, die Adsorption mit Adsorptionswerten von etwa 200 durchgeführt werden. Das bedeutet, dass unter diesen Umständen 1 g Tonerde die gesamte aus 3 kg trockener, das ist aus etwa 12 kg abgepresster lebender Hefe gewinnbare Invertinmenge aufzunehmen vermag.

Auch der umgekehrte Fall ist beachtet: Die Pankreasamylase, die aus ihren rohen Lösungen durch Tonerde und Kaolin beträchtlich adsorbiert wird, verliert diese Eigenschaft bei fortschreitender Reinigung. Die folgende Zusammenstellung, die der 10. Abhandlung über Pankreasenzyme (225) entnommen ist, belegt dies für den Fall der Tonerdeadsorption am Beispiel der von Lipase und Trypsin befreiten „Rohlösung" und der nach ein- und nach mehrmaliger Adsorption erhaltenen reineren Elutionen des Enzyms. Es ist hinzuzufügen, dass in den lipase- und trypsinhaltigen Pankreasauszügen zum Teil noch erheblich höhere Adsorptionswerte beobachtet werden konnten, während umgekehrt in den gereinigten Enzymlösungen die Adsorbierbarkeit mitunter sogar vollständig vermisst wird.

Tabelle 10. Die Adsorbierbarkeit der Amylase sinkt mit fortschreitender Reinigung. (Adsorption an Tonerde C aus neutraler 10% Glycerin enthaltender Lösung.)

Enzymlösung	Angew. Am.-Einheit.	Konzentration (Am.-E. in 1 L.)	Ads.-Grad %	Ads.-Wert
Rohlösung (enzymatisch einheitlich)	64,9	125	86	12,4
Elution nach einmaliger Adsorption	13,8	36	45	4,4
Elution nach zweimaliger Adsorption	3,2	13	31	1,6

Der Einfluss der Begleitstoffe, der hier nur an einigen besonders wichtigen und charakteristischen Beispielen beschrieben wurde, kann durch verschiedene Annahmen gedeutet werden. Am leichtesten zu verstehen ist wohl die Verminderung, die die Adsorbierbarkeit des Enzyms durch die anwesenden Verunreinigungen erfährt. In den meisten derartigen Fällen dürfte es sich darum handeln, dass auch die Begleitstoffe adsorbiert werden können und ihren Anteil an der adsorbierenden Oberfläche beanspruchen; dadurch wird der dem Enzym zur Verfügung stehende Raum am Adsorbens verringert. So scheint z. B. die Sache beim Verhalten des Invertins gegenüber Tonerde zu liegen. H. Kraut (226) hat versucht, die Gesetzmässigkeiten zu entwickeln, die man zu erwarten hat, wenn Begleitstoffe, die unabhängig vom Enzym in der Lösung anwesend sind, mit dem Ferment um die adsorbierende Oberfläche konkurrieren.

Aber mit dieser Betrachtungsweise, deren theoretische Durchführung noch mit verhältnismässig grosser Sicherheit möglich ist, lässt sich doch nur ein Teil der beobachteten Tatsachen erfassen. Zunächst können damit nur quantitative Unterschiede im Verhalten der rohen und der gereinigten Enzympräparate erklärt werden. So sollte das Invertin aus rohen Hefeautolysaten an Kaolin adsorbiert werden können, sobald durch genügend grosse Mengen des Adsorbens die adsorptionshemmenden Verunreinigungen weggenommen worden sind. Tatsächlich findet sich aber auch bei Verwendung sehr grosser Mengen des Adsorptionsmittels keine Andeutung eines solchen Effektes. Noch schwerer bleibt das geschilderte Verhalten der Amylase verständlich.

Hier erweist sich die ursprüngliche von Willstätter und Racke (57) zur Deutung der Adsorptions- und Elutionserscheinungen entwickelte Anschauung als unentbehrlich, wonach das Enzym in Lösung mehr oder minder fest verknüpft sein kann mit einzelnen seiner Begleiter, deren Natur das Adsorptionsverhalten des entstandenen Komplexes entscheidend zu beeinflussen vermag. Indem solche Stoffe die für die Adsorption verantwortlichen Stellen des Enzymmoleküls besetzen, können sie die Adsorption verhindern. Umgekehrt werden sie, falls sie selbst absorbierbar sind, die Adsorption des Fermentes vermitteln und begünstigen. Ihre mehr oder weniger saure oder basische Natur kann sauren oder basischen Charakter des Fermentes vortäuschen. Daher ist es auch nicht erlaubt, aus dem Adsorptionsverhalten und der elektrischen Überführbarkeit Rückschlüsse auf die elektrochemische Natur des Enzyms selbst zu ziehen. „Die Adsorptionsanalyse sagt, sofern sie mit sehr unreinen Enzymlösungen ausgeführt wird, über die Natur eines Fermentes nichts aus, sondern sie lässt nur erkennen, ob in dem aus einem Ferment und seinen jeweiligen Begleitstoffen gebildeten Additions- und Adsorptionsprodukt die saure oder die Basennatur überwiegt". Durch starke Verdünnung scheint der Einfluss solcher adsorptionshemmender oder adsorptionsfördernder Begleiter („Koeluentien" und „Koadsorbentien") vielfach vermindert zu werden, was auf eine gewisse Dissoziationsfähigkeit der entstandenen Komplexe hinweist.

Es mag sein, dass sich neben den erörterten noch andere Wirkungen der Begleitstoffe geltend machen, z. B. Umladung oder oberflächliche Veränderung des Adsorbens u. dgl. Jedenfalls ist der Einfluss der Begleiter ein verschiedenartiger und komplizierter. Das bleibt bei der Bewertung der von H. Kraut und Mitarbeitern (226) entwickelten theoretischen Betrachtungen über Enzymadsorption zu berücksichtigen. Diese Vorstellung sieht ab von der Möglichkeit unmittelbarer Beziehungen zwischen Enzym und Begleitstoffen und berücksichtigt die Rolle der Begleiter nur so weit, als sie unabhängig von Enzym um die adsorbierende Oberfläche konkurrieren. Die Grundgedanken dieser Theorie, die sich als wertvolles Hilfsmittel zur zweckmässigen und systematischen Leitung der Enzymadsorption und zur Beurteilung von Enzympräparaten erwiesen hat, sind kurz die folgenden:

Die Lage des Adsorptionsgleichgewichtes, d. h. die Beziehung zwischen der Konzentration der adsorbierbaren Substanz im Adsorbat und in der umgebenden Lösung, wird, hinreichend verdünnte Lösungen und hinreichenden Abstand vom Ursprung der Kurve und vom Sättigungszustand vorausgesetzt, für die Adsorption eines einzelnen reinen Stoffes durch die Freundlichsche Adsorptionsisotherme dargestellt. Danach ist die von der Gewichtseinheit des Adsorbens aufgenommene Menge x des Adsorbendums (der „Adsorptionswert eines Enzyms[1]) bestimmt durch die empirisch gewonnene Beziehung

$$x = \alpha c^{1/n}$$

worin α und n Konstanten sind, die für jedes einzelne System aus Adsorptions-

[1] Diese Benennung ist nicht identisch mit der Definition von Freundlich, der die Konstante α der Adsorptionsisotherme als Adsorptionswert bezeichnet. Vgl. H. Kraut und E. Wenzel (226) I, und zwar S. 3, Anmerkung.

mittel und Adsorbendum bestimmte Werte annehmen. Es ist für den quantitativen Verlauf der Adsorption eines einzelnen Stoffes charakteristisch, dass seine Adsorptionswerte mit steigender Konzentration in der Restlösung erst rasch, dann immer langsamer einem Maximum zustreben (vgl. Kurve 1 der Abb. 6). Diejenige Restlösungskonzentration, bei der der Adsorptionswert das Maximum erreicht (bei der also das Adsorbens mit dem Adsorbendum gesättigt ist), wird als „Sättigungskonzentration" bezeichnet.

Für die Adsorption eines einzelnen Stoffes aus einem Gemisch erhält man nun Kurven von ganz beliebigen, von der normalen Isotherme völlig verschiedenem Verlauf. Kraut macht die Annahme, dass der Anteil eines einzelnen Stoffes bei der Adsorption von Gemischen (der „Teilungsfaktor") relativ um so grösser wird, je grösser der Adsorptionswert des Stoffes aus seiner reinen, ebenso konzentrierten Lösung wäre, d. h. je mehr seine Konzentration im Gemisch an die Sättigungskonzentration herankommt. Befindet sich ein Stoff des Gemisches in geringerer Konzentration, als es dem maximalen Adsorptionswert aus seiner reinen Lösung entspricht, so wird er auch im Gemisch mit einem geringeren Faktor in die Teilung des Adsorbens eingehen.

Betrachtet man die Adsorptionskurve, welche man durch Bestimmung der Adsorptionswerte eines einzelnen Stoffes aus einem Gemisch (z. B. des zu reinigenden Enzyms) bei Zusatz steigender Adsorbensmengen erhält, so kann man nach dieser Theorie aus dem Verlauf der Kurve die Änderung des Teilungsverhältnisses dieses Stoffes zu den übrigen entnehmen.

Befindet sich in der Lösung der untersuchte Stoff weiter unterhalb der Sättigungskonzentration als die Mehrzahl seiner Begleiter, so ist sein Anspruch auf das Adsorbens bei Zusatz der geringsten Adsorbensmenge (grosses c) noch relativ am grössten. Je mehr Adsorbens man zufügt (d. h. je kleiner c wird), desto geringer wird der Anspruch dieses Stoffes auf das Adsorbens, während bei den anderen Stoffen, die sich näher an den Sättigungskonzentrationen ihrer Restlösungen befinden, die Teilungsfaktoren sich gar nicht oder zum mindesten weniger verändern. Der Adsorptionsverlauf dieses Stoffes (Kurve 2 der Abb. 6) ist gekennzeichnet durch den anfangs sehr allmählichen, später immer steiler werdenden Anstieg der Adsorptionswerte bei steigender Konzentration in der Restlösung.

Ist die Mehrzahl der Begleiter weiter von der Sättigungskonzentration entfernt als der untersuchte Stoff, so bleibt bei Zusatz steigender Adsorbensmengen sein Teilungsfaktor eher erhalten als derjenige seiner Begleiter. Der geringste Zusatz des Adsorbendums nimmt daher von dem untersuchten Stoff relativ wenig auf, während mit steigenden Adsorbensmengen sein Adsorptionswert ansteigt, bis auch er durch fortschreitende Adsorption genügenden Abstand von seiner Sättigungskonzentration erreicht hat. Der Adsorptionsverlauf eines solchen Stoffes (Kurve 3 der Abb. 6) ist ausgezeichnet durch ein

Maximum der Adsorptionswerte bei mittleren und ein Absinken bei höheren Restlösungskonzentrationen.

Die Versuche werden so ausgeführt, dass man das Enzym durch Verdünnen mit Wasser auf eine bestimmte, für eine Versuchsserie konstante Anfangskonzentration bringt, wechselnde Mengen von Adsorbens zufügt und nach Abtrennung des Adsorbates den Enzymgehalt der Restlösung ermittelt. Daraus berechnet sich der Adsorptionswert, der als Funktion der Restlösungskonzentration aufgetragen wird.

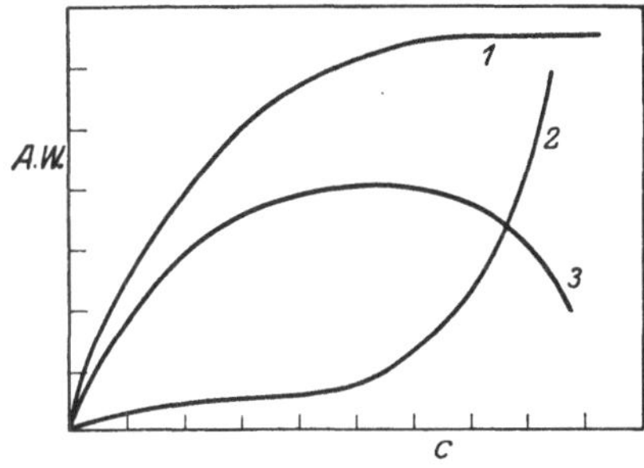

Abb. 6. Verschiedene Formen von Adsorptionsisothermen. Nach H. Kraut, l. c. 226 III.

Stoffe, die sich näher am oder weiter im Gebiete der Sättigungskonzentration befinden wie die Mehrzahl ihrer Begleiter, sollen als „Stoffe in bevorvorzugter Konzentration", bezeichnet werden, umgekehrt ist ein Stoff dann „in benachteiligter Konzentration" wenn er weiter von der Sättigungskonzentration seiner Adsorptionsisotherme entfernt ist, als seine Begleiter von der ihrigen.

Als Stoff in begünstigter Konzentration erscheint bei der Adsorption an Tonerde oder Kaolin z. B. das Invertin in den rohen Hefeautolysaten, wie auch in vielen weitgehenden gereinigten Präparaten. Analog verhält sich die Dipeptidase der Hefe (in den durch rasche

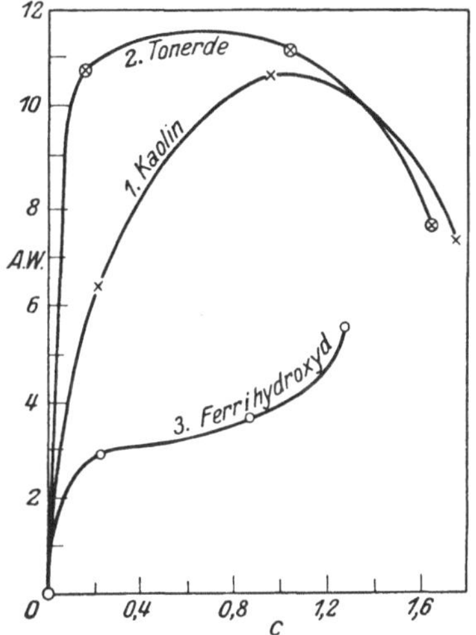

Abb. 7. Adsorptionskurven eines Invertinpräparates an verschiedenen Adsorbentien. Nach H. Kraut, l. c. 226 II.

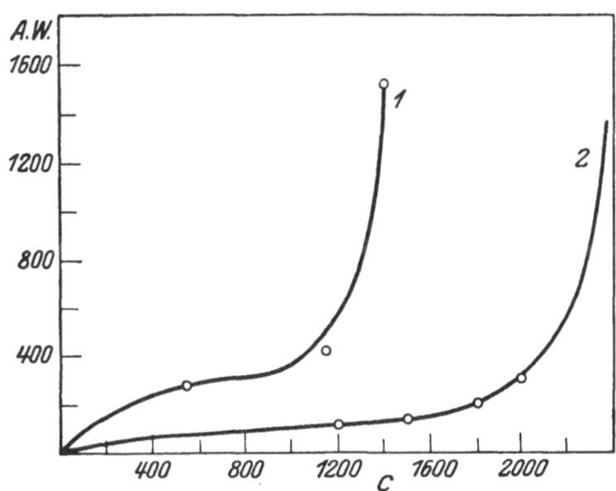

Abb. 8. Adsorptionskurve des Papains an Tonerde. Nach H. Kraut, l. c. 226 III.

und fraktionierte Autolyse gewonnenen Enzymlösungen) gegenüber Tonerde [W. Grassmann und W. Haag (182)]. Bei diesen Enzymen beobachtet man also, dass durch die ersten Anteile des Adsorptionsmittels nur wenig, durch steigende Adsorbensmengen aber nicht nur absolut, sondern auch relativ grössere Mengen des Enzyms aufgenommen werden; bei Anwendung noch grösserer Mengen des Adsorptionsmittels fallen natürlich schliesslich die Adsorptionswerte wieder ab, weil die Lösung immer mehr an Enzym verarmt.

Das entgegengesetzte Verhalten zeigen gegenüber Tonerde die Amylase der rohen Glycerinextrakte aus Pankreas, die rohen oder wenig gereinigten Lösungen des Papains und das Hefetrypsin aus rohen Autolysaten. Als Stoff in benachteiligter Konzentration erscheint ferner auch das Invertin gegenüber dem Ferrihydroxyd. Diese Enzyme werden also von den ersten Zusätzen des Adsorbendums relativ sehr stark, von den folgenden Anteilen relativ immer weniger adsorbiert.

Am Beispiel der Amylase ist sogar der Fall beobachtet worden [l. c. (225), und zwar S. 26], dass dem nach der Wegadsorption eines Teiles, z. B. von $^1/_3$ hinterbleibenden Rest des Enzyms die Adsorbierbarkeit vollständig mangelt. Ein solches Verhalten wird allerdings kaum anders als durch die Annahme zu verstehen sein, dass von Anfang an nur ein Teil des Enzyms mit geeigneten Koadsorbentien associiert war.

Die Betrachtung des quantitativen Verlaufs der Adsorptionskurven gestattet Rückschlüsse auf die Menge und die Art derjenigen Begleitstoffe, die unabhängig vom Enzym mit diesem zusammen in den Organextrakten vorliegen. Sie erlaubt in vielen Fällen zu entscheiden, mit welchen präparativen Massnahmen die Abtrennung jener Begleitstoffe jeweils am vollständigsten und sichersten zu erreichen sein wird. Die wichtigsten Operationen der Adsorptionstechnik, die dabei in Frage kommen, sind die Herstellung einer geeigneten Verdünnung und der richtigen Wasserstoffionenkonzentration, Fraktionierung durch Vorwegnahme eines unreines Anteiles oder durch Übriglassen eines Restes und endlich der Wechsel des Adsorptionsmittels.

a) Einfluss der Verdünnung.

Bei der Adsorption eines reinen Stoffes bleibt die bei einer bestimmten Verdünnung festgestellte Adsorptionsisotherme für jede andere Verdünnung gültig; denn derselben Endkonzentration entspricht hier, unabhängig von der Anfangsverdünnung der Lösung, immer derselbe Adsorptionswert, also dieselbe Konzentration im Adsorbat. Es wird also aus einer bestimmten Menge des Adsorbendums durch eine gewisse Menge des Adsorbens bei grösserer Verdünnung jedenfalls weniger aufgenommen werden als bei hoher Konzentration, da ja das Adsorbat sich mit einer geringeren Restlösungskonzentration ins Gleichgewicht zu setzen hat. Anders bei einem Gemisch, etwa von Enzym und Fremdstoffen. Hier ist der beobachtete Adsorptionswert die Resultante des konkurrierenden Adsorptionsbestrebens aller adsorbierbaren Komponenten. Mit steigender Verdünnung sinkt allerdings der Anspruch, den jeder einzelne Teilnehmer, für sich allein betrachtet, an die Oberfläche stellen würde; aber er vermindert sich im allgemeinen in sehr ungleichem Masse, da ja die Adsorptionsisothermen der verschiedenen anwesenden Stoffe wohl immer verschieden sein werden. Nimmt man den Fall an, dass das Adsorptionsbestreben des Enzyms mit fallender Restlösungskonzentration erheblich weniger rasch abnimmt als dasjenige seiner Begleiter, so sind gesteigerte Adsorptionswerte für das Enzym bei hoher Verdünnung zu erwarten. Das sollte bei allen Enzymen zutreffen, die sich in begünstigter Konzentration befinden. In der Tat wird die Adsorption des Invertins an Kaolin und an Tonerde (230) und die Adsorption der Hefedipeptidase an Tonerde (182) durch die Verdünnung erheblich gesteigert. Abb. 8, die einer Arbeit von H. Kraut und E. Wenzel entnommen ist (226 I), belegt dies für den Fall der Tonerdeadsorption des Invertins. Die Anwendung hoher Verdünnungen hat zum ersten Male erlaubt, Invertin aus rohen gealterten Autolysaten unmittelbar durch Adsorption an Kaolin zu gewinnen.

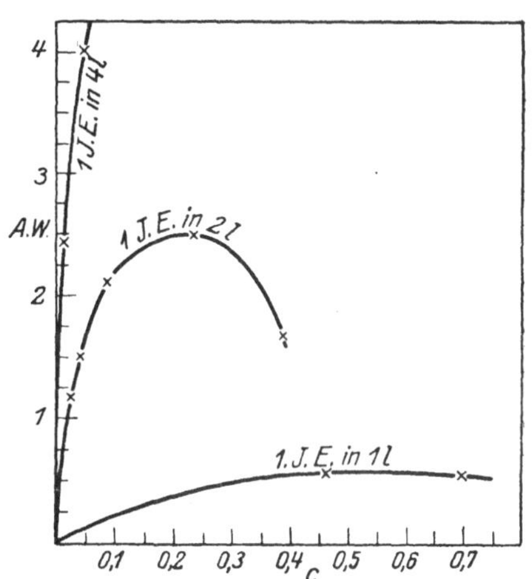

Abb. 9. Invertin an Tonerde; Einfluss der Verdünnung. (Nach H. Kraut, 226 II).

Die hohe Verdünnung bewirkt in den geschilderten Fällen nicht nur eine Steigerung der Adsorptionswerte, sondern erwartungsgemäss auch eine Verbesserung des Mengenverhältnisses zwischen Enzym und Begleitstoffen im Adsorbat. Bei den in begünstigter Konzentration befindlichen Enzymen pflegt in der Tat schon die einmalige Adsorption aus stark verdünnter Lösung zu erheblichen Steigerungen der enzymatischen Konzentration zu führen.

Viel weniger günstig steht es um die Adsorptionsreinigung derjenigen Fermente, die in ihren Lösungen in benachteiligter Konzentration vorliegen. Das Verhältnis zwischen Enzym und Fremdstoffen ist hier nur in den ersten Anteilen des Adsorbates relativ günstig, es verschlechtert sich mit höheren Adsorptionsgraden. Man darf daher in diesem Falle, um die Adsorption auswählend zu gestalten, nur einen Bruchteil des Enzyms an das Adsorbens binden, was natürlich auf Kosten der Ausbeute geschieht. Ein Beispiel diesr Art bietet das Papain. Das Enzym kann durch Tonerdeadsorption, wie Willstätter und W. Grassmann (41) fanden, nur etwa auf den 2- bis 3fachen Reinheitsgrad gebracht werden, wenn man die Operation so leitet, dass der grösste Teil des Enzyms adsorbiert wird. Die durch Alkoholfällung bis zur etwa gleichen Konzentration vorgereinigten Präparate können in dieser Weise überhaupt nicht weiter gereinigt werden [H. Kraut und E. Bauer (226 III)]. Nur in den allerersten Anteilen des Tonerdeadsorbates findet sich Papain von etwas höherer enzymatischer Konzentration. Die Adsorption von nur 10% des vorhandenen Enzyms und darauffolgender Elution mit Essigsäure steigerte den Reinheitsgrad auf das 7fache des Ausgangsmaterials, aber die Elutionsausbeute entsprach nur ungefähr 7% des angewandten Enzyms.

In solchen Fällen wird man versuchen, das Enzym durch Herstellung möglichst konzentrierter Lösungen näher an seine Sättigungskonzentration heranzurücken. Erwartungsgemäss sollten Enzyme in benachteiligter Konzentration aus konzentrierten Lösungen stärker adsorbiert werden als aus verdünnten. Das ist sehr ausgesprochen im Falle des Papains zu beobachten (226 III). Während bei einer Anfangskonzentration von 37 Papaineinheiten in 25 ccm Lösung Adsorptionswerte von 100—300 gefunden wurden, liegen die Adsorptionswerte bei 10 mal höheren Konzentrationen zwischen 900 und 4000. Aber auch das umgekehrte Verhalten kommt vor: Die rohe Pankreasamylase wird erheblich stärker bei grosser Verdünnung an Tonerde adsorbiert. Hier spielen anscheinend Einflüsse mit, die sich noch nicht klar übersehen lassen.

Wenn es mit einer ersten Operation, z. B. durch Adsorption eines Teiles aus konzentrierter Lösung, gelungen ist, das Enzym aus dem Verhältnis der benachteiligten Konzentration gegenüber seinen Begleitern in das der bevorzugten zu versetzen, so kann auch hier die Wiederholung der Adsorption zu guten Reinigungsergebnissen führen. In den meisten Fällen wird es aber richtiger sein, das Adsorbens zu wechseln oder vor der Adsorption auf irgendeinem anderen Wege so viel von den Begleitstoffen zu entfernen, dass ihr Verhältnis zum Enzym sich umkehrt.

b) Fraktionierte Adsorption.

Bei den in bevorzugter Konzentration befindlichen Enzymen wird, wie oben ausgeführt wurde, durch die ersten Anteile vom Adsorbens wenig vom Enzym und viel von den Begleitstoffen aufgenommen. Es ist daher ohne weiteres zweckmässig, den in die ersten Anteile des Adsorptionsmittels übergehenden Anteil des Enzymmaterials zu verwerfen. Die Betrachtung der Adsorptionskurven lehrt, welche Mengen an Adsorbens man verwenden darf, ohne erhebliche Verluste an Enzym zu erleiden. Im allgemeinen ist es richtiger, die angemessene Menge nicht auf einmal, sondern in mehreren kleineren Portionen einwirken zu lassen. Die Voradsorption führt in diesen Fällen an sich zu bedeutenden Steigerungen der enzymatischen Konzentration und ermöglicht vielfach die Abtrennung gerade vieler solcher Begleitstoffe, die sonst nur schwer zu entfernen wären. Das von den adsorptionshemmenden Fremdsubstanzen weitgehend befreite Enzym wird in der nun folgenden Hauptadsorption von oft nur wenig grösseren Mengen des Adsorbens mit hohen Adsorptionswerten aufgenommen. Sein Adsorptionsverhalten nähert sich in vielen Fällen dem eines einheitlichen Stoffes. — Völlig unangebracht wäre natürlich eine Voradsorption zur Reinigung von Enzymen, die sich in benachteiligter Konzentration befinden.

Auch in den letzten Anteilen des Adsorbates, wo sich die am schwersten adsorbierbaren Begleitstoffe anhäufen, ist die enzymatische Konzentration im allgemeinen wieder ungünstiger. Es ist daher notwendig, die Adsorption je nach dem Maximum der Adsorptionswerte bei 80—95% der gesamten Enzymmenge abzubrechen.

c) Einfluss der Wasserstoffionenkonzentration.

Es ist bekannt, dass alle Adsorptionsvorgänge von der Wasserstoffionenkonzentration sehr erheblich beeinflusst werden. Für die Adsorption eines Fermentes existiert im allgemeinen ebenso eine bestimmte optimale Reaktion des Mediums wie z. B. für die enzymatische Aktivität. Erfahrungsgemäss werden die meisten Enzyme im stärker oder schwächer sauren Gebiet besser adsorbiert als bei neutraler oder alkalischer Reaktion. Für die Kaolinadsorption scheint dies ausnahmslos bei allen geprüften Enzymen zuzutreffen. Im Falle der Adsorption an Tonerde kennt man einige charakteristische Ausnahmen. So wird das Papain aus saurer Lösung schlecht, aus neutraler besser und am besten aus ammoniakalischer durch Tonerde aufgenommen; die bei alkalischer Reaktion gewonnenen Adsorbate können in guter Ausbeute durch Essigsäure eluiert werden [Willstätter und Grassmann (41)]. Auch die Protease der Pankreasdrüse, das Pankreastrypsin, ist nur sehr wenig in saurer Lösung adsorbierbar, viel besser in neutraler [E. Waldschmidt-Leitz und A. Harteneck (227), Willstätter, E. Waldschmidt-Leitz, S. Dunaiturria und G. Künstner (179)]. Dieses Verhalten ermöglicht die Abtrennung vom Pankreaserepsin, das viel stärker aus saurer Lösung aufgenommen wird. Dem Pankreastrypsin scheint in dieser Hinsicht die Peroxydase nahezustehen: Sie lässt sich aus neutraler Lösung viel leichter adsorbieren als aus CO_2-gesättigter und kann umgekehrt durch Behandlung mit CO_2-gesättigtem Wasser aus ihren Tonerdeadsorbaten in Freiheit gesetzt werden [Willstätter und A. Pollinger (120)].

Es ist vielfach versucht worden, die für die Adsorption eines Enzyms günstigste Reaktion durch p_H-Messung genauer zu kennzeichnen. Im Falle der Tonerdeadsorption des Invertins ist dies zum ersten Male durch H. Euler und K. Myrbäck (228) geschehen, die ein ziemlich breites Optimum zwischen $p_H = 7$ und $p_H = 5$ fanden. Die Beobachtungen von Willstätter und W. Wassermann (230) und besonders die von H. Kraut und E. Wenzel (226 II) an Invertinpräparaten verschiedener Reinheit und Vorgeschichte durchgeführten Messungen führen ungefähr zu demselben Ergebnis. Dagegen erfolgt die Kaolinadsorption des Invertins am besten bei viel stärker saurer Reaktion, nämlich bei der äussersten Acidität, die von dem Enzym unter den Versuchsbedingungen noch ertragen wird [Willstätter und K. Schneider (231)].

Für die präparative Praxis scheint eine sehr genaue Ermittlung des p_H-Optimums der Adsorption vielfach nicht notwendig und manchmal zwecklos zu sein. Die optimalen Zonen sind offenbar gewöhnlich breit und es ist nicht sicher, ob der durch genaues Einstellen der optimalen Reaktion erreichten Steigerung der Adsorptionswerte immer eine entsprechende Reinigungswirkung parallel geht. Vor allem aber hat man zu berücksichtigen, dass der genaue Verlauf der Adsorptions-p_H-Kurve wie die meisten anderen Eigenschaften der Enzyme von Begleitstoffen stark abhängig ist und von Präparat zu Präparat wechseln kann. So findet man bei gewissen eiweissfreien und stark hefegummihaltigen Invertinpräparaten für die Adsorption an Tonerde ein Optimum im ganz schwach alkalischen Gebiet [H. Kraut und E. Wenzel (226 II)]. In diesem Falle könnte die Adsorbierbarkeit im sauren Gebiet dadurch herabgedrückt sein, dass gemäss den Befunden von Kraut und F. Eichhorn (232) bei schwachsaurer Reaktion auch der Hefegummi am stärksten vom Adsorbens aufgenommen wird. Der berechtigte Versuch, Zusammenhänge zwischen der p_H-Abhängigkeit der Adsorption und dem Ladungszustand von Adsorbens und Fermentkolloid aufzusuchen, ist gegenwärtig noch nicht mit genügender Sicherheit durchführbar.

d) Einfluss des Lösungsmittels.

Die bisherigen Angaben beziehen sich im wesentlichen auf die Adsorption aus wässeriger Lösung. Durch Zusätze von Alkohol oder Aceton, und zwar in Konzentrationen, die noch weit unterhalb der fällenden liegen, wird in vielen Fällen die Adsorbierbarkeit, besonders an Tonerde, erheblich gesteigert. Man beobachtet dies z. B. beim Invertin [Willstätter und F. Racke (57)], in besonders hohem Masse aber im Falle der Peroxydase [Willstätter (119), Willstätter und A. Pollinger (120)], des Papains [Willstätter und W. Grassmann (41)] und vieler Präparate der Pankreasamylase [Willstätter, E. Waldschmidt-Leitz und A. Hesse (225)]. In diesem Falle handelt es sich um Enzyme, deren saure Eigenschaften nur wenig ausgesprochen sind. Die Erscheinung erinnert an das Verhalten anderer Ampholyte, wie der Polypeptide und Proteine, die in wässeriger Lösung neutral reagieren, aber nach Willstätter und Waldschmidt-Leitz (177) in alkoholischer Lösung das Verhalten von Carbonsäuren aufweisen und neutral reagierende Alkalisalze liefern. In den meisten Fällen dieser Art dürften es die mit dem Enzym assozierten amphoteren, wohl proteinartigen Begleitstoffe sein, deren saure Natur sich in der alkoholischen Lösung entwickelt und die Adsorption bedingt [Willstätter und A. Pollinger (120)]. So wird die Amylase in höheren Reinheitsgraden auch in alkoholischer Lösung indifferent gegenüber Tonerde.

Man hätte demnach zu erwarten, dass die Adsorption an dem sauren Adsorbens Kaolin durch Alkoholzusatz nicht erheblich beeinflusst werden sollte. Im Falle der Peroxydase, des Invertins und des Papains trifft dies in der Tat zu. Dagegen wird die Adsorbierbarkeit der Pankreasamylase auch am Kaolin durch Alkohol erheblich gefördert. Bei der Behandlung roher Invertinlösungen mit Kaolin wird durch Zusatz von Alkohol oder von Aceton, das hier noch wirksamer ist, zwar nicht die Adsorption des Enzyms, wohl aber die Wegnahme begleitender Proteine unterstützt [Willstätter und F. Racke (57)].

Der Einfluss des Glycerins ist verschieden von demjenigen des Alkohols; Glycerinzusätze wirken, wenn überhaupt, eher adsorptionshemmend und eluierend [vgl. z. B. Willstätter und Kuhn (53), und zwar S. 65].

4. Elution der Adsorbate.

Die allgemeine Anwendbarkeit der Adsorptionsmethode hängt davon ab, dass es gelingt, die Enzyme aus den Adsorbaten wieder in Lösung überzuführen. „Dafür fehlte es“ im Beginn der Untersuchungen Willstätters „an Angaben und Methoden“ [Willstätter und F. Racke (57)]. Die älteren Versuche von E. Brücke (206) waren nicht weiterentwickelt worden. Im Falle des Invertins hatten allerdings H. v. Euler und S. Kullberg (233), sowie H. v. Euler und O. Svanberg (234) die Wiederauflösung des Enzyms erreicht, indem sie das Adsorptionsmittel, frisch gefälltes Eisen- bzw. Aluminiumhydroxyd, zusammen mit dem Ferment in verdünnter Säure lösten.

Die Elution ist die Umkehrung des Adsorptionsvorganges. Daher werden diejenigen Bedingungen, die der Adsorption ungünstig sind, im allgemeinen die Elution der Adsorbate befördern. Freilich ist die Adsorption der Fermente nicht in demselben Sinne reversibel, wie etwa die Aufnahme vieler reiner Stoffe an Tierkohle u. dgl. So geben die Tonerdeadsorbate des Invertins, auch wenn sie mit einer zur völligen Bindung des Enzyms unzureichenden Menge des Adsorbens gewonnen worden sind, beim Waschen mit Wasser oder verdünnter Säure nichts vom Enzym ab. Man hat zu beachten, dass den Begleitstoffen hier eine wesentliche Rolle zukommt. Gegenüber der Waschflüssigkeit wird sich also im allgemeinen ein völlig anderes Gleichgewicht einstellen, als gegenüber der an Beimengungen reichen Enzymrestlösung. Das Waschen des Adsorbates ist eher einer Adsorption bei sehr grosser Verdünnung vergleichbar. Bei anderen Enzymen, so z. B. beim Hefetrypsin, sind übrigens die Adsorbate in erheblichem Umfange durch Wasser allein eluierbar.

Die Elution der Adsorbate gelingt fast immer leicht durch eine zweckmässige Veränderung des Reaktionsmilieus. In denjenigen Fällen, wo die Adsorption mit Vorteil in alkoholischer Lösung erfolgte, genügt vielfach schon der Übergang zu rein wässeriger Lösung, um die Elution herbeizuführen. Wichtiger und allgemeiner anwendbar ist aber die Änderung der Wasserstoffionenkonzentration. Die meisten Adsorbate lassen sich durch schwach alkalische Mittel, Ammoniak oder alkalisch reagierende Salze zerlegen, andere, wie die Tonerdeadsorbate des Papains und der Peroxydase durch schwache Säuren.

Für den Erfolg der Elution ist die Zusammensetzung der Adsorbate von Einfluss. Die Rolle der Begleitstoffe ist hier oft noch deutlicher erkennbar als im Falle des Adsorptionsvorganges. In der Tat waren es gerade die bei der Elution der Enzyme zutage tretenden Erscheinungen, die zur Aufstellung und Begründung der über die Rolle der Koadsorbentien und Koeluentien entwickelten Vorstellungen geführt haben.

Die durch rasche Autolyse gewonnenen Hefeauszüge liefern — im rohen Zustand oder nach einer Voradsorption an Kaolin — Tonerdeadsorbate, die von Ammoniak mit verhältnismässig guten Ausbeuten (40—50%) eluiert werden. Hatte man aber die Auszüge einer Vorreinigung mit Bleiacetat unterworfen, so erweisen sich die gewonnenen Adsorbate als vollkommen beständig gegenüber der Einwirkung von verdünntem Ammoniak (57). Dasselbe gilt von Tonerdeadsorbaten aus den nach fraktionierter Entleerung der Hefe gewonnenen und mit Tonerde und Kaolin gereinigten Enzymlösungen. „Dem Adsorbate fehlen entweder Stoffe, die beim Eluieren mitwirken, oder es enthält zusammen mit dem Invertin Stoffe, die es fester an das Aluminiumhydroxyd binden. Es zeigt sich, dass Stoffe beider Art in den Adsorbaten vorkommen". Umgekehrt wie die durch rasche Autolyse gewonnenen verhalten sich die durch Neutralextraktion dargestellten Hefeauszüge. Die aus diesen Lösungen erhaltenen Tonerdeadsorbate sind durch Ammoniak nicht eluierbar, werden es aber dadurch, dass man aus dem Extrakt zuerst Eiweisskörper entfernt und dann adsorbiert. Ähnliches gilt von der Eluierbarkeit der nach dem Verfahren der dritten Abhandlung gewonnenen invertinhaltigen Bleifällungen.

Das folgende Schema nach Willstätter und F. Racke (57) erscheint geeignet, Beobachtungen von der beschriebenen Art anschaulich zu machen.

I. Enzym ⟨ Koadsorbens . . . Adsorbens / Koeluens
(eluierbar durch Ammoniak)

II. Enzym . . . Koadsorbens . . . Adsorbens
(nicht eluierbar durch Ammoniak)

III. Enzym . . . Adsorbens
(eluierbar durch Ammoniak).

Ausser Ammoniak sind bisweilen sehr verdünnte Soda und Ammonoxalat, besonders aber sekundäres Natrium- oder Ammoniumphosphat zur Elution der Tonerde- oder Kaolinniederschläge verwendet worden. Die Anwendbarkeit des Sekundärphosphates ist eine sehr allgemeine; sie bewährt sich auch in den Fällen, wo Ammoniak als Elutionsmittel versagt. Die günstige Wirkung der sekundären Phosphate, die sich übrigens nach den Befunden von Willstätter und R. Kuhn (53) durch Citrate oder Arsenate gleichwertig ersetzen lassen, beruht nur zum kleineren Teil auf der alkalischen Reaktion dieser Salze. Wesentlich scheint vielmehr die Verdrängung des Fermentes durch adsorbierte Phosphationen und die oberflächliche Umwandlung des Adsorbens in Aluminiumphosphat zu sein [vgl. dazu H. v. Euler und E. Erikson (235)]. Die Elution zeigt in diesen Fällen einen messbaren zeitlichen Verlauf [Willstätter und Kuhn (53)]. In anderen Fällen beruht die Elution ausschliesslich auf einfachen chemischen Umsetzungen des Adsorptionsmittels. So geben die voluminösen und plastischen Niederschläge des tertiären Calciumphosphates, die Invertin reichlich adsorbieren, bei Behandlung mit überschüssigem primärem Natriumphosphat das Enzym vollständig an die Lösung ab, während der Niederschlag sich in grobkrystallines Dicalciumphosphat verwandelt (57). Auch die Elution invertinhaltiger Bleisalzfällungen durch Phosphate dürfte auf der Bildung von Bleiphosphat beruhen (18).

Bei der Elution von Enzymadsorbaten kann eine erhebliche Reinigung dadurch erzielt werden, dass ein Teil der Verunreinigungen im Adsorbat zurückbleibt. Dieser Effekt scheint in vielen Fällen sogar den Reinigungserfolg bei der Adsorption zu übertreffen. Das Bestreben, durch Anwendung spezifisch wirkender Eluentien eine möglichst selektive Elution der Enzyme zu erreichen, dürfte zu dem vielfach unternommenen Versuch geführt haben, die Ablösung des Enzyms durch Einwirkung löslicher Substrate herbeizuführen. Derartige Experimente hat zum ersten Male S. G. Hedin (236) an Tierkohlenadsorbaten des Trypsins und des Labs angestellt, die bei der Behandlung mit Caseinatlösungen bzw. Serumalbumin einen grossen Teil des Fermentes abgaben. Die eluierende Wirkung des Rohrzuckers auf Eisenhydroxydadsorbate des Rohrzuckers ist zuerst von O. Meyerhof (237) beobachtet und weiterhin von L. Michaelis (238), sowie von Willstätter und R. Kuhn (53) untersucht worden.

Indessen liegen die Verhältnisse hier keineswegs einfach. Übereinstimmend mit Michaelis fanden Willstätter und Kuhn im Verhalten der Enzymadsorbate gegen die Zucker keine Regelmässigkeit; es ergibt sich, „dass dieser Vorgang nichts zu tun hat mit der spezifischen Fermentwirkung“ (Michaelis). Merkwürdig und in ihren Ursachen durchaus ungeklärt sind die Unterschiede, welche Willstätter und Kuhn zwischen der Wirkung der Zucker allein und ihrer Kombination mit Phosphaten beobachtet haben. Während eine 16 $^0/_0$ige Rohrzuckerlösung ein Tonerdeadsorbat des Invertins nur langsam und unvollständig zerlegt, während andererseits auch Primärphosphat (1 $^0/_0$ig) nur sehr schwach eluiert, erfolgt durch die Kombination von Zucker und Phosphat (Citrat, Arsenat) in wenigen Minuten quantitative Elution. Es handelt sich nicht um eine p_H-Wirkung. Acetatpuffer von gleicher Reaktion ist unwirksam, ja dieser Zusatz vermag sogar die schwache eluierende Wirkung, die dem Rohrzucker allein eigen ist, zum grössten Teil aufzuheben. Ebenso wie die Kombination von Rohrzucker und Phosphat wirkt den Invertinadsorbaten gegenüber aber auch die Maltose zusammen mit Phosphat, während Maltose allein ohne jede Wirkung ist. Auf der anderen Seite werden auch die Tonerdeadsorbate der Maltase nicht durch die Maltose allein, wohl aber durch ihre Kombination mit Primärphosphat zerlegt. Bemerkenswert ist, dass auch Glycerin, und zwar schon in minimalen Konzentrationen, die Elutionswirkung des Primärphosphats bedeutend zu steigern vermag, allerdings nur gegenüber einzelnen Adsorbaten.

Durch geeignete Wahl des Elutionsmittels gelingt es zuweilen, aus Adsorbaten, die mehrere Enzyme enthalten, ein einzelnes herauszulösen, die anderen zurückzulassen. Ein erstes Beispiel dieser Art ist von Willstätter und

Bamann (239) beschrieben worden. Adsorbate des Invertins und der Maltase an Tonerde C oder am Aluminiummetahydroxyd geben an neutral oder alkalisch reagierende Phosphatmischungen beide Enzyme im gleichen Masse ab. Dagegen wird durch Primärphosphat bei 0° die Saccharase fast allein freigelegt, während die Hauptmenge der Maltase im Adsorbat zurückbleibt, so dass sie nachher durch Diammonphosphat frei von Saccharase eluiert werden kann.

Theoretisch interessanter ist noch die Beobachtung von E. Waldschmidt-Leitz, A. Schäffner und W. Grassmann (106), wonach es gelingt, das Mischadsorbat von Trypsin und Trypsinkinase unter Ausnützung spezifischer enzymatischer Affinitäten auswählend zu eluieren. Aus dem Tonerdeadsorbat des teilweise aktivierten Trypsins wird nämlich an eine glycerinhaltige, neutral reagierende Lösung von Na-Caseinat vorwiegend die aktivierte Komponente abgegeben, und es gelingt nun, aus dem Adsorbat das kinasefreie Enzym in einheitlichem Zustande durch Einwirkung von verdünntem Alkali abzulösen.

D. Anwendungen der Adsorptionsmethode.

1. Enzymreinigung. — Abtrennung enzymatisch unwirksamer Begleiter.

a) Vorbemerkung und Übersicht.

Die Anwendbarkeit der Adsorptionsmethoden erstreckt sich auf die gesamte Forschung im Gebiete hochmolekularer Naturstoffe. Bei der Reinigung und Untersuchung hochmolekularer Kohlenhydrate und Proteine, bei der Isolierung von Toxinen und Hormonen haben die auf der Ausnutzung von Oberflächenkräften beruhenden Methoden schon vielfach Anwendung gefunden; sie dürften weiterhin an Bedeutung gewinnen und die Verfahren der Krystallisation und Destillation hier in gewissem Umfange ersetzen. Eine Darstellung dieser Anwendungsmöglichkeiten indessen geht über den Rahmen dieses Berichtes hinaus.

Die präparative Enzymchemie sieht sich vornehmlich zwei Problemen gegenübergestellt, deren Lösung mit Hilfe der Adsorptionsverfahren in Angriff genommen werden kann. Einmal handelt es sich darum, die untersuchten Fermente durch Abtrennung aller für die enzymatische Wirkung unwesentlicher Begleiter in ihrer Konzentration mehr und mehr zu steigern und so schliesslich der analytischen Untersuchung zugänglich zu machen. Auf der anderen Seite ergibt sich die Aufgabe, die in den natürlichen Vorkommnissen vorliegenden Gemische verschiedenartiger Enzyme in ihre Einzelkomponenten zu zerlegen und diese hinsichtlich ihres spezifischen Wirkungsvermögens zu kennzeichnen.

Die Begleitstoffe, deren Abtrennung im Gange der Enzymreinigung angestrebt wird, unterscheiden sich, wie im vorhergehenden erörtert wurde, im Hinblick auf das Verhältnis, in dem sie zum Enzym stehen. Während ein

Teil von ihnen unabhängig vom Enzym in den Lösungen und Adsorbaten vorliegt, dürften andere mit dem Fermentmolekül zu mehr oder weniger beständigen Aggregaten vereinigt sein. Begleiter der ersten Art können im allgemeinen abgetrennt werden, wenn die für eine möglichst selektive Adsorption und Elution des Enzyms günstigen Versuchsbedingungen aufgesucht werden. Aber auch die die natürlichen Aggregate des Enzyms verknüpfenden Adsorptionskräfte lassen sich vielfach durch stärkere Affinitäten bei der Adsorption oder Elution überwinden. Am schwersten scheint die Abtrennung gewisser Begleitstoffe zu gelingen, die dem Enzym in chemischer und kolloidchemischer Hinsicht nahe verwandt, aber durch das Fehlen der spezifisch wirksamen Gruppe von ihm unterschieden sind. Dazu gehören die Zersetzungsprodukte und wohl auch die Vorstufen der Fermente.

Der Versuch einer möglichst weitgehenden Reinigung wurde besonders nachdrücklich im Falle der Peroxydase und des Invertins unternommen; er ist beim Invertin systematisch und auf breitester Grundlage nahezu bis zur Erschöpfung der präparativen Möglichkeiten durchgeführt worden. In anderen Beispielen, so im Falle der Pankreasenzyme, standen andersartige Probleme, wie die Fragen der Spezifität und der Aktivierbarkeit, im Vordergrunde der Untersuchungen; doch sind auch hier vielfach recht beachtenswerte Enzymanreicherungen erzielt worden. Der Darstellung einiger der für die wichtigsten Enzyme ausgearbeiteten Verfahren sei ein Überblick über die erreichten Konzentrationssteigerungen vorausgeschickt.

An erster Stelle steht in dieser Hinsicht die Peroxydase. Ihre Konzentration ist von der frischen Wurzel bis zum besten Präparate mit der Purpurogallinzahl 3000 auf das 12000fache gesteigert worden. Es folgt das Invertin, dessen bestes Präparat vom Saccharasewert 9,6 etwa 3 500 mal aktiver ist als die angewandte, nur mässig wirksame (wasserfreie) Hefe. Wenn man die Betrachtung auch auf solche Präparate ausdehnt, deren enzymatische Konzentration indirekt ermittelt wurde, nämlich durch Aktivitätsbestimmung vor und durch Trockengewichtsbestimmung nach der (mit Enzymverlust verlaufenen) Enddialyse, dann erscheint das Ergebnis noch etwas günstiger. Das beste Präparat (S.-W. 11,9) wäre dann etwa 4100 mal reiner als eine gewöhnliche Brauereihefe. Die enzymatische Konzentration der Magenlipase entspricht in den neuerdings dargestellten besten Präparaten dieses Enzyms dem 3000fachen des getrockneten Magens, oder etwa dem 600fachen der Mucosa [Willstätter und E. Bamann (87a)].

Erheblich weniger weitgehend war der Reinigungserfolg im Falle der Pankreasenzyme. Die Lipase wurde auf das 300fache (197), die Amylase auf etwa das 130fache (87), das Trypsin nur auf etwa das Achtfache des Ausgangsmaterials, der getrockneten und entfetteten Drüse, gereinigt. (Auch diese Reinheitsgrade sind indirekt bestimmt.) Die enzymatische Konzentration der Leberesterase liess sich durch Adsorption an Kaolin und Tonerde auf das 50fache der trockenen Drüse (B_1-W. 184) steigern [Willstätter und F. Memmen (80)].

Auch die besten Präparate des Emulsins, aus entölten Mandeln durch Extraktion mit Ammoniak, Enteiweissung mit Essigsäure und wiederholte Fällung mit Alkohol, also ohne Anwendung eigentlicher Adsorptionsverfahren gewonnen, sind etwa 50mal reiner als das Ausgangsmaterial [Willstätter und W. Csányi (24)]. Der geringste Reinigungseffekt ergab sich im Falle des Papains. Der Wirkungswert des käuflichen Trockenpräparates konnte von Willstätter und W. Grassmann (41) durch wiederholte Adsorption an Tonerde nur zum Zwei- bis Dreifachen, von H. Kraut und E. Bauer (226 III) in einer systematischen Untersuchung durch Adsorption an Bleiphosphat zum Siebenfachen verbessert werden.

Diese Angaben werden durch die Kennzeichnung der enzymatischen Wirksamkeit, des tatsächlichen katalytischen Leistungsvermögens der gewonnenen reinsten Präparate zu ergänzen und anschaulich zu machen sein. Damit soll indessen kein quantitativer Vergleich der Wirkungsfähigkeit verschiedenartiger Enzyme versucht werden. Die Versuchsbedingungen sind untereinander nicht vergleichbar und die Wahl des Substrates ist vielfach willkürlich.

Von der reinsten Pankreasamylase genügt weniger als 0,001 mg, um in 10 Minuten 25 mg Maltose aus Stärke entstehen zu lassen (37°). Die in 10 Min. gebildete Zuckermenge entspricht also dem 25 000fachen Gewichte des Enzympräparates.

Die besten Präparate des Invertins vermögen unter den Bedingungen der Bestimmungsmethode ihr 8000faches Eigengewicht an Rohrzucker in 10 Minuten bis zur Nulldrehung, das ist zu ungefähr 75% zu invertieren.

Pankreaslipase vom Lipasewert 207 (197) hydrolysiert mehr als ihr 8000faches Eigengewicht an Olivenöl in 10 Minuten zu 24% (30°).

Hochgereinigte Peroxydasepräparate (Purpurogallinzahl 3000) vermögen in 10 Minuten ihr 6000faches Eigengewicht an Purpurogallin zu bilden, wobei das 2800fache Enzymgewicht des Wasserstoffsuperoxyds in Reaktion tritt (20°).

Viel geringer erscheint vergleichsweise das Wirkungsvermögen der Proteasen: Von einem gereinigten Trypsinpräparat (T.-W. 45) würden 0,2 mg in 20 Minuten bei 30° aus Casein unter den Bedingungen der Bestimmungsmethode von Willstätter, E. Waldschmidt-Leitz, S. Dunaiturria und G. Künstner (179) etwa 0,2 Millimol-Carboxyl aus der Peptidbindung freilegen. Berechnet man, was natürlich unrichtig ist, den gesamten Carboxylzuwachs als freie Aminosäure, und nimmt man für diese ein mittleres Äquivalentgewicht von 120 an, so ergibt sich, dass etwa 24 mg Aminosäure, das ist nur ungefähr das 100fache des Enzymgewichtes gebildet werden. Die Leistungsfähigkeit des gereinigten Papains ist von derselben Grössenordnung.

b) Reinigung der Peroxydase.

Es ist eine Besonderheit im Reinigungsgang der Peroxydase aus Meerrettich oder Rübe, dass die enzymatische Konzentration schon durch die eigenartige Durchführung der Enzymfreilegung, die an anderer Stelle besprochen worden ist, sehr erheblich gesteigert wird. Die nach dem beschriebenen Verfahren schliesslich erhaltenen schwach alkalischen Auszüge des Pflanzenmaterials sind schon verhältnismässig rein und geben bei fraktionierter Fällung mit Alkohol Trockenpräparate (P.-Z. 130—260), in denen das Enzym fast 1000mal konzentrierter vorliegt als in der frischen Wurzel. Diese Trockenpräparate, die sich durch Umfällen mit Alkohol noch verbessern lassen, enthalten neben dem Enzym wesentliche Mengen eines stickstoffhaltigen basischen Glucosids oder Glucosidgemenges. Im Gegensatz zur Peroxydase kann dieser Begleiter durch Quecksilberchlorid oder -acetat ausgefällt werden, so dass aus der Mutterlauge das Enzym in erheblich höherem Reinheitsgrad zurückerhalten wird [Willstätter und A. Stoll (14)]. Die Enzympräparate enthalten in diesem Zustand noch gegen 60% grösstenteils gebundenen Zucker, darunter 30% Pentose, ferner fast $^1/_2$% Eisen.

Es ist vorteilhafter, das Enzym unmittelbar aus den Pflanzenauszügen, aus alkoholhaltiger Lösung mit Tonerde zu adsorbieren und aus der Elution durch Fällung mit Alkohol zu gewinnen. Auch bei dieser Arbeitsweise wird das sonst hartnäckig folgende Glucosid vollständig oder so gut wie vollständig abgetrennt [Willstätter (119)].

Beispiel. Die barythaltigen Pflanzenextrakte werden durch Einleiten von Kohlensäure neutralisiert und mit $^9/_{10}$ ihres Volumens an 96%igem Alkohol versetzt, wobei ein geringer schleimiger Niederschlag fällt, der mitsamt dem Bariumcarbonat durch Filtration entfernt wird. Die Lösung — ihr Volumen beträgt bei der Verarbeitung von 5 kg Wurzeln 4—5 Liter — muss nun durch Durchleiten von Luft von der Kohlensäure befreit werden. Dann trägt man eine Suspension von Tonerde A (2—3 g Al_2O_3 in 100 ccm) in Anteilen von 20—30 ccm alle 2 bis 3 Minuten unter kräftigem Schütteln ein. Mit dem Zufügen der Tonerde ist aufzuhören, wenn eine in einer kleinen Zentrifuge geklärte Probe nur noch schwache Peroxydasereaktion ergibt; dazu sind im ganzen etwa 10—16 g Al_2O_3 erforderlich. Nun setzt man noch mindestens die der Aluminiumhydroxydsuspension entsprechende Alkoholmenge zu. Das Adsorbat ist rotbraun; es setzt sich in einer oder in zwei Stunden gut zu Boden, so dass ein grosser Teil der an Enzym verarmten Lösung abgegossen und der Rest in der Zentrifuge leicht abgetrennt werden kann.

Die Elution bewirkt man mit etwa 4 Liter zweimal destilliertem eiskaltem Wasser. Das Adsorbat wird in der Elutionsflüssigkeit fein suspendiert, nachdem man es mit einem Teil vorher sehr sorgfältig angerieben hat. Man leitet nun eine Viertelstunde lang bis zur deutlich sauren Reaktion Kohlensäure ein, um die Elution vollständiger zu machen. Von hier an setzt sich das Hydroxyd nicht mehr gut ab; es ist daher vorteilhafter, die Flüssigkeit an der Pumpe durch gehärtete Filter klar zu saugen. Das Filtrat wird im Vakuum auf 60—80 ccm eingeengt, am Ende unter starkem Schäumen und unter Abscheidung von Bariumcarbonat, von dem abfiltriert wird. Das Enzym wird sodann mit dem fünffachen Volumen Alkohol gefällt und zur Trockne gebracht.

Die so gereinigten Präparate lassen sich durch Adsorption an Kaolin, die in stark verdünnter essigsaurer Lösung auszuführen ist, und durch nochmalige Tonerdeadsorption zur Purpurogallinzahl 2000 bringen. Eine weitere Wiederholung dieser Adsorptionen ist zwecklos, die Steigerung der Reinheit wird durch Zersetzung, die nachweislich ist, aufgehoben. Die Präparate sind schon viel ärmer an Eisen. Kohlenhydrate werden höchstens noch in Spuren angetroffen, sie sind grösstenteils in der Mutterlauge der Kaolinadsorption zurückgeblieben. Nach wiederholter Tonerdeadsorption findet man alle Reaktionen auf Kohlenhydrat, sowie die Millonsche und die Ninhydrinprobe negativ.

Beispiel. 0,818 g eines Peroxydasetrockenpräparates aus Rübe von der Purpurogallinzahl 490, das sind 401 Purpuragallin-Einheiten, die wie oben gewonnen waren, wurden zu 1 Liter gelöst und mit Essigsäure auf n/50-Acidität gebracht. In die eiskalte Lösung trug man unter Rühren in kleinen Anteilen elektroosmotisch gereinigten Kaolin ein, von dem 20 g für vollständige Adsorption notwendig waren. Das Adsorbat wurde abgesaugt und in 600 ccm Eiswasser eingetragen. Durch langsames Zufügen von n-Ammoniak unter Schütteln brachte man die Konzentration auf 0,1% Ammoniak. Die entstandene gelbgefärbte Elution wurde von Kaolin abgesaugt und mit diesem, da es noch peroxydasehaltig war, die Elution wiederholt. Die vereinigten Elutionen, 1300 ccm, besassen den vollen Peroxydasegehalt des Ausgangsmaterials, nämlich 397 P.-E.

Die Peroxydaselösung, die über Nacht gestanden war und dabei etwa 20% ihres Wirkungsvermögens eingebüsst hatte, wurde auf das Volumen von 1 Liter und 50% Alkoholkonzentration gebracht und mit SO_4-haltigem Aluminiumhydroxyd der Darstellung A adsorbiert; erforderlich waren 3,2 g Al_2O_3. Die unter Einleitung von Kohlensäure gewonnene Elution (910 ccm) hatte die Wirkung von 302 Einheiten und gemäss ihrem Trockengewicht von 0,1555 g die enzymatische Konzentration von P.-Z. 1950. Eine Wiederholung der Tonerde- und Kaolinadsorption ergab keinerlei Konzentrationssteigerung, entfernte aber die letzten Spuren von nachweisbaren Kohlenhydraten und Proteinen.

Die Peroxydase wird in allen bisher zugänglichen Reinheitsstufen durch Tannin gefällt. Es ist möglich, dass diese Reaktion eine Eigentümlichkeit des Enzyms selbst darstellt. Aber es ist nicht leicht, das ausgefällte Enzym wieder in Lösung zu bringen und von der Gerbsäure zu befreien. Dies gelingt nur bei den Tanninfällungen solcher Präparate, die schon weitgehend gereinigt sind. In diesem Falle lässt sich der Niederschlag in essigsäurehaltigem verdünntem Alkohol auflösen. Aus der Lösung wird das Enzym mit Kaolin frei von Tannin adsorbiert und in üblicher Weise mit Ammoniak eluiert. Dieser letzte Schritt erhöht die enzymatische Konzentration nur noch auf etwa das $1^1/_2$fache, aber er führt zur nahezu vollkommenen Entfernung des dem Ferment hartnäckig anhaftenden Eisens.

Beispiel. Für die Fällung dienten 29 ccm Enzymlösung mit 59 P.-E. Mit 1%iger Tanninlösung, die man in kleinen Anteilen zufügte, entstand ein Niederschlag von violettstichig hellbräunlichen Flocken. Proben der Lösung klärte man in einer kleinen Zentrifuge, um auf noch gelöste Peroxydase zu prüfen. Nach Zusatz von 41,5 mg Tannin trennte man die Fällung von der noch eisenhaltigen gelblichen Mutterlauge, die nach der quantitativen Bestimmung 1,33 P.-E. enthielt. Beim Stehen setzte sie noch Flöckchen ab, dann war die Lösung frei von Enzym.

Zur Zerlegung suspendierte man die Fällung sofort in 100 ccm Wasser und säuerte mit 2 ccm n-Essigsäure an, um dann durch Zusatz von Alkohol, wovon 25 ccm erforderlich waren, vollständige Auflösung zu erzielen. Die Trennung mit Kaolin gelingt nur mit solchen ganz klaren Lösungen. Die Lösung wurde noch verdünnt und aus ihr mit elektroosmotischem Kaolin (3 g) die Peroxydase entfernt, während das Tannin mit einer beträchtlichen Menge von Eisenverbindungen gelöst blieb. Das Adsorbat liess sich in der üblichen Weise, und zwar sehr glatt mit 0,1%igem Ammoniak ($^1/_4$ Liter) zerlegen. Das Kaolin entfärbte sich und behielt bei einmaligem

Eluieren keine Peroxydase zurück. Die mit Essigsäure neutralisierte Elution enthielt 53,6 P.-E., die aber schon beim Stehen über Nacht im Kühlschrank auf 42 zurückgingen.

Da die aus Kaolin eluierten Enzymlösungen zu hohe Aschegehalte aufweisen, unterwarf man die Peroxydase einer letzten Adsorption aus $50^0/_0$igem Alkohol mit Aluminiumhydroxyd (erforderlich 0,59 g Al_2O_3). Die neue Elution enthielt in 225 ccm nur noch 28,2 P.-E. Sie wurde eingeengt und mit Alkohol gefällt. In der Mutterlauge hinterblieb etwas Ammonsalz, das aus der Kaolinelution in die Tonerde und in die neue Elution mitgegangen war. Man erhielt 8 mg Trockenpräparat von der Purpurogallinzahl 3070.

c) Reinigung des Invertins.

Die Verfahren zur Reinigung des Invertins sind vom Beginn dieser Untersuchungen (1920) bis zu ihrem Abschluss im Jahre 1925 immer wieder variiert und nach den verschiedensten Seiten ausgestaltet worden. Dabei haben sich beachtenswerte Steigerungen der enzymatischen Konzentration und bedeutende Vereinfachungen des Arbeitsganges ergeben. Aber auch in den letzten erreichten Reinheitsgraden treten die chemischen Eigentümlichkeiten des Enzyms noch nicht klar hervor. Das bei Adsorptions- und Fällungsoperationen beobachtete Verhalten ist nicht das des Enzyms selbst, es ist vorgetäuscht durch den Einfluss mehr oder minder unbestimmter und von Fall zu Fall wechselnder Assoziationen mit verschiedenartigen Begleitern. Die einmal gewonnenen Erfahrungen sind daher nicht ohne weiteres auf Enzymlösungen anderer Vorgeschichte übertragbar. In dem Masse, wie die Variationen und Verbesserungen der Freilegungsverfahren andersartige und hochwertigere Ausgangsmaterialien zur Verfügung stellten, waren die Fortschritte früherer Arbeitsweisen aufs Spiel zu setzen und neue Reinigungsmethoden auszuarbeiten. Dieser Umstand, dazu in vielen Fällen die Notwendigkeit, bestimmte Einzelfragen zu klären, hat gerade im Falle des Invertins zur Schaffung zahlreicher Methoden Anlass gegeben, die sich gegenseitig ergänzen, nicht ersetzen. Es wäre daher nicht richtig, einzelne Verfahren als die besten, andere als überholt zu kennzeichnen. Gewiss verdienen die einfachen und sicheren Methoden der letzten Abhandlungen den Vorzug, wenn es sich um die rasche Darstellung hochwertiger Invertinpräparate handelt; aber für die Lösung bestimmter Aufgaben, sei es zur Gewinnung phosphor- oder stickstoffarmer Präparate, zur Abtrennung tryptophan- und tyrosinhaltiger Peptide oder zur Scheidung von Begleitenzymen werden immer wieder einzelne aus den zahlreicheren Verfahren der früheren Arbeiten herangezogen werden können. Es soll daher im folgenden die Entwicklung der Reinigungsverfahren des Invertins kurz gekennzeichnet, die wichtigsten Arbeitsweisen etwas ausführlicher beschrieben werden.

Das Ausgangsmaterial in den Untersuchungen der ersten Abhandlung bilden vorwiegend die nach dem Verfahren von Hudson gewonnenen und gealterten Lösungen des Enzyms. In diesen Lösungen lässt sich nach einem von Michaelis (240) empfohlenen Verfahren ein Teil der beigemengten Proteinsubstanzen durch Behandlung mit grossen Mengen von Kaolin (z. B.

10 g auf 100 ccm eines Autolysates mit 0,5 S.-E.) entfernen, und zwar am wirksamsten in acetonhaltiger Lösung. Invertinverlust tritt dabei im allgemeinen nicht ein, entsprechend dem Befund von Michaelis, wonach das Invertin vom Kaolin bei keiner Reaktion adsorbiert werden sollte. Nach dieser Vorreinigung kann das Enzym verhältnismässig günstig in Gegenwart von Aceton von Tonerde adsorbiert werden (A.-W. 0,46—1,2 gegenüber z. B. 0,17 ohne Aceton). Die Freilegung aus dem bei schwachsaurer Reaktion gewonnenen Adsorbat gelingt in guter Ausbeute mit verdünntem Ammoniak. Fällung mit Aceton führt zu Präparaten vom Zeitwert 2,4—3. Das Enzym ist durch diese Vorreinigung aus der Assoziation mit vorwiegend elektronegativen Begleitern gelöst worden; es kann nun von Kaolin adsorbiert werden, und zwar mit Adsorptionswerten von 0,2—0,5. Die Kaolinelutionen sind frei von Hefegummi und Proteinen und erreichen nach der Dialyse den Zeitwert 0,5—1,0.

Die Adsorption an Kaolin und Tonerde lässt sich mit der Anwendung einer weiteren Reinigungsoperation, der Fällung mit Bleiacetat, kombinieren [Willstätter, J. Graser, R. Kuhn (18)]. Das Verhalten des Enzyms diesem Fällungsmittel gegenüber wechselt in ebenso charakteristischer Weise wie im Falle des Kaolins. Aus frisch dargestellten Enzymlösungen werden durch Bleisalze grosse Mengen von Proteinen niedergeschlagen, aber frei von Invertin, das erheblich gereinigt in der Restlösung zurückbleibt [H. Euler und Kullberg (241), Hudson (242)]. Ganz anders bei gealterten Autolysaten. Das Enzym geht hier quantitativ in die Fällung, ja es häuft sich sogar in den ersten Anteilen des Niederschlages deutlich an. Die Elution der Niederschläge gelingt am besten mit Diammonphosphat und führt zu hefegummifreien Enzymlösungen. Das Enzym kann nun beispielsweise durch Tonerdeadsorption weitergereinigt und durch Wiederholung der Bleifällung weiter fraktioniert werden. Dabei gelingt es, phosphorhaltige Begleitstoffe abzutrennen; phosphorfreies Enzym häuft sich in den am schwersten fällbaren Anteilen an.

Die Beständigkeit des Enzyms ist in den Kaolinadsorbaten, besonders bei höheren Reinheitsgraden verhältnismässig geringer als an Tonerde. Es war daher anzustreben, die Kaolinadsorption in einem früheren Stadium der Reinigung, jedenfalls aber vor der Tonerdeadsorption vorzunehmen, solange das Enzym noch durch Assoziation an reichliche Mengen von Begleitstoffen geschützt ist. In der Tat gelingt es, Invertin an Kaolin auch aus annähernd frischen oder gealterten Autolysaten direkt zu adsorbieren auf Grund der Beobachtung von Willstätter und W. Wassermann (IV. Abhandl.), dass die störenden Einflüsse der Begleitstoffe, welche die Aufnahme des Enzyms an das Adsorbens verhindern, durch sehr grosse Verdünnung bei schwachsaurer Reaktion ausgeschaltet werden können. Die erreichten Adsorptionswerte liegen für ein wenig gealtertes Autolysat bei etwa 0,007, für gealtertes bei 0,06—0,09. Die

Elutionen erreichen in der Dialyse ohne weitere Reinigung einen Zeitwert von etwa 0,5—0,75. Diese Präparate sind frei von Hefegummi und geben die Ninhydrinprobe nicht mehr. Die Millonsche Reaktion fällt deutlich, wenn auch sehr schwach aus.

Auch die Adsorption an Tonerde und die Bleifällung liess sich durch weitgehende Verdünnung wesentlich auswählender gestalten. So ergeben sich in frisch dargestellten mit Kaolin vorbehandelten Autolysaten Adsorptionswerte von 0,06—0,16 an Tonerde, nach 20facher Verdünnung aber Werte von 0,5—0,9. In gealterten Lösungen konnten die Adsorptionswerte von 1 auf 4,3 gesteigert werden.

Im Falle der Kaolinreinigung lässt sich ein ähnlicher Erfolg auch auf anderem, präparativ angenehmerem Wege erreichen, nämlich wenn die Adsorption statt bei grosser Verdünnung bei der äussersten unter den Versuchsbedingungen für das Enzym noch erträglichen Acidität durchgeführt wird. Die Adsorptionswerte steigen damit bei der Adsorption aus Autolysaten auf das Fünffache des bisher Erreichten, z. B. zum Adsorptionswert 0,5, bei gereinigten Präparaten sogar auf 1,6. Das Verfahren eignet sich zur Verarbeitung der meisten gealterten Enzymlösungen; bei frischen Autolysaten hat eine Fällung mit Alkohol vorherzugehen. Es werden Zeitwerte von etwa 0,3, durch Kombination mit der Tonerdeadsorption solche von 0,18—0,23 erreicht. Die gewonnenen Präparate enthalten zum Teil noch Spuren von Hefegummi; die Millonreaktion ist recht unterschiedlich, im allgemeinen schwach, bei einzelnen Präparaten, namentlich bei den aus gealterten Lösungen erhaltenen aber sehr kräftig.

Vor eine neue Aufgabe stellte die Verarbeitung der bei neutraler Reaktion rasch gebildeten und nicht gealterten Autolysate, für die ein geeignetes Reinigungsverfahren lange gefehlt hatte. Diese Lösungen sind ausgezeichnet durch einen hohen Gehalt an fast nativem Protein, das durch einfaches Ansäuern annähernd vollständig entfernt werden kann. Aber es ist nicht vorteilhaft, den Reinigungsgang mit der Enteiweissung einzuleiten. Das Enzym würde für die folgenden Operationen zu unbeständig werden. Zur Stabilisierung wird besser ein Teil des Proteins zunächst noch mitgeführt und erst aus dem durch Alkoholfällung, Adsorption an Kaolin und Elution gereinigten Material entfernt. Man gelangt so zu Präparaten vom Zeitwert 0,9, die sich durch hohen Gehalt an Hefegummi und an Tryptophanpeptid auszeichnen, aber die Millonprobe kaum und die Ninhydrinreaktion nur sehr schwach zeigen. Durch systematische Anwendung der Tonerdeadsorption bis zur Grenze ihrer Leistungsfähigkeit gelingt es, den Hefegummi, sowie alle anderen Kohlenhydrate zu entfernen und den Zeitwert 0,15 zu erreichen.

Die Verarbeitung invertinreicher Hefen und die Ausgestaltung der Freilegungsverfahren stellt schliesslich Ausgangslösungen von erheblich höherer enzymatischer Konzentration, nämlich vom Zeitwert 1—4 zur Verfügung.

Schon eine langdauernde Dialyse führt zum Zeitwert 0,4; das Enzym ist also schon in der ersten Lösung 100—300 mal, nach der Dialyse fast 1000 mal reiner enthalten als in den gewöhnlichen invertinarmen Hefen; die besten der in der ersten Arbeit durch Kaolin- und Tonerdeadsorption gewonnenen Präparate sind erheblich übertroffen. Aber die Erwartung, dass nun die Adsorptionsmethode aus so günstigem Ausgangsmaterial Invertinpräparate von viel höherer enzymatischer Konzentration herausholen würde, hat sich nicht erfüllt. Die Darstellung wird nur bequemer. Schon eine einmalige Adsorption an Kaolin aus stark saurer Lösung und folgende Dialyse führt zu Präparaten vom Zeitwert 0,18, der sich durch darauffolgende Reinigung mit Tonerde nicht mehr verbessern lässt. Zu einem etwas höheren Reinheitsgrad führt noch die Adsorption an Tonerde nach vorausgegangener Alkoholfällung des Autolysates.

Beispiel 1. Reinigung durch Adsorption an Kaolin. Das angewandte Autolysat vom Zeitwert 3,6 war durch rasche und fraktionierte Autolyse bei neutraler Reaktion aus invertinreicher Hefe gewonnen. Das Enzym wurde in n/5-Essigsäure z. B. bei einer Verdünnung von 1 S.-E. in 1 Liter von Kaolin mit dem hohen Adsorptionswert von 0,22 aufgenommen. Die Elution mit 0,5%iger Diammonphosphatlösung ergab 77% Ausbeute. Nach der Ausfällung von Phosphorsäure und der Dialyse, die ohne Verlust verlief, besass das Invertin den Zeitwert 0,177 (S.-W. 5,65). Dieser Reinheitsgrad liess sich nicht verbessern: Nach der Adsorption an Tonerde und Elution mit Ammonphosphat lag das Enzym wieder mit dem S.-W. 5,56 vor. Auch der Tryptophangehalt wurde durch die Tonerdeadsorption nicht verändert (3,7 vor, 3,9% nach der Adsorption). Das Präparat zeigt, bei neutraler Reaktion geprüft, die Adsorptionskurve einer annähernd einheitlichen Substanz.

Beispiel 2. Reinigung durch Alkoholfällung und Tonerdeadsorption. Ein frisch bereitetes Autolysat, das wie oben gewonnen war (1,5 Liter, enthaltend 20,9 S.-E., Zeitwert 1,15, wurde auf 0° abgekühlt und mit n/l-Essigsäure (5 ccm) zu einem p_H von etwa 5 angesäuert. Beim Vermischen mit dem gleichen Volumen auf — 20° gekühlten Alkohols fiel eine geringe Menge Niederschlag aus, zu wenig und fein zum Zentrifugieren. Man saugte die Suspension auf zwei Nutschen durch Filter ab, die mit einer 1 mm dicken Schicht von Kieselgur bedeckt waren. Man konnte den Gur leicht vom Papier ablösen und durch Verrühren mit Wasser eine klar filtrierbare Enzymlösung gewinnen. Sie enthielt in 370 ccm 20,7 S.-E. vom Zeitwert 0,45 (ohne Dialyse bestimmt).

Die Invertinlösung wurde auf 92 ccm eingeengt. Bei dieser hohen Konzentration adsorbierte man mit 0,40 g Tonerde (in 40 ccm Wasser) 18,7 Einheiten. Der Adsorptionswert war schon sehr hoch, nämlich 47. Das dreimal gewaschene Adsorbat lieferte, in ½ Liter Wasser suspendiert, beim Versetzen mit 4 g Diammonphosphat und Umschütteln in 5 Minuten eine erste Elution, die 13 S.-E. enthielt. Der Reinheitsgrad des Präparates war S.-W. 7,31 (Zeitwert 0,137), aber infolge 6% Verlust bei der Dialyse und 8% bei der Elektrodialyse wies es praktisch nur den Zeitwert 0,158 auf. Es war frei von Hefegummi und enthielt 2% Tryptophan.

Die so gewonnenen Invertinpräparate konnten auch durch systematische Fraktionierung an Kaolin und Tonerde nicht mehr weiter gereinigt werden, und es möchte scheinen, als sei wenigstens für die aus frischen Autolysaten erhaltenen Präparate die Grenze der Methodik bei Zeitwerten von 0,14—0,18 erreicht. Indessen hat die Anwendung anderer Reinigungsoperationen noch bemerkenswerte Steigerungen der enzymatischen Konzentration erlaubt. So können durch fraktionierte Ausfällung mit Tannin bei tiefer Temperatur noch Fraktionen vom Saccharasewert 8—9 (Zeitwert 0,125—0,11) erhalten werden. Wichtiger ist noch die Anwendung eines adsorbierend wirkenden Niederschlages von Bleiphosphat, der anteilsweise in der Enzymlösung selbst erzeugt wird. Dieses Adsorbens gestattet, die gereinigten Invertinlösungen so zu fraktionieren, dass aus den letzten Anteilen des Bleiphosphatniederschlages Invertin vom Saccharasewert 10 (Zeitwert 0,10) erhalten wird. Das Verfahren gewinnt noch an Bedeutung dadurch, dass es mit seiner Hilfe gelingt, das Invertin von den Produkten seiner Inaktivierung abzutrennen. Es ist also möglich, durch Fraktionierung an Bleiphosphat auch aus teilweise zerstörten Enzymlösungen wieder Invertin von dem ursprünglichen Reinheitsgrade herauszuholen.

Beispiel der Reinigung mit Bleiphosphat. 10,4 S.-E. durch Kaolin und Tonerde gereinigtes Invertin von S.-W. 4,76 (nach 15% Aktivitätsverlust bei der Dialyse) fällte man zweimal mit je 0,15 g Diammonphosphat und entsprechendem Bleiphosphat. Die Adsorbate lieferten beim Eluieren mit Diammonphosphat und Dialysieren nur Invertinpräparate vom Saccharasewert 3,71 und 6,26, während das Enzym der Restlösung sich durch höheren Reinheitsgrad und Beständigkeit auszeichnete. Die klare, sofort von Bleiphosphat frei erhaltene Restlösung enthielt 2,15 Einheiten, nach Eindampfen, Dialyse und Elektrodialyse ebensoviel vom S.-W. 9,62 (Zeitwert 0,104).

d) Reinigung der Magenlipase.

Die Magenlipase kann aus der mit Aceton und Äther entfetteten Magenschleimhaut, am besten aus den enzymreichen Cardia- und Fundusteilen durch Behandeln mit verdünntem Ammoniak fast quantitativ ausgezogen werden. Der beim Ansäuern dieser Lösungen auftretende mucinhaltige Niederschlag enthält das gesamte Enzym etwa 10—20 mal konzentrierter als die trockene Mucosa. Die durch Essigsäurefällung vorgereinigten Präparate lassen sich durch Elektrodialyse und durch Behandlung mit Kaolin in ihrer Reinheit weiter steigern, und zwar bis zum ungefähr 150fachen des trockenen Magens, das ist das 25fache der getrockneten Schleimhaut. Aber eine durchgreifende Reinigung, wie sie für den Vergleich mit der vielfach wirksameren Pankreaslipase erwünscht war, insbesondere eine Abtrennung von den begleitenden mucinhaltigen Proteinen, kann durch die Anwendung der üblichen Adsorptionsvornahmen nicht erreicht werden (81, 38, 36, 37).

Ein besonderes Verfahren, das hier zum Ziele führt, besteht im proteolytischen Abbau der begleitenden Mucinsubstanz (Willstätter und E. Bamann (87a)]. Dadurch wird die Menge des beim Ansäuern entstehenden Niederschlages stark vermindert, er entsteht auch erst bei höherer Säurekonzentration als die Mucinfällung. Die Reinigung eines Enzyms durch enzymatischen Abbau der Begleitstoffe ist an sich nicht neu. Im Falle des Papains kann eine geringfügige, im Falle der Hefepolypeptidase eine erheblich beträchtlichere Reinheitssteigerung erzielt werden, wenn man die dem Enzym vergesellschafteten Proteine durch Selbstverdauung in niedermolekulare Abbauprodukte verwandelt, die leicht vom Enzym abgetrennt werden können (41, 50). Auch in den Versuchen über Invertin ist die Verbesserung der Adsorption infolge der beim Altern von Hefeautolysaten eintretenden Proteolyse der Hefeeiweissstoffe vielfach ausgenützt worden. Aber bei keinem anderen Beispiele ist bisher dieses Verfahren unentbehrlich und so erfolgreich gewesen, wie bei der Magenlipase.

In den durch Auflösen der mucinhaltigen Essigsäurefällung in n/40-NH_3 gewonnenen Enzymlösungen erfolgt beim Stehen bei neutraler Reaktion ein langsamer Abbau der mucinhaltigen Eiweissstoffe, der an der Gewichtsabnahme der beim Ansäuern entstehenden Proteinniederschläge erkannt und verfolgt werden kann. Dieser Abbau kann beschleunigt und erheblich weiter geführt werden, wenn man den Lösungen wirksame Proteasepräparate zusetzt. Pankreastrypsin und Papain sind dazu wegen ihres Lipasegehaltes ungeeignet. Brauchbar ist dagegen das Gemisch der Hefeproteasen, das auch einen viel weitergehenden Abbau herbeiführt als Trypsin oder Papain. Wirksam ist dabei in erster Linie die Hefepolypeptidase.

Nach der Einwirkung der Hefeproteasen lässt sich das lipatische Enzym durch Ansäuern zusammen mit nur etwa 3—10% der ursprünglichen Mucinfällung in einer Ausbeute von 50—70% niederschlagen. Der lipasehaltige Niederschlag gibt mit verdünntem Ammoniak eine Lösung, die noch Proteinreaktionen zeigt. Die beigemengten Eiweisskörper lassen sich nun durch mehrmalige vorsichtige Behandlung mit kleinen Mengen von Kaolin und Tonerde vollständig oder doch so gut wie vollständig entfernen, während das Enzym in der Restlösung etwa 600 mal reiner als in der angewandten Magenschleimhaut (Cardia- und Fundussteil) zurückbleibt.

Beispiel. Der mit 7,5 Liter n/40-Ammoniak gewonnene Auszug aus 150 g getrockneter und zerkleinerter Magenschleimhaut enthielt 18 360 $B._2$-E. mit etwa 18 g Trockengewicht. Nach dem Ausfällen mit verdünnter Essigsäure und Wiederauflösen bewirkte man den Abbau des fällbaren Proteins in 6 Tagen mit Hilfe von 2 Liter gealtertem Hefe-Neutralautolysat. Dann erzeugte man durch Ansäuern den geringen feinen Niederschlag, der die Lipase adsorbiert hielt, und fällte ihn nochmals aus schwach ammoniakalischer Lösung mit Essigsäure um. Beim Wiederaufnehmen entstand eine ziemlich dunkle Lösung (110 ccm), die noch 12 000 B.-E. enthielt. Sie wurde annähernd neutralisiert und zweimal mit je 1,1 g Kaolin und viermal mit sehr kleinen Mengen der Tonerdesuspension Cγ behandelt. Nach jeder einzelnen Voradsorption trennte man in der Zentrifuge die Restlösung vom Adsorbens ab, das der Lösung nur wenig Lipase entzogen hatte. Hierauf folgten bei ganz schwachsaurer Reaktion (p_H = 6,4 — 6,6) ebensolche Voradsorption mit kleinen Anteilen von Kaolin und von Tonerde. Erst jetzt wurde die Lösung farblos, nur noch ein wenig grau opalisierend. Nach 6-stündiger Dialyse in Fischblasen gegen destilliertes Wasser wies die Lipase, von der noch 133 mg, enthaltend 11 000 $B._2$-E., vorhanden waren, den Butyrasewert = 325 auf.

e) Grenzen und Ergebnisse der Enzymreinigung.

„Die Absicht, Enzyme aus pflanzlichen und tierischen Zellen, Organen und Sekreten zu isolieren, geht von der Annahme aus, dass die Träger enzymatischer Reaktionen Stoffindividuen von unbekannter chemischer Eigenart sind“. Die Ergebnisse quantitativer Messungen des katalytischen Leistungsvermögens von Enzympräparaten verschiedenen Reinheitsgrades sind, wie im ersten Teile dieser Darstellung erörtert wurde, mit dieser Annahme nicht nur verträglich, sondern stützen sie in hohem Masse. An dieser Stelle wird die Frage zu behandeln sein, welche Aufschlüsse aus der analytisch-chemischen Untersuchung der gereinigten Enzympräparate über die stoffliche Natur der Fermente zu erlangen sind.

Es ist in den Untersuchungen Willstätters nicht gelungen, Enzympräparate mit den Merkmalen analytischer Reinheit zu gewinnen. Die am höchsten gereinigten Darstellungen eines Enzyms, etwa des Invertins oder der Peroxydase, differieren bei ähnlichem Wirkungsvermögen sehr erheblich in ihrer Zusammensetzung, besonders wenn sie auf verschiedenartigen Reinigungswegen gewonnen worden sind. „Die Unterschiede in der Zusammensetzung verschiedenartiger Präparate eines Enzyms sind noch grösser als die Unterschiede zwischen manchen Präparaten verschiedener Enzyme" [Willstätter und A. Pollinger (120)]. Allerdings sind vor kurzem von T. B. Sumner (243) hochwertige Präparate der Urease in krystallisierter Form erhalten worden. Nach den neuesten Mitteilungen dieses Forschers (243a) gewinnt die Annahme an Wahrscheinlichkeit, dass der nach einem überraschend einfachen Verfahren krystallisiert gewonnene globulinähnliche Eiweisskörper selbst Träger der Ureasewirkung ist und nicht seine Wirkung einer Beimengung des Enzyms verdankt.

Es muss hier zunächst kurz die Frage behandelt werden, welche Umstände die Anwendbarkeit der bisher bekannten Methoden, besonders der Adsorptionsmethodik, begrenzen und eine weitere Steigerung der enzymatischen Konzentration vereiteln. Die systematische Anwendung der Adsorption führt schliesslich zu einem Produkt, dessen Adsorptionskurve die für Gemische charakteristischen Abweichungen vom normalen Verlauf vermissen lässt und sich der Gestalt der Freundlichschen Adsorptionsisotherme annähert. Aber aus der enzymatischen Konzentration, die von den in anderen Präparaten erreichten Höchstwerten noch weit entfernt sein kann, und aus der Analyse solcher Präparate, die auf beträchtlichen Gehalt an accessorischen Substanzen hinweist, muss gefolgert werden, dass das Ziel der Reinigung noch keineswegs erreicht ist. „Das Erreichen einer Kurve, welche der Adsorptionsisotherme folgt, ist zwar die notwendige Voraussetzung für das Erreichen des Reinigungszieles, des reinen Enzyms, aber noch kein hinreichender Beweis dafür" [H. Kraut und E. Wenzel (226 II), und zwar S. 93] [1]. An diesem Punkte liegt das Ferment

[1] Es scheint, als ob die Bedeutung, die der Adsorptionskurve bei der Beurteilung der Einheitlichkeit von Stoffen zukommt, auch noch in anderer Richtung einzuschränken wäre. E. Waldschmidt-Leitz und A. Schäffner (244) beschreiben den Fall, dass gewisse einfache basische Eiweisskörper wie das Clupein, deren chemische Einheitlichkeit auf Grund der sorgfältigen Analyse von Fraktionen sichergestellt sein dürfte, bei der Aufnahme der Adsorptionskurve erhebliche Abweichungen von der Freundlichschen Isotherme aufweisen. Diese Abweichungen können so verstanden werden, dass die betreffenden Stoffe zwar chemisch einheitlich, aber in Aggregaten von verschiedener Grösse, d. h. kolloidchemisch inhomogen, vorliegen.

entweder im Gemenge mit Begleitstoffen vor, die ihm im Adsorptionsverhalten ganz besonders nahestehen, oder es ist mit irgendwelchen anderen Kolloiden zu einem ausserordentlich beständigen Aggregat vereinigt. Wenn also die Betrachtung der Adsorptionskurve keine sichere Aussage über die Einheitlichkeit des Materials zulässt, so kann aus ihr doch mit Bestimmtheit das eine gefolgert werden, nämlich dass an diesem Punkte eine weitere Anwendung desselben Adsorptionsmittels keine wesentlichen Fortschritte mehr bringen wird. Die Fortführung der Reinigung wird dann mit anderen Adsorbentien zu versuchen sein; es kann dadurch gelingen, die Aggregate des Enzyms aufzulösen, die bisher unzerlegbar waren.

„Aber dem Erfolg sind Schranken gesetzt durch die verminderte Beständigkeit, die dem Enzym gemäss vielen Beobachtungen nach der Abtrennung der seine Aktivität schützenden Begleitstoffe eigen ist". Die hohe Empfindlichkeit des gereinigten Enzympräparates pflegt an dieser Stelle den Kreis der in Frage kommenden präparativen Methoden stark einzuschränken. So scheidet der Kaolin als Adsorptionsmittel für hochgereinigte Präparate gewöhnlich aus, weil leicht zersetzliche Enzyme an seiner Oberfläche in den meisten Fällen rasch zerstört werden. Das Einschalten von Alterungsprozessen, wobei erfahrungsgemäss infolge enzymatischer Abbauvorgänge mitunter tiefgreifende Veränderungen des mit dem Ferment assoziierten Komplexes erzielt werden können, verbietet sich gewöhnlich wegen der geringen Haltbarkeit der Enzymlösungen. Ebenso ist die Dialyse nach weitgehender Reinigung vielfach mit grossem Verlust an Aktivität verbunden.

Es ist hier nicht möglich, ausführlich auf die zahlreichen Erfahrungen einzugehen, die in den Untersuchungen Willstätters zur Frage der Enzymbeständigkeit und der Enzymzerstörung gesammelt worden sind, zumal die Verhältnisse im einzelnen noch durchaus nicht geklärt sind. Das Invertin roher Hefeauszüge ist bei jahrelangem Aufbewahren, bei der Dialyse, beim Konzentrieren und Eintrocknen seiner Lösungen praktisch vollkommen haltbar. Die ihm so nahe stehende Maltase dagegen verschwindet aus den Rohautolysaten bei 30° stets schon in einem Tag, bei Zimmertemperatur oft in einigen Tagen. Die Haltbarkeit gereinigter Invertinpräparate — natürlich auch ihre Beständigkeit gegenüber Alkohol und Aceton, erhöhter Temperatur u. dgl. — ist viel geringer als die der Rohpräparate, aber sie ist keine einfache Funktion der enzymatischen Konzentration. Sehr empfindlich zeigen sich z. B. die nach dem Verfahren der dritten Abhandlung durch kombinierte Anwendung der Bleifällung und der Tonerdeadsorption gewonnenen Enzymlösungen, deren Zeitwert zwischen 0,2 und 0,9 (S.-W. 5—1,1) liegt. Solche Lösungen erleiden schon beim Einengen[1] Aktivitätsabnahmen zwischen 10 und 85%, und weitere

[1] Dies geschieht am besten in der von Willstätter, J. Graser und R. Kuhn (l. c. 18, S. 30) beschriebenen Spezialapparatur in hohem Vakuum und annähernd bei Zimmertemperatur.

beträchtliche Verluste bringt die Dialyse und das Abdunsten zur Trockne. Andererseits sind die nach dem Verfahren der 10. und 12. Abhandlung aus invertinreicher Hefe durch rasche fraktionierte Autolyse und folgende Adsorption an Tonerde gewonnenen Enzymlösungen durch hohe Beständigkeit ausgezeichnet, obwohl ihre enzymatische Konzentration entsprechend den Zeitwerten 0,2—0,1 (S.-W. 5—10) erheblich höher ist. Es ist eine vielfach bestätigte Erfahrung, dass die aus gealterten Lösungen gewonnenen Enzympräparate nach der Reinigung erheblich empfindlicher sind als die von der Verarbeitung frischer, rasch gewonnener Autolysate herrührenden. In den letzteren scheinen „die natürlichen Aggregate der Saccharase mit ihren Begleitstoffen mehr geschont" zu sein, während sie „bei der langsamen Vergiftung der mit Wasser verdünnten Hefe und bei den langdauernden proteolytischen Vorgängen der Alterung in tiefgreifender Weise verändert werden". Es ist bemerkenswert, dass die Adsorptionsreinigung an entstehendem Bleiphosphat — ein Verfahren, das gerade die dem Enzym besonders nahe stehenden Begleiter abzutrennen erlaubt — in vielen Fällen zu auffallenden Beständigkeitseinbussen bei den vorher sehr haltbaren Präparaten führt.

Beobachtungen dieser Art führen zu der Frage, ob irgendwelche bestimmte Begleitstoffe eine spezifische Schutzwirkung auf das Enzym auszuüben vermögen. Aus den Experimenten der dritten Abhandlung geht hervor [l. c. 18, S. 77], dass die zersetzlichen Invertinlösungen durch Zusätze von verschiedener Art stabilisiert werden. Diese Wirkung kommt Elektrolyten zu, z. B. Chlorcalcium, ferner Peptiden (Leucylglycin) und Aminosäuren (Glykokoll). Weiterhin wirkt Hefegummi als günstiges Schutzkolloid. Auch Glycerin ist für die Stabilisierung geeignet. Die Wirkung des Glycerins kann eine spezifische sein; denn Glycerin vermag nach L. Michaelis und H. Pechstein (245) die Zerfallsgeschwindigkeit der Rohrzucker-Saccharaseverbindung herabzusetzen. Auf der anderen Seite entspricht aber die Stabilisierung durch Glycerin einer sehr allgemeinen, auch bei anderen Enzymen gewonnenen Erfahrung. Auch das dem Invertin in vielen Fällen so hartnäckig vergesellschaftete Tryptophanpeptid scheint für die Beständigkeit eine gewisse Bedeutung zu haben: Nach der Entfernung tryptophanhaltiger Beimengungen (204) findet man Invertinpräparate ausserordentlich zersetzlich. Aber auf der anderen Seite gibt es Beispiele gleichartiger Zersetzlichkeit bei beträchtlichem Gehalt an Tryptophan. Seine Wirkung ist „unzulänglich und nicht spezifisch".

Eine einheitliche Deutung dieser Erscheinungen erscheint kaum möglich. Die analytische Untersuchung gereinigter Enzympräparate und die davon abgeleiteten chemischen und kolloidchemischen Vorstellungen vom Bau der Enzyme weisen indessen wenigstens die allgemeine Richtung, in der die Klärung zu suchen ist. Es ergibt sich, dass in der Tat ein sehr verschiedenartiger Mechanismus für die Inaktivierung von Fermenten und für die Schutzwirkung der Begleitstoffe vorhergesehen werden kann.

Alle Fermente sind, soviel man weiss, Kolloide. Der kolloidale Charakter geht bei weitgehender Reinigung nicht verloren, wie das Verhalten bei der Dialyse und das — bei hochgereinigten Präparaten freilich nur mehr schwache — Auftreten des Tyndallphänomens beweist. Es ist die Frage aufgeworfen worden, ob die Fermente bestimmten Klassen kolloidaler Naturstoffe zugehören und ob die Aufrechterhaltung eines bestimmten Dispersitätsgrades für die Wirksamkeit und für die Beständigkeit der Enzyme genügend und notwendig sei. Von W. M. Bayliss stammt die Vorstellung, wonach die Enzymwirkung zustande kommt lediglich durch die Adsorption der Reaktionskomponenten an der Oberfläche des kolloidalen Enzymteilchens und durch die Konzentrationserhöhung, welche die Reaktionsteilnehmer in der Grenzfläche erfahren. „We may suppose that, in hydrolysis, for example, the substrate is brought in to intimate relation with water on the surface of the particles of the enzyme" (246). Welcher Art diese Kolloidteilchen sind, wird offengelassen; der Autor denkt in erster Linie an Proteine.

Einen Schritt weiter geht A. Fodor (247), indem er für die Enzymwirkung gewisse Biokolloide aus den Gruppen chemisch bekannter Verbindungen verantwortlich macht, die ihre Wirkung besonderen Dispersitätsgraden verdanken sollen. Auf Grund der Analyse sehr unreiner Enzympräparate wird Invertin als Hefegummi, das dipeptidspaltende Ferment als Phosphorproteid erklärt (vgl. hiezu S. 116). Beziehungen zwischen den Proteinen und den Fermenten sind übrigens auch von anderen Forschern nicht selten angenommen worden. So kann es nach E. Fischer (248) als wahrscheinlich gelten, dass die Enzyme „aus den Proteinen entstehen und dass manche von ihnen proteinartigen Charakter besitzen".

Es ist in den Untersuchungen von Willstätter gelungen, eine Reihe von Enzymen von den letzten nachweisbaren Spuren von Kohlenhydraten und Proteinen zu befreien. Peroxydase von der Purpurogallinzahl 2000, durch Kaolin und wiederholte Adsorption an Tonerde gereinigt, ergibt auch in konzentrierter Lösung weder mit Millons Reagens, noch mit Ninhydrin eine Reaktion; ebenso sind die Kohlehydratproben nach Molisch und nach Fehling, sowie alle Reaktionen auf Pentosen negativ [Willstätter und Pollinger (120)]. Die Xanthoproteinreaktion, die Reaktion mit Dimethylaminobenzaldehyd und mit Diazobenzolsulfosäure fehlte schon nach viel geringerer Reinheitssteigerung [Willstätter und Pollinger (120)]. Eine genügend konzentrierte Lösung gereinigter Pankreaslipase ergab weder die Reaktion nach Molisch noch die von Millon oder sonstige Fällungs- und Farbereaktionen der Proteine [Willstätter und E. Waldschmidt-Leitz (197)]. Nur eine ganz schwache Ninhydrinprobe zeigte noch Spuren von Eiweissabbauprodukten an. Pankreasamylase in 0,2$^0/_0$iger Lösung zeigte keine Trübung mit Pikrinsäure und Ferrocyanwasserstoffsäure und keine Färbung mit dem Millonschen Reagens und mit Ninhydrin.

Zum Vergleich sei erwähnt, dass die Millonsche Probe mit Eieralbumin bei einer Verdünnung von 1 : 50000, die Ninhydrinprobe mit Glykokoll in der Verdünnung 1 : 10000 und die Reaktion von Molisch mit Glucose in einer Verdünnung von etwa 1 : 100000 erkennbar sind. Für die Abwesenheit von Proteinen ist in erster Linie der negative Ausfall der Ninhydrinprobe beweisend; die Millonsche Reaktion fehlt auch bei gewissen tyrosinfreien Proteinen.

Die Dipeptidase der Hefe ist zwar nicht frei von allen Eiweisskörpern, wohl aber von dem als Phosphorproteid beschriebenen säurefällbaren Protein erhalten worden [W. Grassmann und W. Haag (182)]. Im übrigen ist im Falle der Proteasen die Abtrennung der Eiweisssubstanzen noch nicht erreicht, aber auch noch nicht nachhaltig versucht worden.

Die sorgfältigste Prüfung haben dank den einander anregenden und ergänzenden Untersuchungen der Willstätterschen und der Eulerschen Schule die Verhältnisse im Falle der Saccharase erfahren. Schon in der ersten Abhandlung haben Willstätter und F. Racke hochwertige Präparate des Invertins beschrieben, die gleichzeitig von Kohlenhydraten und Proteinen frei befunden wurden. Diese Angaben sind in der Folge mehrfach bestätigt worden (2. Abhandl. S. 139; 3. Abhandl. S. 38; 4. Abhandl. S. 195). Aber der Befund von H. von Euler und K. Josephson (249), wonach von einem gewissen Reinheitsgrad an (I f = 100) der Stickstoffgehalt der Präparate mit der Aktivität annähernd proportional erschien und „der Grössenordnung nach mit dem für Eiweissstoffe im Mittel gefundenen ... übereinstimmt", gab Veranlassung, zusammen mit dem Stickstoffgehalt auch die Rolle, die den Proteinen beim Aufbau des Enzyms allenfalls zukommen könnte, erneut zu prüfen. Während nach Euler und Josephson der Quotient $\frac{\mathrm{If}}{\%\,\mathrm{N}}$ zwischen 20,9 und 23,8 liegen sollte, schwankte sein Wert in den Versuchen von Willstätter und K. Schneider (202, 231) bei Saccharasepräparaten vom Saccharasewert 2—6,1 zwischen 9,6 und 39,2. „Die von H. v. Euler und Josephson aufgeworfene Frage, ob zwischen dem Stickstoffgehalt und der Inversionsfähigkeit Proportionalität besteht, ist zu verneinen".

Die gleichzeitig an einem grossen Material unternommene Prüfung mit Kohlehydrat- und Proteinreagenzien bestätigte bei einem Teil der Präparate die bisher gewonnenen Erfahrungen. Aber bei anderen, und zwar bei recht hochwertigen, war die Millonreaktion kräftig, mitunter so stark wie bei Eieralbumin. Dabei war es auffallend, dass aus den bei neutraler Reaktion gewonnenen frischen Autolysaten verhältnismässig leicht tyrosinfreie Präparate gewonnen werden konnten, während bei gealterten Enzymlösungen die Abtrennung des für die Millonreaktion verantwortlichen, vermutlich tyrosinhaltigen Begleiters schwer, mitunter auch gar nicht gelang. Es zeigt sich, „dass das Enzym auch noch in den Präparaten vom Saccharasewert 5 mit wechselnden Mengen von Begleitstoffen von wechselnder Natur vergesellschaftet ist".

Die zwischen der Saccharase und den Proteinen vermuteten Beziehungen versuchten Euler und Josephson (250) weiterhin wahrscheinlich zu machen durch Angaben über den auffallend hohen Tryptophangehalt ihrer Präparate. Fünf Präparate von der enzymatischen Wirksamkeit If = 225—245 (Zeitwert 0,27—0,24) enthielten 4,93—5,58% Tryptophan, das ist mehr als das Doppelte vom Tryptophangehalt der Hefeproteine. An diesen Befund knüpft sich die Folgerung, dass der angenommene „Proteinteil" des Saccharasemoleküls durch ganz spezifischen Bau, nämlich durch aussergewöhnlich hohen Tryptophangehalt ausgezeichnet sei. Diese speziellen Vorstellungen sind in den eingehenden Untersuchungen Willstätters und seiner Mitarbeiter nicht bestätigt worden. Zwar gibt es Invertinpräparate, und zwar sehr hochwertige, mit hohem Tryptophangehalt, aber in anderen Darstellungen des Enzyms fehlt die Aminosäure vollständig. Ein typisches Präparat der ersten Abhandlung, aus gealtertem Autolysat gewonnen, dessen Saccharasewert zum Teil infolge der Inaktivierungen im Laufe der Reinigungsvornahmen gering geworden war (S.-W. 0,189), erwies sich, nach der Fürthschen Methode (251) geprüft, als vollkommen tryptophanfrei. Ein anderes Präparat, das durch Adsorption bei grosser Verdünnung mit Kaolin und Tonerde gereinigt war, enthielt dagegen ziemlich viel, nämlich 3,7% Tryptophan. Aber nach einer zweimaligen Reinigung mit Bleiacetat war der Tryptophangehalt vollständig verschwunden, während der Saccharasewert auf 4,35 anstieg. Die rasch gewonnenen frischen Neutralautolysate führen zu tryptophanfreien Präparaten, wenn man der wiederholten Kaolinadsorption die Entfernung der nativen Proteine vorausgehen lässt; wegen der starken Inaktivierung, der das an schützenden Begleitern arme Enzym bei dieser Arbeitsweise am Kaolin ausgesetzt ist, wird dabei allerdings nur ein Saccharasewert 1,1 erreicht, der sich nach zweimaliger Kaolinadsorption auf 0,21 verschlechtert. Werden aber die schützenden Proteine bis zur Kaolinadsorption beim Enzym belassen und erst nachher entfernt, so führt diese geringfügig erscheinende Änderung zu Präparaten von hoher Wirksamkeit (z. B. S.-W. 6,67) und günstiger Haltbarkeit, die aber wieder grosse Mengen von Tryptophan (z. B. 8,9%) enthalten. Die folgende Betrachtung Willstätters sucht die charakteristischen Differenzen zu erklären, die im Tryptophan- und Tyrosingehalt verschiedenartig gewonnener Invertinpräparate angetroffen werden: „Wenn das Hefeeiweiss der Proteolyse unterliegt, was schon bei der Invertinfreilegung nur teilweise vermieden werden kann, so entsteht auch bald tryptophanhaltiges Peptid. Dieses hat die Fähigkeit, sich mit dem Enzym zu vergesellschaften und, wenn seine Menge ausreicht, ein Aggregat zu bilden, das sehr leicht als Ganzes adsorbierbar ist. Wenn die Proteolyse im Autolysat fortschreitet, so wächst allmählich die Menge von Spaltungsprodukt, das die Millonreaktion gibt, also von Tyrosinpeptid. Auch dieses bildet mit dem Invertin Aggregate, und zwar so, dass aus dem Gemisch von invertinhaltigem Tyrosinpeptid und Tryptophanpeptid das erstere weggeschafft werden konnte, während das Invertin in hoher Ausbeute mit dem Träger der Millonreaktion verknüpft blieb. Es gibt deutliche Anzeichen, dass diese beiden Peptide nicht die einzigen sind, die unter solchen Bedingungen mit dem Invertin assoziiert auftreten und ihm als Koadsorbentien und Schutzstoffe anhaften. Sowohl durch Fällungsmittel (Bleiacetat) wie unter Umständen durch Adsorption ist es möglich, die Saccharase von diesen eng mit ihr zusammenhängenden Fremdstoffen zu trennen". „Der Arbeiter hat es in der Hand, aus derselben Hefe, aus demselben Autolysat Invertinpräparate mit sehr verschiedenen Aggregaten der Saccharase darzustellen".

Ein besonders günstiges Ausgangsmaterial zur Gewinnung tryptophanarmer Invertinlösungen stellt die nach dem Verfahren von Willstätter, Ch. D. Lowry und K. Schneider (190) gewonnene invertinreiche Hefe dar; denn dem Invertinzuwachs auf das 10- bis 20-fache steht keine Steigerung des Tryptophangehaltes und des Eiweissgehaltes überhaupt gegenüber. Schon die rasche fraktionierte Autolyse solcher Hefen und eine folgende Dialyse führt zu Invertinpräparaten, die auf eine Saccharaseeinheit nur 0,23 mg Tryptophan enthalten, das ist nur etwa ein Drittel von derjenigen Menge, die in den massgebenden Präparaten des Stockholmer Laboratoriums auf die gleiche Enzymmenge entfallen war. Übrigens können nach Willstätter, K. Schneider und E. Wenzel (204) auch aus den tryptophanhaltigen Präparaten durch Adsorption an entstehendem Bleiphosphat Fraktionen von hoher Wirksamkeit und geringer Beständigkeit (S.-W.-4,17, indirekt bestimmt) gewonnen werden, die sich als vollkommen frei von Tryptophan und Tyrosin erweisen.

Auch der in einzelnen Präparaten angetroffene Phosphorgehalt, der von H. v. Euler und O. Svanberg (252) mit der vermuteten Anwesenheit von Nucleinsäuregruppen im Enzymmolekül in Verbindung gebracht worden war, erweist sich nach den Befunden der dritten Abhandlung als zufällig und belanglos. Durch Fraktionierung mit Hilfe von Bleiacetat konnten nämlich Enzymlösungen vom Zeitwert 0,50, 0,29, 0,20 (S.-W. 2,00, 3,45, 5,00) gewonnen werden, die nur bedeutungslose Mengen von Phosphor, nämlich 0,006, 0,02 und 0,027 $^0/_0$ enthielten.

Das Ergebnis der angeführten Untersuchungen ist dahin zusammenzufassen, „dass sich die Saccharase von chemisch definierbaren hochmolekularen Stoffen, wie Kohlenhydraten, Phosphorverbindungen und Proteinsubstanzen ohne Einbusse an Aktivität, sogar an Beständigkeit, gänzlich oder fast ganz befreien liess. Für den Aufbau der Saccharase unentbehrliche kolloidale Stoffe sind analytisch noch nicht definiert worden".

„Aber dies ist leider nur eine negative Aussage. Es ist noch nicht möglich, die Enzymnatur mit einer chemischen Gruppendefinition zu erklären. Freilich wäre es auch nicht angezeigt, etwa die Konstitution der schon besser bekannten Hormone oder auch nur die Natur der Alkaloide ... mit einer zusammenfassenden chemischen Bezeichnung auszudrücken" [Willstätter und K.

Schneider (231) und zwar S. 196]. Immerhin kann man bei zusammenfassender Betrachtung aller über die Eigenschaften der Fermente vorliegenden Erfahrungen den Versuch machen, ein allgemeines, freilich nur formales Bild von der chemischen Eigentümlichkeit der Enzyme zu entwerfen. Dabei ist es notwendig, gewisse zunächst scheinbar gegensätzliche Befunde zu vereinen. Die Tatsachen der qualitativen Konstitutions- und Konfigurationsspezifität, Erscheinungen der Enzymvergiftung z. B. durch Amine und Schwermetallsalze [H. v. Euler und O. Svanberg (253)], die Wirkung gewisser, zum Teil stöchiometrisch mit dem Enzym reagierender spezifischer Aktivatoren, schliesslich die Betrachtung der quantitativen Wirksamkeit, die in gewissen Fällen, so beim Invertin, als Zwischenproduktskatalyse von den Regeln des Massenwirkungsgesetzes bestimmt und von der Dispersität unabhängig gefunden wird; — diese Erscheinungen können schwerlich anders gedeutet werden als durch die Annahme, dass die Enzymwirkung infolge einer chemischen Reaktion des Substrates mit einer bestimmten, unbekannten, aber strukturchemisch definierten Gruppierung des Enzymmoleküls zustande kommt. Auf der anderen Seite ist es nicht zweifelhaft, dass das Adsorptions- und Elutionsverhalten und die damit eng zusammenhängende elektrische Überführbarkeit der Fermente, die Beständigkeitseigenschaften und das auf analytisch-chemischem Wege gewinnbare Bild der Zusammensetzung, in vielen Fällen, so bei den Lipasen, auch die quantitative Wirksamkeit, die p_H-Abhängigkeit und das Verhalten zu Aktivatoren und Hemmungskörpern von der Vergesellschaftung mit bekannten und unbekannten, vorwiegend kolloidalen Substanzen im weitesten Masse beeinflusst wird. Diese beiden Gesichtspunkte führen zu der Auffassung, „dass das Molekül eines Enzymes aus einem kolloidalen Träger und einer rein chemisch wirkenden aktiven Gruppe besteht“ [Willstätter (1)]. „Nach der Kenntnis, dass von den chemisch definierten kolloiden Begleitstoffen, soweit die Versuche reichen, jeder einzelne unter Erhaltung der spezifischen Enzymwirksamkeit abgetrennt werden kann, und nach der Erfahrung von der Inkonstanz der Enzymaffinitäten ist es wahrscheinlich, dass die Natur der kolloiden Träger veränderlich ist“, „dass sich andere hochmolekulare Substanzen in wechselnder Weise“ mit ihm „.. verknüpfen“. „Ein einzelner kolloider Träger scheint also entbehrlich zu sein, wenn dem Enzym ein anderer geeigneter zur Verfügung steht. Das Enzym vermag seine Aggregate zu wechseln“ [Willstätter (2)]. Vgl. dazu R. Willstätter, K. Schneider und E. Wenzel (204).

Auch H. v. Euler und K. Josephson sind auf Grund ihrer Untersuchungen über Saccharase zu einer prinzipiell übereinstimmenden Ansicht gelangt: „Darin stimmen die Münchener und die Stockholmer Schule überein, dass das Enzym aus einem eigentlichen spezifischen Saccharaseteil — wir meinen den Träger der spezifischen Affinitäten — und einem anderen Molekülteil („kolloidem Träger" oder „proteinähnlichem Teil") besteht, der für die Eigenschaften des Enzyms mitbestimmend ist und für den man... keineswegs eine konstante Zusammensetzung anzunehmen braucht". [H. v. Euler, l. c. (5), und zwar S. 13.]

Die entwickelte Vorstellung erklärt in befriedigender Weise eine Reihe von Tatsachen, von denen ein Teil schon in anderem Zusammenhang besprochen worden ist, so die Veränderlichkeit der Enzymaffinität (vgl. S. 39ff.) die Existenz von Enzymadsorbaten mit voller, abgeschwächter oder ausgelöschter Wirksamkeit des Enzyms (vgl. S. 17, 82) u. dgl. Hier soll kurz erörtert werden, was von diesem Standpunkt zur Frage der Enzymbeständigkeit bzw. über den Mechanismus der Inaktivierung von Enzymen zu sagen ist. Für die Zerstörung der Saccharase oder eines ähnlichen Enzyms sind zwei Annahmen in Betracht zu ziehen [Willstätter, J. Graser und R. Kuhn (18)]:

Die wirksame Gruppe des Enzymmoleküls kann durch chemische Veränderung inaktiviert werden, z. B. durch eine unter Wasseraustritt erfolgende irreversible Kondensation oder durch ähnliche Vorgänge.

Die zweite Möglichkeit ist die Zerstörung des Enzyms in seiner Kolloidnatur durch Verlust der Aufladung, die eine Voraussetzung für die Beständigkeit des Soles bildet. Die Ladung des Sols geht weniger leicht verloren, solange noch Schutzkolloide, z. B. Proteine, dem Enzym beigemengt sind.

Die leichte Zersetzlichkeit der Maltase ist nicht gut so zu verstehen, dass ihr Kolloidzustand leidet. Denn sie geht schon in den rohen Hefeauszügen rasch zugrunde, während sie von einer grossen Menge kolloider Schutzstoffe begleitet ist. Auch ist das Adsorptionsverhalten der Maltase nicht so verschieden von dem der Saccharase, dass man eine grundsätzliche Verschiedenheit des kolloiden Trägers bei beiden Enzymen annehmen könnte. Hier dürften also die Unterschiede der aktiven Gruppen für die verschiedene Beständigkeit verantwortlich zu machen sein.

Die Erscheinungen der Enzyminaktivierung in den an Schutzstoffen verarmten reineren Lösungen werden dagegen häufig auf die Zerstörung des kolloiden Zustandes zurückzuführen sein. Wahrscheinlicher noch ist es, „dass die Auslöschung der aktiven Enzymgruppe und der Verlust der Kolloidnatur zusammenhängen und sich gegenseitig bedingen. Das Verderben des Enzyms besteht also in der Vernichtung seiner aktiven Gruppe, womit der Verlust der die Beständigkeit des Soles bedingenden Aufladung Hand in Hand geht". Die wirksame Gruppe kann mitunter durch eine mehr oder minder lockere Assoziation mit stabilisierend wirkenden Begleitern oder Zusätzen vor dem Angriff der inaktivierend wirkenden Reaktion bewahrt werden, ähnlich wie z. B. Acrolein nach den Untersuchungen von Ch. Moureu (254) durch geringe Mengen gewisser Phenole stabilisiert werden kann.

Für die Fortführung der auf die Isolierung von Enzymen gerichteten Versuche erscheint die Frage wichtig, ob die aktive Gruppe des Enzyms für sich allein oder doch in Kombination mit einem jeweils charakteristischen und unveränderlichen „Träger" existenzfähig ist. Von A. Fodor, dessen dem Standpunkte Willstätters ursprünglich entgegengesetzte Auffassung in ihrer neueren Entwicklung den geschilderten Grundanschauungen stark nahekommt, wird dies entschieden verneint. Auch dieser Autor unterscheidet heute (255) zwischen der spezifisch wirksamen „zymohaptischen" und der meist kolloidalen und veränderlichen „zymophoren" Gruppe des Fermentkomplexes; aber die Möglichkeit einer Reindarstellung von Fermenten wird bestritten, da die „zymohaptische Gruppe" als solche in keiner Weise existenzfähig sei. Tatsächlich dürfte diese Frage gegenwärtig noch vollkommen offen sein.

Es bedeutet eine starke Stütze für die entwickelte allgemeine Vorstellung von der Natur der Enzyme, dass sich ihr einige der wenigen chemisch definierten organischen Verbindungen von enzymähnlicher Wirkung einordnen lassen. Zu diesen Stoffen, welche die Brücke von den einfachen anorganischen Katalysatoren zu den hochmolekularen und spezifisch wirkenden Fermenten der Zellen schlagen, gehört das Oxyhämoglobin. Die peroxydatische Wirkung des Hämoglobins und seiner Abkömmlinge ist seit langem bekannt und vielfach untersucht. Doch konnten erst Willstätter und A. Pollinger (128) den Nachweis führen, dass neben dem Oxyhämoglobin keine andere Peroxydase im Blute vorkommt [vgl. dazu auch A. Bach und A. Kultjugin (255a)]. Das Oxyhämoglobin ist die Peroxydase des Blutes. Seine Wirkung zeigt in der Tat eine weitgehende Ähnlichkeit mit derjenigen anderer Peroxydasen. Dies äussert sich in der Abhängigkeit von der Konzentration des Substrates und der Wasserstoffionen, ferner in der starken Abschwächung, die die Wirksamkeit beim Erhitzen der Lösungen erfährt. Aber es besteht ein Unterschied, auf den schon Willstätter und A. Stoll aufmerksam gemacht haben: Das Oxyhämoglobin ist als Peroxydase ein schlechtes Enzym, seine Wirksamkeit ist etwa 10000—30000 mal schwächer als diejenige pflanzlicher Peroxydasen in den besten der bisher dargestellten Präparate.

Die Oxyhämoglobine verschiedener Tierarten stimmen in ihrer qualitativen Wirkung, auch in ihrer Abhängigkeit von der Hydroperoxydkonzentration weitgehend überein. Verschieden sind aber die einzelnen Oxyhämoglobine in ihrer quantitativen Leistung. Wenn 100 mg Oxyhämoglobin mit 50 mg H_2O_2 auf 5 g Pyrogallol 5 Minuten lang einwirken, so ergibt

1 mg Oxyhämoglobin aus	Pferdeblut	0,152 mg Purpurogallin
1 „ „ „	Hundeblut	0,115 „ „
1 „ „ „	Rinderblut	0,114 „ „
1 „ „ „	Schweineblut	0,093 „ „

„Dieser Unterschied zwischen den Hämoglobinen dürfte darauf beruhen, dass die spezifisch wirksame Gruppe, die prosthetische, in ihrer Wirkung von der Assoziation mit dem Globinmolekül abhängt. Nach den recht verschiedenen Löslichkeits- und Krystallisationsverhältnissen der Oxyhämoglobine scheinen die Globine aus den verschiedenen Blutarten ungleich konstituiert zu sein. ...Die peroxydatische Wirkung der mit verschiedenen Globinkomplexen verbundenen eisenhaltigen Farbstoffgruppen unterliegt daher Abstufungen, das an die Oxyhämoglobine adsorbierte Hydroperoxyd wird in wechselndem Masse aktiviert". Das Oxyhämoglobin ist „ein bemerkenswertes Modell für die Differenzierung der Affinitätsverhältnisse eines Enzyms".

Der Vergleich der Oxyhämoglobine verschiedener Tierarten bietet ein lehrreiches Beispiel dafür, dass durch Veränderungen des kolloiden Komplexes quantitative Verschiedenheiten zustande kommen, wie sie auch zwischen Enzymen verschiedenen Urspunges häufig beobachtet werden („Artspezifität"). Weitergehende Umgestaltungen des Gesamtmoleküls und der prosthetischen Gruppe bedingen dagegen Veränderungen in der qualitativen Spezifität und in den charakteristischen „Enzym"-Eigenschaften. Wird Hämoglobin zu Hämin abgebaut, so findet man, wie aus Untersuchungen von R. Kuhn und Mitarbeitern (256) hervorgeht, die peroxydatische Wirkung erheblich geschwächt, aber die neue Form der organischen Eisenverbindung besitzt beträchtliche Katalasewirksamkeit, die dem Hämoglobin selbst fehlt. Hämin als Katalase leistet nur um ein geringes weniger als kolloidales Platin nach Bredig (257), aber es wirkt noch 1000—10000 mal schwächer als die besten Präparate der Leberkatalase [vgl. dazu S. Hennichs (258), H. v. Euler und K. Josephson (259)]. Bei dem um zwei Atome Wasserstoff reicheren Mesohämin fehlt die Katalasewirkung. Die p_H-Kurve der Peroxydasewirkung ist hier nach der alkalischen Seite verschoben, das Optimum liegt bei $p_H = 6{,}5$ statt bei $p_H = 5$, wie beim Oxyhämoglobin. Die katalytische Wirksamkeit dieser Enzymmodelle wechselt also mit genau bekannten Veränderungen der Konstitution, ohne dass Unterschiede in der Dispersität dafür verantwortlich gemacht werden können.

Obwohl das katalytische Leistungsvermögen der pflanzlichen Peroxydase von dem des Blutfarbstoffes der Grössenordnung nach verschieden ist, so war doch die Frage zu prüfen, ob der chemische Aufbau der beiden Katalysatoren analoge Züge aufweist. Eine solche Analogie hätte sich im Eisengehalt und in der Farbe der pflanzlichen Peroxydase äussern können; ein positiver Befund dieser Art wäre als eine erste Aussage über die „aktive Gruppe" eines Fermentes zu bewerten gewesen.

Den älteren positiven [J. Wolff (260), W. Madelung (261)] und negativen [E. de Stoecklin (262), A. Bach und J. Tscherniack (263)] Angaben über den Eisengehalt der Peroxydase kommt keine Beweiskraft zu, da die untersuchten Präparate durchwegs nur einen verschwindenden Bruchteil an Enzym enthalten haben können. So sind die besten Präparate von Bach und Tscherniack etwa 150 mal weniger wirksam als die von Willstätter und Pollinger gewonnenen. Die ersten Untersuchungen Willstätters schienen es in der Tat wahrscheinlich zu machen, dass Eisen einen wesentlichen Bestandteil des Peroxydasemoleküls darstellt. Bei der Steigerung des Reinheitsgrades von der Purpurogallinzahl 300 auf 430 und 560 war der Eisengehalt anscheinend parallel mit der Wirksamkeit gestiegen, nämlich von 0,17 auf 0,34 und 0,46 %. Als das Enzym durch Adsorption an Tonerde in seiner Konzentration weiter gesteigert worden war, z. B. zur Purpurogallinzahl 1500, erwies es sich zwar viel ärmer an Eisen, aber auch jetzt zeigte sich bei einer sehr grossen Anzahl von Präparaten verschiedenen Ursprungs eine annähernde Proportionalität zwischen Eisengehalt und Wirkung. Die Werte der Abb. 10, die der Arbeit von Willstätter und Pollinger (120) entnommen ist, hätten in der Tat eine Schlussfolgerung auf den Eisengehalt des Peroxydasemoleküls gerechtfertigt, wenn es nicht gelungen wäre, im weiteren Reinigungsgange die eisenführenden Begleitstoffe bis zur Bedeutungslosigkeit abzutrennen. Schon die durch Adsorption an Kaolin bei grosser Verdünnung gereinigten Enzymproben von der Purpurogallinzahl 2000 und darüber enthielten verhältnismässig wenig, nämlich nur 0,09—0,12 % Eisen. Entscheidend aber war die Reinigung durch Tanninfällung, wobei die enzymatische Konzentration zur Purpurogallinzahl 3000 und darüber gesteigert wurde, während der Eisengehalt zu ganz geringen Werten, z. B. auf 0,06 % Fe herabsank. „Damit war festgestellt, dass das Eisen für die Zusammensetzung des Enzyms bedeutungslos ist".

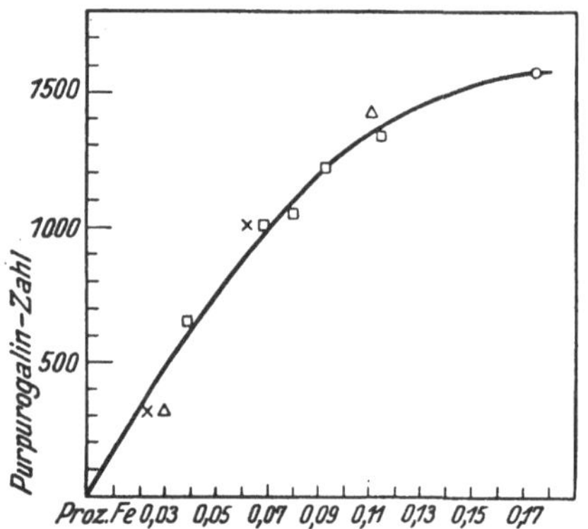

Abb. 10. Enzymatische Wirkung und Eisengehalt von Peroxydasepräparaten.

Auch im Falle der Katalase dürften die Verhältnisse ähnlich liegen. Die weitgereinigten Präparate der Leberkatalase von Euler und Josephson (l. c.) enthalten zum Teil nur geringfügige Eisenmengen und lassen keine Parallelität zwischen der katalatischen Wirksamkeit und dem Eisengehalt erkennen.

Dagegen ist es nicht unwahrscheinlich, dass die rotbräunliche, porphyrinähnliche Farbe, die man bei allen, auch den reinsten Peroxydasepräparaten antrifft, dem Enzym selbst zugehört. Die Farbintensität ist dem Peroxydasegehalt annähernd proportional, aber ein genau quantitativer Vergleich wird dadurch erschwert, dass auch die Inaktivierungsprodukte des Enzyms, sowie gewisse peroxydatisch wenig oder gar nicht wirksame Begleitstoffe gefärbt sind.

Wenn auch eine Reihe von natürlich vorkommenden und synthetisch gewonnenen Eisenverbindungen [vgl. J. Wolff und E. de Stoecklin (264)] in gewissem Masse peroxydatisch zu wirken vermögen, so sollte doch, wie Willstätter (265) hervorhebt, bei der Beurteilung der dem Eisen in den natürlichen Atmungsprozessen zufallenden Rolle der Nachweis beachtet werden, dass mindestens eines der hochaktiven, sauerstoffübertragenden Enzyme eisenfrei ist. O. Warburg (266) hat auf Grund seiner Versuche, in denen die Beteiligung von Eisenverbindungen an natürlichen Oxydationsvorgängen sehr wahrscheinlich gemacht wird, die Schlussfolgerung ausgesprochen: „Eisen ist der sauerstoffübertragende Bestandteil des Atmungsfermentes, das Atmungsferment ist die Summe aller katalytisch wirksamen Eisenverbindungen, die in der Zelle vorkommen". In dieser Form ist die These Warburgs mit den experimentellen Befunden Willstätters nicht vereinbar; die Aktivierung des peroxydischen Sauerstoffs erfolgt ohne Mitwirkung des Eisens. Aber es ist wahrscheinlich, dass die Bedeutung der natürlichen Eisenverbindungen andere Teilvorgänge des Atmungsprozesses betrifft. „Es ist wohl möglich, und das hartnäckige Anhaften von Eisenverbindungen scheint dafür zu sprechen, dass sich die Peroxydase in einem eisenhaltigen System betätigt". Man kann annehmen, dass gewisse Eisenverbindungen als Hilfsstoffe der Peroxydase Bedeutung haben. Ihre Aufgabe könnte die Überführung des molekularen Sauerstoffs in peroxydische Bindung sein; eine solche Funktion des Eisens ist nach den Untersuchungen von W. Manchot (267) wohl verständlich.

2. Zerlegung von Enzymgemischen.

Die auf die Reindarstellung von Fermenten gerichteten Versuche scheinen der Grenze nahegekommen zu sein, die ihnen durch den gegenwärtigen Stand der Methoden gesetzt ist. Dagegen bietet die Zerlegung natürlicher Enzymgemische eine Fülle wichtiger Aufgaben, deren Lösung mit den heute verfügbaren Mitteln möglich und aussichtsreich erscheint. Nicht die chemische Reindarstellung, wohl aber die Befreiung von begleitenden anderen Enzymen, die Gewinnung im Zustand „enzymatischer Einheitlichkeit" ist in vielen Fällen die Voraussetzung für die richtige Abgrenzung der Spezifität und für die Anwendung der Enzyme als Hilfsmittel der chemischen Forschung. Die Tatsache, dass es gelingt, Enzyme aus ihren natürlichen Gemengen unter voller Erhaltung ihrer spezifischen Wirksamkeit abzutrennen, ist eine der wichtigsten Stützen für die Annahme, wonach der Enzymwirkung jeweils bestimmte, chemisch definierte Stoffindividuen oder Atomgruppierungen zugrunde liegen.

Eine besondere Bedeutung hat die Zerlegung von Enzymgemischen für die Ausbildung und Verfeinerung der Adsorptionsmethodik erlangt. Die systematische Aufsuchung der günstigsten Adsorptionsbedingungen, die Wahl besonders selektiver Adsorbentien ist in vielen Fällen die Voraussetzung für den Erfolg. Solange die Adsorptionsmethode noch wenig entwickelt war, konnte die Scheidung wenigstens solcher Enzyme, die in ihrer spezifischen Wirkung einander sehr nahestehen, als eine besonders schwierige, vielleicht unlösbare Aufgabe gelten: „Die Abtrennung (des Invertins) von den nahe verwandten zuckerspaltenden Enzymen liegt, so wie die Auflösung natürlicher Gemische von Eiweissstoffen, noch nicht im Bereiche des Möglichen“ [Willstätter und F. Racke (57)]. Der Erfolg hat die Erwartung übertroffen. Bei genügend gründlichem Studium des Adsorptionsverhaltens lassen sich wohl immer Unterschiede zwischen verschiedenen Enzymen finden, die eine vollkommene oder annähernd vollkommene Scheidung ermöglichen; übrigens ist auch die Auflösung natürlicher Proteingemische mit Erfolg in Angriff genommen [E. Waldschmidt-Leitz und A. Schäffner (244)]. Umgekehrt kann es als ein Beweis für die Einheitlichkeit eines gegen mehrere Substrate wirksamen Enzymmaterials gelten, wenn bei vielen und stark variierten Adsorptionsversuchen keine Verschiebung im Verhältnis der Wirksamkeit gegenüber verschiedenen Substraten beobachtet wird.

a) Trennung der Pankreasenzyme.

Die Pankreasdrüse bringt eine grössere Anzahl von Fermenten hervor, unter denen die wichtigsten Lipase, Amylase, Trypsin und Erepsin sind. Daneben enthält die Drüse, wie man heute annehmen muss, eine Vorstufe des spezifischen Trypsinaktivators, die Prokinase, aus welcher nach kurzer Autolyse, sehr wahrscheinlich aber auch im normalen Fermenthaushalt, die Enterokinase gebildet wird. Über Antiglyoxalase und ihre Trennung vom Pankreastrypsin vergleiche man Kuhn und Heckscher (268).

Die Trennung der in ihrer Wirkung wesentlich verschiedenen Enzyme, Lipase, Amylase und Trypsin gelingt verhältnismässig leicht auf Grund ihres unterschiedlichen Verhaltens gegenüber Kaolin und Tonerde (87, 197). Die Lipase wird bei neutraler und bei saurer Reaktion von Tonerde und von Kaolin adsorbiert. Ihre sauren Eigenschaften sind stärker ausgebildet als diejenigen von Amylase und Trypsin. Amylase ist an Tonerde aus wässeriger Lösung überhaupt nur schlecht adsorbierbar, Trypsin wird zwar in neutraler, aber nicht erheblich in saurer Lösung vom Aluminiumhydroxyd aufgenommen. Daher kann die Lipase in angesäuerter Lösung durch Adsorption an Tonerde von den begleitenden Enzymen getrennt werden. Die Trennung wird allerdings dadurch erschwert, dass den beiden anderen Enzymen, besonders der Amylase, durch die Begleitstoffe (Koadsorbentien) Adsorptionseigenschaften verliehen werden, die sie an sich nicht besitzen. Aber diese Koadsorbentien halten auch die begleitenden Enzyme im Adsorbat mehr zurück, wenn man die Lipase eluiert; dadurch wird die Trennung unterstützt. Während das Tonerdeadsorbat den grössten Teil und die Elution daraus beispielsweise $^2/_3$ der angewandten Lipase enthält, gehen von der Amylase $^1/_4$ in das Adsorbat, aber nur $3\,^0/_0$ in die Elution über. Die Lipase wird daher nach zweimaliger

Adsorption an Tonerde und Elution mit ammoniakalischem Phosphat von Amylase und Trypsin (aber nicht vom Pankreaserepsin) völlig frei erhalten. Ihre weitere Reinigung kann durch Adsorption an Kaolin erfolgen.

Von wesentlicher Bedeutung für den Erfolg der Trennung ist die Beschaffenheit der angewandten Tonerde. Geeignet ist die Sorte B, weniger günstig das Polyhydroxyd A [Willstätter und E. Waldschmidt-Leitz (197)]. Am besten gelingt die Trennung mit dem Orthohydroxyd $C\gamma$ [Willstätter, E. Waldschmidt-Leitz, S. Dunaiturria, G. Künstner (179)]. Dabei ist es aber unerlässlich, dass das Adsorbens hinlänglich lange gealtert und von jeder Beimengung an dem unbeständigen β-Gel frei ist. Denn die β-Modifikation vermag in saurer Lösung das Trypsin kräftig, mitunter vollkommen zu adsorbieren [E. Waldschmidt-Leitz, A. Schäffner und W. Grassmann (106), Willstätter und Mitarbeiter (179)]. Auch das Meta-Hydroxyd adsorbiert Trypsin erheblich, ist also für die Trennung ungeeignet.

Daneben scheint auch die Beschaffenheit der Drüse Bedeutung zu haben. Nach den Beobachtungen von Waldschmidt-Leitz und A. Harteneck (180) wurde das Trypsin eines aus stark verfetteter Drüse gewonnenen Glycerinextraktes von Tonerde C fast vollständig adsorbiert, während die gleiche Tonerde unter denselben Bedingungen aus dem Glycerinextrakt einer normalen Drüse nur $10\,^0/_0$ aufnahm.

Aus der nun noch Amylase und Trypsin enthaltenden Restlösung kann das Trypsin durch Adsorption mit Kaolin weggeschafft werden, wobei die Amylase grösstenteils in der Mutterlauge verbleibt. Verluste an Amylase sind dabei nicht zu vermeiden. Abgesehen von der Zerstörung, die das Enzym bei der Berührung mit Kaolin erfährt [Willstätter, E. Waldschmidt-Leitz und A. Hesse (225)] führen nämlich die Koadsorbentien der Amylase einen Teil des Fermentes, z. B. $^1/_4$, in das Adsorbat mit über. Dabei erschöpft sich der Gehalt der Enzymlösung an diesen Begleitstoffen, so dass bei einer zweiten Behandlung mit Kaolin nur mehr wenig von Amylase, aber alles Trypsin durch das Adsorbens aufgenommen wird. Die Elution des Kaolinadsorbates enthält das Trypsin rund achtmal reiner als die Drüsenauszüge in einer Ausbeute von ungefähr $40\,^0/_0$ der anfänglichen Enzymmenge; sie ist frei von Amylase [Willstätter, E. Waldschmidt-Leitz und A. Hesse (225)] oder enthält noch ganz geringe Mengen davon. Die Amylase der Restlösung kann durch Adsorption an Tonerde aus neutraler, $50\,^0/_0$ Alkohol enthaltender Lösung weiter gereinigt werden.

Beispiel.

α) Darstellung einheitlicher Pankreaslipase [Willstätter und E. Waldschmidt-Leitz (197)].

Klärung des Glycerinauszuges. Das Ausgangsmaterial bestand in 500 ccm trübem Glycerinauszug aus getrocknetem Pankreas mit einem Gehalt von 2170 L.-E. und 1472 Amylaseeinheiten. 10 ccm spalteten 0,3 g Gelatine in zwei Stunden bei 30° entsprechend einem Aciditätszuwachs von 1,35 ccm 0,8 n-KOH ($p_H = 8{,}9$). Zur Klärung versetzte man den Extrakt mit 2500 ccm Wasser und trennte den entstandenen Niederschlag in der Zentrifuge ab (20 Minuten, 2500 Touren). Der geklärte, gelblich gefärbte Auszug enthielt noch 1800 L.-E., 1397 Amylaseeinheiten und das gesamte Trypsin.

Erste Adsorption. Der geklärte Auszug, 2930 ccm, angesäuert mit 30 ccm n/1-Essigsäure, wurde mit 750 ccm Tonerdesuspension (Darstellung B) geschüttelt, die 6,975 g Al_2O_3 enthielten. Durch Zentrifugieren (5 Minuten, 2500 Umdrehungen) trennte man 3400 ccm Restlösung vom Adsorbat ab. Die Restlösung enthielt $76\,^0/_0$ der Amylase, $10\,^0/_0$ der Lipase und (innerhalb der Fehlergrenze) das gesamte Trypsin.

Erste Elution. Das Adsorbat wurde in den Zentrifugengläsern mit 1200 ccm 20%igem Glycerin gewaschen — bei der Waschung mit Wasser traten regelmässig beträchtliche Verluste durch Enzymzerstörung ein — und darauf zweimal mit je 600 ccm Elutionsflüssigkeit (57 Volumteile 1%iger Diammonphosphatlösung, 3 Teile n-NH_3, 40 Teile 87%iges Glycerin) eluiert. Die in der Zentrifuge von Tonerdeschlamm abgetrennten Elutionen versetzte man zur Stabilisierung mit 397 ccm 87%igem Glycerin, um sie erst nach einigen Stunden weiter zu verarbeiten. Gemäss der sofort ausgeführten Bestimmung enthielten die Elutionen $^2/_3$ der angewandten Lipase, begleitet von nur 3,5% der anfangs vorhandenen Amylase.

Ausfällung der Phosphorsäure. Da die Anwesenheit von Phosphation die Adsorption der Lipase verhindert, ist die Phosphorsäure vor der Wiederholung der Adsorption aus der Elution zu entfernen. Zu diesem Zweck versetzte man die Elution mit 2820 ccm Wasser, 54 ccm n-NH_4Cl und ebensoviel n-NH_3 und fällte unter kräftigem Umschütteln mit 116 ccm 10%iger Magnesiumacetatlösung die Phosphorsäure aus. Dabei entstehen Verluste an Lipase; sie lassen sich verringern, wenn die Fällung bei geringerem Glyceringehalt, z. B. 10—15%, vorgenommen wird.

Zweite Adsorption. Das phosphatfreie Filtrat, 4350 ccm, säuerte man mit 50 ccm n-Essigsäure an und führte die Adsorption mit 700 ccm desselben Aluminiumhydroxyds aus (6,510 g Al_2O_3). Nach dem Zentrifugieren erhielt man 4900 ccm Restlösung, die drei Lipaseeinheiten, 19 Amylaseeinheiten und schätzungsweise $^1/_{20}$ des ursprünglichen Trypsins enthielt.

Zweite Elution. Es ist nicht zweckmässig, das Adsorbat zu waschen, da es sich zu schwer wieder absetzt. Man eluierte sogleich zweimal mit je 500 ccm der Elutionsflüssigkeit und zentrifugierte von der Tonerde ab. Die Elution enthielt, frei von nachweisbaren Mengen der begleitenden Enzyme, 634 Lipaseeinheiten, das sind 35% der Lipase des geklärten Glycerinauszuges. Ein Teil des Verlustes hätte durch andere Ausführung der Phosphorsäureentfernung vermieden werden können (s. o.)

Reinigung der Lipase durch Adsorption an Kaolin. Die so gewonnene Lipase ist nur etwa dreimal reiner als im Glycerinauszug, 30mal reiner als in der Drüse. Weitere Reinigung gelingt durch Adsorption an Kaolin.

Eine nach dem beschriebenen Verfahren gewonnene Lösung von 1152 L.-E. in 1600 ccm 50%igem Glycerin wurde mit dem gleichen Volumen Wasser verdünnt, mit 40 ccm n-Essigsäure angesäuert und mit einer Aufschlämmung von 72 g elektroosmotisch gereinigtem Kaolin in 300 ccm Wasser behandelt. Das Adsorbat setzte sich beim Zentrifugieren gut ab und wurde ohne Waschen sogleich mit zweimal mit je 400 ccm der Elutionsflüssigkeit angerührt. Die Elution trennte man durch Zentrifugieren von der Hauptmenge des Kaolins. Die etwas trübe Lösung enthielt 65% vom angewandten Enyzm. Die Klärung gelingt ohne nennenswerten Verlust beim Absaugen auf gehärtetem Filter, das mit einer dünnen Haut von Kieselgur bedeckt ist.

Eine so gereinigte Lipaselösung zeigte gemäss ihrem nach mehrtägiger Dialyse bestimmten Trockengewicht den Lipasewert 207 und war daher 250 mal reiner als die angewandte trockne Drüse. Kohlenhydrat- und Eiweissreaktionen sind negativ (abgesehen von einer sehr schwachen Ninhydrinreaktion).

β) Trennung von Amylase und Trypsin.

Aus der Restlösung der ersten Tonerdeadsorption muss nun die Lipase durch Tonerde vollständig entfernt werden, wovon die Hälfte des für die Adsorption der Hauptmenge erforderlichen Aluminiumhydroxyds genügt. Dies geschieht ohne Verlust an Trypsin und mit unwesentlichem Verlust an Amylase, so dass praktisch das gesamte Trypsin und 40—95, gewöhnlich aber 70—80% der Amylase erhalten werden [Willstätter, Waldschmidt-

Leitz und A. Hesse (87, 225), Willstätter, E. Waldschmidt-Leitz und Mitarbeiter (179)].

Adsorption an Kaolin (Willstätter l. c. 179, und zwar S. 206). 18,0 ccm lipasefreie Restlösung der Tonerdeadsorption (mit 36 T.-(e) und 10,4 Am.-E.), die neutralisiert waren ($p_H = 7,0$), behandelte man mit insgesamt 20 ccm Kaolinsuspension (1,55 g), und zwar viermal mit je 5 ccm derselben unter jeweiliger Abtrennung des Adsorbates in der Zentrifuge. Die vereinigten Adsorbate wurden mit 30 ccm der Elutionslösung behandelt und die erhaltene Elution alsbald mit n-Essigsäure neutralisiert.

In 30 ccm der Restlösung von der Kaolinadsorption fand man keine tryptische Wirkung mehr, aber noch 1,08 Am.-E., während die aus den Adsorbaten bereitete Elution in insgesamt 28 ccm 28 T.-(e), das sind 77 % von der Trypsinmenge der lipasefreien Lösung enthielt. Der Amylasegehalt der Elution war nur geringfügig, er entsprach insgesamt 0,67 Am.-E. Das Trypsin liegt in der Elution etwa achtmal reiner vor als in dem angewandten Glycerinextrakt.

Die beschriebenen Versuche sind, soweit sie die Proteasen der Pankreasdrüse betreffen, noch unvollkommen. Das Verhalten des Pankreastrypsins, das nach der von Willstätter, E. Waldschmidt-Leitz und Mitarbeitern ausgearbeiteten Methode mit Casein als Substrat und unter voller Aktivierung mit Enterokinase bestimmt wird, ist beschrieben ohne Rücksicht darauf, ob die Protease in den untersuchten Lösungen von überschüssigen, ausreichenden oder unzureichenden Mengen ihres Aktivators oder seiner Vorstufe begleitet ist. Auch ist die Anwesenheit des Pankreaserepsins noch unbeachtet geblieben. Die Auflösung des Enzymgemisches ist also zu ergänzen durch Verfahren zur Trennung der tryptischen und der ereptischen Proteasenkomponente und zur Gewinnung des von Enterokinase befreiten Pankreastrypsins. Kinase, frei von Erepsin und Trypsin, ist aus Pankreas bisher nicht dargestellt worden, wohl aber aus der Darmschleimhaut.

Das Pankreaserepsin steht im Verhalten gegenüber Tonerde der Pankreaslipase nahe. Es wird wie diese und im Gegensatz zum Pankreastrypsin vom Aluminiumhydroxyd Cγ stark adsorbiert, und zwar besser aus saurer als aus neutraler Lösung. Das Erepsin kann also (zusammen mit Lipase) durch Adsorption aus saurer Lösung vom Trypsin abgetrennt und aus den Adsorbaten mit verdünntem Ammoniak oder auch mit Alkaliphosphat frei von tryptischer Wirkung gewonnen werden. Durch wiederholte Einwirkung der Tonerde wird die trypsinhaltige Mutterlauge von der ereptischen Komponente vollkommen befreit [E. Waldschmidt-Leitz und A. Harteneck (227)]

Beispiel für die Trennung von Pankreastrypsin und -erepsin [E. Waldschmidt-Leitz und A. Harteneck (227)].

22,5 ccm Glycerinauszug aus getrockneter Pankreasdrüse wurden mit dem gleichen Volumen Wasser verdünnt und nach dem Versetzen mit 1,5 ccm n-Acetatpuffer von $p_H = 4,7$ mittels 6,0 ccm Tonerdesuspension C (62,4 mg Al_2O_3) adsorbiert. Das Adsorbat, das gemäss der Analyse der Mutterlauge (vgl. die analytischen Belege der Tabelle 11) 26 % des Trypsins und 36 % des Erepsins enthielt, eluierte man mit 30 ccm 0,04 n-NH_3 (17 % Glycerin enthaltend).

2/3 von der Mutterlauge der ersten Adsorption, nämlich 35 ccm wurden erneut der Behandlung mit 4 ccm Tonerde (41,6 mg Al_2O_3) unterworfen und das gewonnene Adsorbat wiederum mit 30 ccm glycerinhaltigem 0,04-NH_3 eluiert.

Die Hälfte der Adsorptionsrestlösung von der zweiten Vornahme, nämlich 19 ccm, behandelte man zum dritten Male mit der Tonerde, diesmal mit 2 ccm der Aufschlämmung (20,8 mg Al_2O_3) und nahm so den Rest des Erepsins auf; es hinterblieben nach dem Neutralisieren 24 ccm trypsinhaltige Mutterlauge. Das Adsorbat wurde, wie oben beschrieben, eluiert und zwar nunmehr mit 15 ccm der Elutionsflüssigkeit.

Auch die Enterokinase ist aus saurer Lösung erheblich stärker adsorbierbar als das Trypsin. Der Unterschied der Adsorptionsaffinität ist so gross, dass es sogar gelingt, dem bereits aktivierten Enzym einen Teil seines Aktivators

Tabelle 11. Ausbeuten bei der Trennung von Trypsin und Erepsin. (Bestimmt mit aliquoten Teilen der Lösungen. Die Bestimmung des Trypsins und des Erepsins erfolgte unter den von Waldschmidt-Leitz und A. Harteneck empfohlenen Bedingungen (s. o. S. 59) mit Gelatine bzw. Leucylglycin als Substrat; Dauer der Erepsinbestimmung 2 Stunden.)

Enzympräparat	Trypt.-Wirkung ccm 0,2 n-KOH	Ausbeute T.-(e)	Ausbeute %	Erept. Wirkung ccm 0,2 n-KOH	Ausbeute P. Er.-E.	Ausbeute %
		1. Adsorption:				
Ausgangslösung	0,57	74	—	1,28	0,0104	—
Mutterlauge	0,48	54	74	0,86	0,00665	64
Elution	**0,00**	0	0	0,47	**0,00348**	34
		2. Adsorption:				
Ausgangslösung	0,48	36	—	0,86	0,00442	—
Mutterlauge	0,46	32	89	0,48	0,00240	54
Elution	**0,08**	5	13	0,42	0,00208	47
		3. Adsorption:				
Ausgangslösung	0,46	16	—	0,48	0,00120	—
Mutterlauge	**0,43**	15	94	0,00	**0,00**	0
Elution	**0,00**	0	0	0,29	0,00071	60

wieder zu entziehen. In der Mutterlauge bleibt demnach das Trypsin in unvollständig aktiviertem, wieder aktivierbarem Zustand zurück, während die Elution neben beigemengtem Trypsin beträchtliche Mengen Kinase enthält. Es ist dabei gleichgültig, ob die Aktivierung durch spontane Bildung des Aktivators aus den Drüsensubstanzen oder durch Zusatz von Kinase aus Darmschleimhaut erfolgt ist [E. Waldschmidt-Leitz (98)]. Indessen würde die vollkommene Abtrennung des Aktivators nach diesem Verfahren sehr grosse Mengen von Tonerde erfordern und entsprechende Verluste an Trypsin bedingen.

Besser gelingt die Zerlegung des Gemisches von Trypsin und Trypsinkinase durch ein von Waldschmidt-Leitz, A. Schäffner und W. Grassmann (106) angegebenes Verfahren der spezifischen Elution. Tonerdeadsorbate von Trypsin und Trypsinkinase, wie sie durch Adsorption des vom Erepsin befreiten Pankreasextraktes bei neutraler Reaktion erhalten werden, geben nämlich an verdünnte Lösungen von neutralem Alkalicaseinat vorwiegend die aktivierte Komponente ab und es gelingt nun, aus den Adsorbaten das kinase- und erepsinfreie Trypsin durch Einwirkung von verdünntem Alkali abzulösen.

Dieses Verfahren, das nur bei wenig aktiviertem Drüsenmaterial und nach vorausgegangener Abtrennung des Erepsins befriedigende Ausbeuten liefert, wird an Bedeutung übertroffen durch eine Methode der spezifischen Adsorption an Casein [E. Waldschmidt-Leitz und K. Linderström-Lang (224)]. Es hat sich ergeben, dass durch Niederschläge von Casein, die in der Enzymlösung selbst hervorgerufen werden, aus der Mischung von Trypsin und Trypsinkinase nur die aktive Komponente adsorbiert wird; die Verluste an Trypsin sind bei diesem Verfahren auf die bei der präparativen Arbeit üblichen mechanischen Einbussen beschränkt. Es ist zweckmässig, die Abscheidung des aktivierten Enzymanteils vor der Abtrennung des Erepsins vorzunehmen, da bei der Fraktionierung der rohen Enzymlösung mit Tonerde bei saurer Reaktion eine Zunahme des relativen Trypsinkinasegehaltes infolge spontaner Aktivierung einzutreten pflegt. Die Trennung der aktivierten und der nichtaktivierten Komponente gelingt ausserdem nach H. Bechhold und L. Keiner (268a) durch Ultrafiltration, ferner auf Grund der verschiedenen Beständigkeit der beiden Enzymindividuen gegenüber Alkali [Waldschmidt-Leitz und Kahn (268b)].

Die vom Erepsin befreiten Trypsinlösungen zeigen die Erscheinung der spontanen Selbstaktivierung nicht mehr. Mit dem Erepsin zusammen ist in allen Fällen auch die Vorstufe der Kinase, die Prokinase, beseitigt worden.

Beispiel für die Darstellung von enterokinase- und erepsinfreiem Trypsin [E. Waldschmidt-Leitz und K. Linderström-Lang (224)].

Zur Verwendung kommen Pankreasdrüsen vom Schwein, die zur Vermeidung der spontanen Selbstaktivierung unmittelbar nach der Schlachtung mit Acetonäther getrocknet und daher sehr arm an aktiviertem Trypsin sind. 20 ccm Glycerinauszug (10 Teile Glycerin auf 1 Teil Drüse), enthaltend 140 T.-(e), davon 1,88 T.-(e), das sind 1,2% in aktivierter Form, wurden mit 20 ccm 6%iger Caseinlösung (Hammarsten) versetzt, in Kältemischung abgekühlt und nach etwa 5 Minuten durch Zusatz von 2,8 ccm n-Essigsäure unter Umschütteln gefällt; 22 ccm der von der Fällung sogleich durch Filtration getrennten Mutterlauge fing man in 10 ccm 6%iger gekühlter Caseinlösung auf und fällte sie erneut durch sofortigen Zusatz von 1,2 ccm n-Essigsäure; 15 ccm der wiederum durch Filtration vom Niederschlage getrennten und mit 10 ccm 6%iger kalter Caseinlösung vermischten Mutterlauge befreite man durch Zusatz von 1,2 ccm n-Essigsäure und Filtration von den letzten Anteilen Trypsinkinase; sie enthielt dann in 25 ccm 35,8 T.-(e) neben 0,0136 P.-Er.-Einheiten, aber keine nachweisbaren Mengen Trypsinkinase mehr. Die unter Berücksichtigung der erfolgten Verdünnung berechnete Ausbeute an Trypsin belief sich auf 95%.

13 ccm der kinasefreien Lösung behandelte man dreimal mit je 0,50 ccm Tonerdesuspension $C\gamma$ (je 8,9 mg Al_2O_3) und trennte in der Zentrifuge von den Adsorbaten. Die erhaltenen Adsorptionsmutterlauge (13 ccm) war frei von Trypsinkinase und von Erepsin und enthielt insgesamt noch 11,4 T.-(e), das sind 62% der vor der Abtrennung des Erepsins gemessenen Trypsinmenge.

b) Trennung der Proteasen einiger anderer tierischer Organe und Sekrete.

Der Zerlegung des Proteasengemisches der Pankreasdrüse schliesst sich eine Reihe anderer, gleichfalls von E. Waldschmidt-Leitz und seinen Mitarbeitern ausgearbeiteten Enzymtrennungen an, welche die Proteasen und einige nahe verwandte Enzyme anderer tierischer Organe und Sekrete betreffen.

Das Proteasensystem der Darmschleimhaut ist qualitativ dem der Pankreasdrüse ähnlich. Die Schleimhaut enthält Erepsin, Trypsin und Enterokinase, und zwar sind diese, wie man auf Grund ihres Adsorptionsverhaltens und ihrer spezifischen Wirkungsweise annehmen muss, identisch mit den entsprechenden Proteasen und ihrem Aktivator aus der Pankreasdrüse [Waldschmidt-Leitz und A. Schäffner (269)]. Bedeutende Unterschiede bestehen indessen in quantitativer Hinsicht. Die tryptische Wirkung findet man wechselnd und oft nur gering, dagegen ist die ereptische Wirksamkeit und der Gehalt an Kinase sehr beträchtlich. Die Darmschleimhaut ist daher in erster Linie Ausgangsmaterial für die Gewinnung der Kinase und des proteolytisch einheitlichen Erepsins.

Darstellung einheitlicher Enterokinase. Die Gewinnung erepsin- und trypsinarmer Enterokinaselösungen aus der Darmschleimhaut beruht auf der Ausnutzung der etwas grösseren Beständigkeit des Aktivators und gewisser Unterschiede im Verhalten gegenüber den bei der Extraktion aus der Schleimhaut angewandten Reagenzien. Man gewinnt die Enterokinase vorteilhaft nicht aus der frischen, sondern aus der mit Aceton-Äther getrockneten Schleimhaut. Das gegenüber diesen Lösungsmitteln unbeständige Darmerepsin wird dabei zum grössten Teile zerstört [E. Waldschmidt-Leitz (98, 269a), Waldschmidt-Leitz und A. Schäffner (269)]. Der getrockneten Drüsenmasse kann die Kinase in guter Ausbeute nur mit alkalischen Mitteln entzogen werden. Dagegen findet man die tryptische und die ereptische Wirkung sowohl im sauren und alkalischen, wie im Glycerinauszug. Aus dem Rückstand der sauren oder der Glycerinextraktion lässt sich also durch Behandeln mit verdünntem Ammoniak die Kinase annähernd frei von tryptischer und ereptischer Wirkung gewinnen, im ersteren Falle in mässiger, im letzteren in guter Ausbeute.

Beispiel. 10 g getrockneter und feingemahlener Darmschleimhaut werden mit 500—600 ccm n/25-Essigsäure angeschüttelt und 40 Stunden bei 30° belassen. Der gewonnene Auszug, der gegenüber Pepton (Merck) erhebliche Wirkung zeigt, enthält nur wenig Kinase. Der Rückstand wird nochmals mit 150 ccm n/25-Essigsäure gewaschen und dann mit 500 ccm 0,05 n-NH_3 drei Stunden lang extrahiert. Da die Kinase bei alkalischer Reaktion wenig beständig ist, empfiehlt es sich, den gewonnenen Auszug zur Entfernung des Ammoniaks in einem Abdampfapparat nach Faust-Heim bei 30—35° bis zum Verschwinden der alkalischen Reaktion einzuengen (oder auch zur Trockne zu bringen). Die Ausbeute an Kinase beträgt bei diesem Verfahren in der Regel 90% der im Darmpulver enthaltenen Menge.

Eine erste Reinigung der so gewonnenen Lösungen kann durch Behandlung mit verdünnter Essigsäure erreicht werden. Der beim Ansäuern abgeschiedene Eiweissniederschlag enthält nur geringe Mengen des Aktivators.

Diese Lösungen enthalten vielfach auch noch geringe Beimengungen an Darmerepsin, die bei Versuchen von längerer Dauer störend wirken können. Ein Verfahren zur Gewinnung vollständig erepsinfreier Enterokinase besteht in der Fällung der mit Essigsäure vorbehandelten Auszüge durch Quecksilberchlorid. In den durch Schwefelwasserstoff vom Quecksilber befreiten Mutterlaugen der Sublimatfällung verbleibt die Kinase in erepsinfreier Form [Waldschmidt-Leitz und G. Küstner (291)]. Das Verfahren eignet sich nur für die Verarbeitung ganz frisch bereiteter Kinaseauszüge; in den älteren Extrakten, schon nach eintägiger Aufbewahrung, werden die Verluste an Aktivator bei den Fällungen mit Essigsäure und Sublimat oft sehr bedeutend.

Beispiel. 10 ccm frisch bereiteter Auszug aus getrockneter Darmschleimhaut enthielten neben reichlichen Mengen Enterokinase 0,00126 Er.-E. Man unterwarf sie einer Vorreinigung durch Behandeln mit 0,5 ccm n-Essigsäure und fällte die vom Niederschlag mittels der Zentrifuge abgetrennte Lösung mit 1 ccm 1%igem Sublimat; die vom Quecksilberniederschlag abzentrifugierte Mutterlauge befreite man durch Einleiten von Schwefelwasserstoff und Filtration vom überschüssigen Quecksilber und durch Verdunsten im Faust-Heimschen Apparat vom Schwefelwasserstoff. Sie enthielt, mit Wasser auf 12,5 ccm aufgefüllt, noch ausreichende Mengen Aktivator, aber kein Erepsin mehr.

Angaben über die weitere Reinigung der Enterokinase finden sich bei Waldschmidt-Leitz l. c. (269a).

Für die Darstellung des Darmerepsins ist dagegen nur die Extraktion der frischen Schleimhaut mit Glycerin [H. v. Euler (270)] ein geeignetes Verfahren [Waldschmidt-Leitz und A. Schäffner (269)]. Die Glycerinextrakte werden mit dem dreifachen Volumen Wasser verdünnt, geklärt und durch Behandlung mit Essigsäure [H. v. Euler l. c. (270)] von Verunreinigungen befreit. Das so vorgereinigte Darmerepsin wird, entsprechend dem bei den Pankreasproteasen bewährten Verfahren, auf Grund seiner stärkeren Adsorbierbarkeit an Tonerde in saurer Lösung vom Darmtrypsin abgetrennt [Waldschmidt-Leitz und A. Schäffner l. c. (269)].

Auch die eiweissspaltenden Fermente der Milz sind, wie man seit den Untersuchungen von Hedin (284) weiss, als ein Gemenge von drei Enzymen aufzufassen. Hedin, der einige Verfahren zur Zerlegung des Gemisches angegeben hat, findet die eine Komponente (α-Lienase) im alkalischen, die andere (β-Lienase) im sauren Medium gegenüber Proteinen wirksam. Daneben soll noch eine Peptidase vom Typus des Darmerepsins anwesend sein. Nach den Befunden von Waldschmidt-Leitz und W. Deutsch (271) sind in der Milz nur zwei proteolytische Enzyme zu unterscheiden, eine Protease vom Reaktionsoptimum $p_H = 4$, und daneben in überwiegender Menge ein peptidspaltendes Enzym, dessen optimale Reaktion von $p_H = 8{,}0$ derjenigen anderer ereptischer Enzyme entspricht. Ein bei der Gelatinehydrolyse beobachtetes zweites Optimum von $p_H = 8{,}0$ ist vorgetäuscht durch das Zusammenwirken von wenig Protease mit viel ereptischem Enzym. Eine teilweise Trennung der beiden Komponenten gelingt durch Adsorption an Kieselgur oder Kaolin.

Neuerdings ist es auch gelungen, das Histozym der Niere und die Arginase der Leber von den begleitenden ereptischen Enzymen weitgehend abzutrennen [E. Waldschmidt-Leitz, F. Dorfmüller und F. Stern (272); E. Waldschmidt-Leitz, W. Grassmann und Finkelscherer (273)]. Die Spezifität dieser Enzyme, die als Hilfsmittel für die Lösung gewisser präparativer und analytischer Aufgaben der Eiweisschemie Bedeutung erlangen dürften, wird sich nunmehr vollständiger als bisher beschreiben lassen.

c) Zerlegung des Enzymgemisches der Hefe.

Der grosse und mannigfaltige enzymatische Apparat der Hefe ist viel weniger vollständig in seine Bestandteile aufgelöst. Im folgenden sind die wichtigsten der einschlägigen Versuche in drei Beispielen wiedergegeben, von denen das erste die Scheidung einer Protease von einer Carbohydrase betrifft, während die beiden folgenden die Trennung zweier Proteasen bzw. zweier Carbohydrasen zum Gegenstand haben.

α) Trennung des Hefetrypsins vom Invertin.

Die Trennung des proteolytischen vom rohrzuckerspaltenden Hefeenzym haben schon M. Hahn und L. Geret (274) angestrebt, aber „es gelang bisher nur einmal, eine sehr geringe Menge einer gut verdauenden und nicht invertierenden hygroskopischen Substanz zu erhalten, als die Alkoholfällung mit der von Hammarsten zur Trennung des Labfermentes und Pepsins benutzten Bleiacetatfällung kombiniert wurde“. Ein einfaches Verfahren zur Entfernung des Invertins von der Protease gründen Willstätter und W. Grassmann (50) auf die folgende Beobachtung: Aus den bei neutraler Reaktion ohne Fraktionierung rasch gebildeten frischen Hefeautolysaten wird durch Ansäuern Hefeeiweiss in annähernd nativem Zustand ausgefällt. Der Niederschlag enthält nur wenige Prozente des Invertins [Willstätter und K. Schneider (202)], aber den grössten Teil der Protease [Willstätter und Grassmann l. c.]. Durch Wiederholen der Fällung, oder viel besser durch Auswaschen mit sehr verdünnter Essigsäure lässt sich das mitadsorbierte Invertin bis auf Spuren beseitigen. Der Eiweissniederschlag gibt die Protease nicht an Wasser ab. Man muss ihn in Wasser suspendieren und vorsichtig mit sehr verdünntem Ammoniak bis zur beginnenden alkalischen Reaktion versetzen, um das Trypsin zusammen mit einem grossen Teil des Proteins wieder in Lösung zu bringen. Die Ausbeute bewegt sich zwischen 45 und 70%.

Beispiel. Von einem in zwei Tagen gebildeten und zwei Tage gealterten Autolysate versetzte man 300 ccm mit der nach Vorversuchen zur Fällung eben ausreichenden Menge 2 n-H_2SO_4, nämlich 12 ccm. Der Eiweissniederschlag wurde abzentrifugiert und unter Anrühren in den Zentrifugenbechern mit 300 ccm n/l-Essigsäure ausgewaschen. Zum Wiederauflösen suspendierte man ihn in 100 ccm Wasser und fügte verdünntes Ammoniak bis zur eben erkennbaren alkalischen Reaktion hinzu. Ein Teil vom Eiweiss blieb ungelöst und wurde abgetrennt; das Filtrat ergänzte man zu 150 ccm. Die proteolytische Wirksamkeit ist durch folgende Beträge der Peptonspaltung (0,2 g Pepton mit 1 ccm m/3-Phosphat von $p_H = 6,5$ in 10 ccm, 40°, 24 Stunden) bestimmt:

1 ccm Autolysat spaltete entsprechend . . . . 1,46 ccm n/5-KOH
0,5 ccm der erhaltenen Proteaselösung spaltete entsprechend . . 1,20 „ „
1,04 ccm des von Eiweiss befreiten Autolysates spaltete entsprechend 0,75 „ „

Das Autolysat (aus gewöhnlicher Bierhefe) enthielt 1,5 Saccharaseeinheiten, die Proteaselösung 0,01 Saccharaseeinheiten, also 0,7 %.

Die mit Chloroform als Antisepticum bei neutraler Reaktion gebildeten Autolysate enthalten im allgemeinen nur geringe Mengen des dipeptidspaltenden Hefeenzyms; die bei alkalischer Reaktion gewonnenen sind völlig frei davon [W. Grassmann und H. Dyckerhoff (275)]. Übrigens folgt die dipeptidspaltende Komponente, wenn sie vorhanden ist, dem Trypsin nur zum kleineren Teil in die Fällung nach; der grössere Teil scheint zerstört zu werden. Das Verfahren liefert daher bei geeigneter Ausführung das Hefetrypsin zugleich frei von der Dipeptidase.

So gewonnene Lösungen des Hefetrypsins enthalten als hauptsächliche Verunreinigung verhältnismässig beträchtliche Mengen von Eiweisskörpern. Beim Aufbewahren der Lösungen werden die Proteinsubstanzen enzymatisch abgebaut. Das Enzym kann dann von den Abbauprodukten durch eine erneute Ausfällung mit verdünnter Säure (l. c. 50) oder einfacher durch Dialyse [W. Grassmann und H. Dyckerhoff (275)] befreit werden. Die enzymatische Konzentration beträgt dann ungefähr das 10—20fache des angewandten Autolysates.

β) Trennung der Hefeproteasen.

Die Darstellung des dipeptidasefreien Hefetrypsins gelingt, wie Willstätter und Grassmann beobachtet haben und durch das vorangegangene Beispiel belegt wird, auf Grund der geringeren Beständigkeit, durch welche die dipeptidspaltende Komponente bei der Aufbewahrung in wässeriger Lösung, wie auch gegenüber der Einwirkung von Säuren und Alkalien ausgezeichnet ist. Beide Enzyme können aber auch mit Hilfe der Adsorptionsmethodik getrennt werden (l. c. 50).

In schwachsaurer Lösung wird nämlich, umgekehrt wie im Falle der Pankreas- und der Darmproteasen, das tryptische Enzym verhältnismässig leicht, das ereptische erheblich schwerer von Aluminiumhydroxyd aufgenommen, und bei wiederholter Adsorption gelingt es, einen Teil des dipeptidspaltenden Enzyms in der Restlösung frei von tryptischer Wirkung zurückzubehalten, während das Hefetrypsin durch Ammoniak aus den Adsorbaten völlig oder doch nahezu unwirksam gegenüber Dipeptiden erhalten werden kann. Die

Unterschiede im Adsorptionsverhalten sind aber nur quantitativ, und zwar verhältnismässig gering. Der Erfolg des Trennungsverfahrens ist daher von der richtigen Bemessung der Tonerdemenge, von den Reaktionsbedingungen und von dem Zustand der Enzymlösung entscheidend abhängig. Die günstigsten Voraussetzungen für die Trennung findet man gemäss einer Untersuchung von W. Grassmann und W. Haag (182) bei der Verwendung ganz frischer Autolysate und bei der Adsorption aus möglichst saurer und aus verdünnter Lösung. Eine besondere Rolle kommt dabei den in den Lösungen enthaltenen Beimengungen der Enzyme zu. Wenn man die Hefeproteasen durch anteilweisen Zusatz von Aluminiumhydroxyd fraktioniert adsorbiert, so ergibt sich, dass die ersten Anteile des Adsorbens verhältnismässig sehr viel vom Trypsin, aber nur wenig vom ereptischen Enzym aufnehmen. Mit steigendem Zusatz des Adsorptionsmittels steigt dann der adsorbierte Anteil der Dipeptidase nicht nur absolut, sondern auch im Verhältnis zu der angewandten Adsorbensmenge. Die Adsorbierbarkeit des Trypsins dagegen nimmt stetig ab mit wachsendem Adsorptionsgrad. Im Sinne der von H. Kraut entwickelten Vorstellungen (vgl. oben S. 86ff.) befindet sich demnach das dipeptidspaltende Enzym in „begünstigter", das Trypsin in „benachteiligter" Konzentration gegenüber den anderen adsorbierbaren Begleitstoffen. Die geringe Adsorbierbarkeit und das charakteristische Adsorptionsverhalten der Dipeptidase ist auch in diesem Falle auf den Einfluss von Begleitstoffen zurückzuführen, die das an sich gut adsorbierbare Enzym von der Oberfläche des Adsorbens verdrängen. Die Adsorbierbarkeit des ereptischen Enzyms ist also, wie sich auch direkt zeigen lässt, beim gereinigten Enzym am grössten, geringer in stark verunreinigten Lösungen. Dagegen ist die Adsorption des Hefetrypsins vom Einfluss der Fremdsubstanzen viel weniger abhängig.

Die Ausgangslösungen für die adsorptive Trennung der Hefeproteasen sind nach dem zur Gewinnung des Invertins üblich gewordenen Verfahren der fraktionierten Autolyse bei neutraler Reaktion gewonnen, das allein die Freilegung der Hefedipeptidase mit regelmässig guter und, wie es scheint, vollständiger Ausbeute ermöglicht. Aber für die Trennung der beiden Enzyme sind diese Lösungen zu rein; das ereptische Enzym ist in ihnen, besonders bei Anwendung etwas grösserer Tonerdemengen, zu stark adsorbierbar. Man kann die Adsorbierbarkeit der Dipeptidase erheblich herabsetzen, ohne die Adsorption des Hefetrypsins zu beeinträchtigen, wenn man den Enzymlösungen zu Adsorption einen Teil der bei der Darstellung verworfenen inaktiven Vorfraktion wieder zusetzt. Noch besser verfährt man so, dass man die für den Trennungsversuch bestimmte Tonerde zuerst mit dem inaktiven Verflüssigungssaft der Hefe vorbehandelt und so mit den die Adsorption der Dipeptidase hemmenden Stoffen belädt. Diese Modifikation des ursprünglichen, von Willstätter und W. Grassmann angegebenen Verfahrens gestattet es, Mindestausbeuten von 30%, optimale von 60—70% der angewandten Dipeptidase frei von tryptischer Wirkung zu gewinnen.

Beispiel 1. Darstellung der einheitlichen Dipeptidase. 500 g frische abgepresste Bierhefe wurden mit 50 ccm Essigester unter Umrühren rasch verflüssigt, mit Wasser zu einem Volumen von 1 Liter verdünnt und die auftretende Säure fortlaufend mit Ammoniak unter Vermeidung jeden Alkaliüberschusses ($p_H = 6{,}5$—7) neutralisiert. Der nach $1^1/_2$ Stunden in der Zentrifuge abgetrennte Verflüssigungssaft war gegen Gelatine und Leucylglycin wirkungslos.

Der Heferückstand wurde mit etwa 2 Liter Wasser gewaschen, von neuem in Wasser zu einem Volumen von 1 Liter unter Zusatz von Toluol suspendiert und die Enzymlösung nach 22 Stunden (vom Versuchsbeginn an) isoliert. Sie enthielt im Kubikzentimeter 3,54 Einheiten der Dipeptidase und 0,31 Einheiten des Trypsins. (Die analytischen Belege sind hier nicht wiedergegeben.)

400 ccm des erhaltenen Verflüssigungssaftes brachte man mit Essigsäure auf annähernd $p_H = 5{,}0$, fügte 80 ccm n/2-Acetatpuffer von gleicher Reaktion hinzu, versetzte mit einer Suspension von 700 mg Tonerde A und ergänzte das Volumen zu 1600 ccm. Das abzentrifugierte, verlustlos gesammelte Tonerdegel wurde im Messkolben zu einem Volumen von 50 ccm suspendiert (1 ccm = 14 mg Al_2O_3).

70 ccm der Enzymlösung (248 Einheiten der Dipeptidase und 21,6 Trypsineinheiten enthaltend) brachte man mit 0,6 ccm n/1-Essigsäure auf annähernd $p_H = 5{,}0$, fügte 6,6 ccm n/2-Acetatpuffer gleicher Reaktion und etwa 170 ccm Wasser hinzu. Nach Zugabe von 6,4 ccm der vorbehandelten Tonerdesuspension (90 mg Al_2O_3) wurde das Volumen zu 250 ccm ergänzt. Nachdem das Adsorbat in der Zentrifuge abgetrennt war, wiederholte man die Behandlung mit einer gleichen Menge Tonerde noch viermal, rasch und möglichst in der Kälte. Die letzte Restlösung hatte ein Volumen von 275 ccm; sie war frei von Trypsin und enthielt 105 Einheiten, das sind 42% der angewandten Dipeptidase.

Beispiel 2. Darstellung des Hefetrypsins. 1100 ccm einer Enzymlösung (1690 Einheiten der Dipeptidase und 211 Trypsineinheiten enthaltend), die wie im vorhergehenden Beispiel gewonnen war, behandelte man bei $p_H = 5$ (n/60-Acetatpuffer) in einem Volumen von 2800 ccm mit 1 g Tonerde A, die wie oben vorbehandelt worden war. 90% der Dipeptidase und 33% des Trypsins blieben in der Restlösung zurück.

Das Adsorbat eluierte man mit 6 g Diammonphosphat in 260 ccm. Die erhaltene Lösung, deren Volumen nach der Neutralisation mit Essigsäure 271 ccm betrug, enthielt 38 Dipeptidaseeinheiten, das sind 2,2% der ursprünglichen Menge und 90 Trypsineinheiten, das sind 43% der angewandten und 64% der adsorbierten Menge.

Die Elution wurde durch Zusatz von 38 ccm n/1-Essigsäure wieder auf $p_H = 5{,}0$ gebracht und erneut in einer Verdünnung von 1200 ccm mit 0,32 g der vorbehandelten Tonerde versetzt. Gemäss der Analyse der Restlösung waren 50% des Trypsins und etwa 10% der zuletzt vorhandenen Dipeptidase in das Adsorbat übergegangen.

Die Elution erfolgte durch 270 ccm n/50-NH_3. Die erhaltene Lösung (Volumen nach der Neutralisation 275 ccm) enthielt 27 Trypsineinheiten (60% der adsorbierten Menge) und war frei von Dipeptidase. Das Hefetrypsin ist in einer solchen Lösung etwa achtmal reiner als im angewandten Autolysat.

γ) Trennung von Saccharase und Maltase.

Die Bereitung maltasefreier Saccharaselösungen bereitet keine Schwierigkeit, da die Maltase im Gegensatz zum Invertin schon bei kurzem Aufbewahren, ebenso bei vielen der für die Freilegung der Hefeenzyme üblichen Verfahren, zerstört wird. Für die Adsorptionstrennung der beiden Enzyme, besonders aber für die Gewinnung invertinfreier Maltaselösungen, ist es nötig, die Freilegung der Enzyme so schonend durchzuführen, dass die Maltase möglichst quantitativ in Lösung gewonnen wird. Dies gelingt durch Autolyse der Hefe in Gegenwart eines Zellgiftes bei neutraler Reaktion [Willstätter, G. Oppenheimer und W. Steibelt (276)], am besten so [Willstätter und E. Bamann (22)], dass man das Zellgift auf die unverdünnte Hefe einwirken lässt und die Enzymlösung nach sehr kurzer Freilegungsdauer (3—20 Stunden) (und evtl. nach Abtrennung einer wenig aktiven Vorfraktion) von den Heferückständen trennt (vgl. S. 67). Wegen der hohen Empfindlichkeit des Enzyms ist es notwendig, die Lösung ständig bei 0° aufzubewahren und alle Operationen, wie Adsorption, Trennung von Restlösung und Adsorbat, Auswaschen des Adsorbates und Untersuchung der Restlösung, rasch und möglichst bei 0° vorzunehmen.

Alle geprüften Adsorbentien, nämlich die verschiedenen Tonerdegele, Kaolin, Zinnsäure, Eisen- und Zinkhydroxyd, adsorbieren verhältnismässig mehr Maltase als Saccharase. Aber das Auswahlvermögen der einzelnen Adsorbentien ist, wie schon an anderer Stelle (S. 80) besprochen und belegt wurde, ausserordentlich verschieden. Am besten zur Trennung geeignet ist das Tonerdegel von der Formel AlO_2H, das die Saccharase nur sehr spärlich, die Maltase aber reichlicher aus den Autolysaten zu adsorbieren vermag. Manche Hefeautolysate liefern so schon in einem Vorgang Adsorbate und daraus mit Diammonphosphat Elutionen von enzymatisch einheitlicher Maltase, während zugleich die Lösungen der Saccharase mit geringem Verlust von ihrem Gehalt an Maltase befreit werden.

1. Befreiung der Saccharase von der Maltase. [Willstätter und E. Bamann (239)]. Das geeignetste Ausgangsmaterial sind natürlich die Enzymlösungen aus invertinreicher Hefe, in denen auf eine Maltaseeinheit etwa 15—30 mal mehr Saccharase trifft als in gewöhnlichen Hefeautolysaten.

Beispiel. 10 ccm Autolysat aus Hefe vom Invertinzeitwert 17,4 enthielten 0,0144 M.-(e_1) neben 9,6 Saccharasevergleichseinheiten. In die kalte Enzymlösung trug man die ebenfalls auf 0° gekühlte Suspension von kurz gealtertem Tonerdegel (Cβ) (entspr. 0,20 g Al_2O_3) ein und trennte nach Durchschütteln durch Zentrifugieren die Restlösung vom Adsorbat ab, das einmal mit Eiswasser in der Zentrifuge gewaschen wurde. Von dieser Restlösung enthielten 10 ccm nur 0,00002 M.-(e_1), sie war also so gut wie frei von Maltase. Ihr Gehalt an Saccharase belief sich noch auf 7,86 S.-V.-Einheiten, also auf 81,9% der angewandten Menge.

2. Befreiung der Maltase von Saccharase. In vielen Fällen gelingt es bei Anwendung der geeigneten Tonerdegele (AlOOH oder Cβ) die grösste Menge der Maltase zu adsorbieren und aus den Adsorbaten freizulegen, ohne dass messbare Anteile der Saccharase in das Adsorbat und die daraus gewonnene Elution übergehen. So behandelte man 10 ccm eines Autolysates aus gewöhnlicher (invertinarmer) Bierhefe, 0,0416 M.-(e_1) und 0,5350 S.-V.-E. enthaltend, mit einer Suspension von a) 0,32, b) 0,64 und c) 1,28 g des Metahydroxyds. Das Adsorbat enthielt a) $^1/_4$, b) $^2/_3$ und c) $^4/_5$ der angewandten Maltasemenge, aber in allen Fällen keine Saccharase oder doch nur Spuren.

In anderen Fällen, wenn die Saccharase nicht vollständig in der Restlösung zurückgeblieben ist, lässt sich die Enzymtrennung vervollständigen durch ein Verfahren der auswählenden Elution (vgl. oben S. 95). Den invertin- und maltaseenthaltenden Adsorbaten kann nämlich durch Primärphosphat die Saccharase bei 0° vollständig entzogen werden, während die Hauptmenge der Maltase im Adsorbat zurückbleibt, so dass sie nachher durch Diammonphosphat frei von Saccharase eluiert werden kann.

Beispiel der auswählenden Elution mit invertinreichem Adsorbat. Mit Tonerde C (0,1665 g Al_2O_3) wurde durch vollständige Adsorption der Maltase und annähernd vollständige der Saccharase ein Adsorbat dargestellt, das 0,230 S.-V.-Einheiten und etwa 0,0111 M.-(e_1) enthielt. Zu zweimaliger Elution dienten je 0,5 g Kaliummonophosphat. Die erste Elution (50 Minuten bei 0°) enthielt 0,177 S.-V.-E., also 77%, die zweite (3 Stunden bei 0°) 0,0394 S.-V.-E., also 17,1% der Saccharase. An Maltase wiesen die beiden Elutionen nur 0,000613 und 0,00023 (e_2) auf. Zum dritten Male wurde die Tonerde, wieder bei 0°, 30 Minuten lang mit 0,5 g Diammonphosphat behandelt. Die gewonnene Elution enthielt keine bestimmbare Invertinmenge, dagegen reichlich 3/4 der angewandten Maltase.

d) Zur Spezifität der Proteasen.

Bei der Untersuchung der Proteasenspezifität ist die Forschung einen wesentlich anderen Weg gegangen als im Falle der kohlehydratspaltenden Enzyme. Bei den Carbohydrasen hat besonders die Erkenntnis und die Berücksichtigung der Affinitätsverhältnisse zu den für die Klärung der Spezifitätsfragen wesentlichen Gesichtspunkten geführt. Zwei Umstände waren dabei günstig: Die Möglichkeit, fast durchweg mit strukturchemisch völlig bekannten, einfachen Substraten und mit sehr genauen analytischen Methoden zu arbeiten, und die Tatsache, dass das spezifische Wirkungsvermögen der wichtigsten zucker- und glucosidspaltenden Enzyme in den angewandten Materialien nicht durch Beimischungen artverwandter Fermente und spezifitätsändernder Aktivatoren verschleiert worden ist.

Weniger günstig liegen die Verhältnisse bei den Proteasen. Die meisten und wichtigsten natürlichen Vorkommnisse der eiweiss- und peptidspaltenden Enzyme stellen Gemische nahe verwandter Enzymtypen dar. Es kommt dazu, dass die anzuwendenden Substrate vielfach strukturchemisch nicht genau definierte hochmolekulare und nur kolloidal lösliche Substanzen sind, dass die Anwendbarkeit des Massenwirkungsgesetzes keineswegs immer sicher feststeht. Auch die geringere Genauigkeit der analytischen Methoden verbietet eine sehr weitgehende Auswertung quantitativer Messungsergebnisse. Unter diesen Umständen haben Beobachtungen über Schwankungen der Zeitwertquotienten hier meist nur bedingten und orientierenden Wert. Für die Frage der Einheitlichkeit eines gegenüber mehreren Substraten wirksamen Enzymmaterials entscheidend ist vielmehr in erster Linie das Ergebnis des auf die Trennung der vermuteten Einzelkomponenten gerichteten Versuches. Dabei wird angestrebt, die Trennung so vollständig durchzuführen, dass jede Komponente eines Enzymgemisches völlig frei von den für die Beimengungen charakteristischen Wirkungen erhalten wird. Solche „proteolytisch-einheitliche" Enzympräparate sind das Material für die Spezifitätsprüfung. Der im Falle der Proteasen erfolgreichen Methode ist also eigentümlich die präparative Arbeit am Enzymmaterial, die zur Kennzeichnung und zur Gewinnung absolut spezifischer, in ihrer qualitativen Wirkungsweise unterschiedener Fermenttypen führt. Die stärkere Heranziehung einfacher strukturchemisch bekannter Substrate [H. v. Euler und K. Josephson (277), Waldschmidt-Leitz, W. Grassmann und A. Schäffner (278)], besonders auch die neuerdings in Angriff genommene Aufsuchung synthetischer Substrate für die tryptischen Fermente [W. Grassmann (51), Waldschmidt-Leitz, W. Grassmann und H. Schlatter (279, 300)] dürften indessen auch bei diesen Enzymen den Weg für die Untersuchung und Klärung der Affinitätsverhältnisse ebnen.

Die Wirkungen des wichtigsten tierischen Proteasematerials, der Pankreasdrüse sind in der älteren Literatur unsicher und teilweise unrichtig beschrieben worden. Die eingehenden Untersuchungen von E. Fischer und P. Bergell (280) und von E. Fischer und E. Abderhalden (281): „Über das Verhalten verschiedener Polypeptide gegen Pankreassaft" schienen eine Einteilung der geprüften Peptide in „biologisch verschiedene Klassen" zu rechtfertigen, nämlich in fermentativ spaltbare und in nichtspaltbare. Zu den nichthydrolysierbaren zählte man z. B. Glycyl-alanin, Leucyl-glycin, Diglycyl-glycin und Triglycyl-glycin, während andererseits z. B. Alanyl-alanin, Alanyl-glycin und Tetraglycyl-glycin der Klasse der spaltbaren Peptide zugerechnet wurden. Es fällt schwer, die beobachteten Verschiedenheiten mit Unterschieden der Art und der Anordnung der einzelnen Aminosäuren in eine einfache Beziehung zu bringen.

Die komplizierten Befunde E. Fischers haben der Nachprüfung nicht standgehalten; sie lassen sich zurückführen auf Mängel der damals üblichen Methodik, besonders auf das Fehlen sicherer Verfahren zur Darstellung und zur Prüfung der Enzympräparate. Den Untersuchungen von E. Waldschmidt-Leitz und A. Harteneck (180, 227) verdankt man die Sicherstellung der grundlegenden Erkenntnis, dass in der Pankreasdrüse und ihrem Sekret, dem Pankreassaft [vgl. dazu E. Waldschmidt-Leitz und J. Waldschmidt-Leitz-Graser (282)] nicht eine einheitliche Protease, sondern ein Gemisch aus zwei verschiedenen Enzymen vorliegt, dem „Pankreastrypsin" und dem „Pankreaserepsin". Erst die Isolierung der beiden einheitlichen Komponenten, die mit Hilfe der Adsorptionsmethodik erreicht werden konnte (vgl. den vorausgehenden Abschnitt) eröffnet den Weg zu einer gesicherten Prüfung ihrer spezifischen Wirkungen. Es hat sich ergeben, dass die Wirkungen der beiden Enzyme streng voneinander zu unterscheiden sind: „Alle untersuchten Dipeptide wurden von Erepsin hydrolysiert, keines dagegen von dem tryptischen Enzym, auch nicht ein Tripeptid, das zu den spaltbaren zählte. Es hat sich weiter gezeigt, dass die Wirkung des Erepsins auf einfache Peptide beschränkt ist: Weder Pepton der peptischen Verdauung[1] noch Protamin oder Histon noch irgendein anderes der untersuchten Proteine war durch Erepsin zerlegbar, aber alle diese Präparate wurden durch Trypsin hydrolysiert; in keinem Falle liess sich eine Vertretbarkeit der beiden Enzyme nachweisen". Die unterschiedlichen Befunde von Emil Fischer und Abderhalden dürften in erster Linie darauf zurückzuführen sein, dass auch in tryptisch gut wirksamen Pankreaspräparaten der Gehalt an ereptischem Enzym stark schwankend und im allgemeinen nicht sehr gross ist.

Auch die Enterokinase, der natürliche Aktivator des Pankreastrypsins, hat sich in ihrer Wirkung auf die Spezifität des Enzyms erst richtig beschreiben lassen, nachdem Methoden gefunden waren, die das tryptische Enzym einerseits vom Erepsin, andererseits von der Kinase abzutrennen erlauben. Die Versuche von Waldschmidt-Leitz haben die schon länger bekannte Tatsache bestätigt, dass für die Spaltung höher molekularer Proteine wie Casein, Gelatine, Albumin die Mithilfe des Aktivators erforderlich ist. Aber es hat sich weiter ergeben, dass bei gewissen einfacheren Proteinen, so bei den Protaminen und bei Pepsinpeptonen, das Enzym auch ohne den Aktivator beträchtliche Wirkungen ausübt; auch in diesen Fällen wird indessen die Spaltung durch den Zutritt des Hilfsstoffes verstärkt.

In dieser Hinsicht ist dem Einfluss der Enterokinase analog die spezifisch aktivierende Wirkung, welche Blausäure und Schwefelwasserstoff auf die Hydrolyse von Proteinen durch Papainpräparate ausüben. Vertauscht ist aber hier die Rolle der Substrate: Protamine und Pepton werden nur in Gegenwart des Aktivators gespalten, höhere Proteine auch ohne seine Beteiligung, wenn auch weniger rasch und weniger tiefgehend als durch das aktivierte Enzym [Willstätter und W. Grassmann (41), Willstätter, W. Grassmann und O. Ambros (105)].

Die Versuche von Waldschmidt-Leitz und Harteneck, in denen hinsichtlich der enzymatischen Angreifbarkeit erstmals eine strenge Scheidung zwischen Proteinen einerseits, einfachen Peptiden andererseits zutage tritt, gewinnen an Bedeutung durch den Nachweis, dass auch in anderen Enzymmaterialien die auf die Spaltung der Proteine eingestellten Fermente von den gegenüber einfachen Di- und Tripeptiden wirksamen zu unterscheiden sind. Aus einer Untersuchung von E. Waldschmidt-Leitz und A. Schäffner (269) geht hervor, dass in den rohen Lösungen des Erepsins aus Darmschleimhaut dasselbe tryptische und dasselbe ereptische Enzym enthalten sind wie in der Pankreasdrüse, wenngleich in verändertem gegenseitigem Mengenverhältnis; die Trennung der Komponenten gelingt nach völlig analogem Verfahren. Auch für das enzymatisch einheitliche Erepsin der Darmschleimhaut gilt, dass es „spezifisch auf die Hydrolyse gewöhnlicher Peptide und nur auf diese ein-

[1] Vgl. dagegen E. Waldschmidt-Leitz und J. Waldschmidt-Leitz-Graser, l. c. 282, und zwar S. 257.

Tabelle 12. Spezifität der Pankreas- und Darmproteasen.
(Angaben bedeuten: — keine nachweisbare, + positive, + + verstärkte Hydrolyse.)

Substrat	Enzym		
	Erepsin	Trypsin	Trypsin. + Enterokinase
Alanyl-glycin	+	—	—
Glycyl-tyrosin	+	—	—
Glycyl-glycin	+	—	—
Glycyl-alanin	+	—	—
Leucyl-glycin	+	—	—
Leucyl-glycyl-glycin	+	—	—
Pepton (ex albumine, Merck)	—	+	+ +
Clupein, Scombrin	—	+	+ +
Thymushiston	—	—	+
Casein	—	—	+
Fibrin	—	—	+
Gelatine	—	—	+
Gliadin	—	—	+
Zein	—	—	+

gestellt ist". Entgegen älteren Angaben werden also alle Proteine, z. B. auch Casein, Histone, Protamine, nicht vom ereptischen Enzym, sondern vom Trypsin der Darmschleimhaut gespalten.

Ähnliches gilt für pflanzliche Proteasenmaterialien. Die Wirkung auf einfache Dipeptide, z. B. auf Leucyl-glycin, die man in gewissen proteolytisch wirksamen Pflanzensäften, wie im Ananas- und wohl auch im frischen Papayasaft mitunter antrifft, ist nicht der Protease selbst eigentümlich. Denn sie fehlt in gereinigten Trockenpräparaten dieser Enzyme [Willstätter, W. Grassmann und O. Ambros (283)].

Im Falle der Hefeproteasen haben Willstätter und Grassmann (50) das Enzymgemisch präparativ zerlegt in eine ereptische und gegenüber Proteinen unwirksame Komponente (Hefedipeptidase) und in ein proteinspaltendes, gegen Dipeptide wirkungsloses Enzym (Hefetrypsin). Doch sind diese beiden Teilfermente mit den entsprechenden Pankreas- und Darmproteasen sicher nicht identisch; dies ergibt sich aus ihrem Adsorptionsverhalten, ihrer Spezifität und — für das Hefetrypsin — auch aus der verschiedenen p_H-Abhängigkeit der Wirkung.

Auch die β-Protease der Milz, die dem Hefetrypsin in ihrer p_H-Abhängigkeit nahesteht, ist neuerdings von der begleitenden Dipeptidase abgetrennt worden [Waldschmidt-Leitz und W. Deutsch (271)].

Die Gesamtheit dieser in ihrer wesentlichen Aussage übereinstimmenden Befunde schien die Ansicht zu rechtfertigen, dass den auf den Abbau einfacher Peptide eingestellten Peptidasen vom Typus des Darmerepsins die gegenüber Peptiden unwirksamen „eigentlichen ‚Proteasen'" (C. Oppenheimer), wie Trypsin, Pepsin, Papain, als scharf gesonderte Gruppe gegenüber zu stellen seien. Es war wahrscheinlich geworden, dass den strengen Spezifitätsunterschieden der am Eiweissabbau beteiligten Enzyme jeweils besondere strukturelle Eigentümlichkeiten in den Proteinen entsprechen würden, dass insbesondere die für den Angriff der verschiedenen eigentlichen Proteasen spezifischen Strukturen des Eiweissmoleküls „sowohl unter sich als von dem in den ..einfachen Peptiden vorliegenden Typus verschieden sein" würden [Waldschmidt-Leitz und A. Harteneck l. c. (180), und zwar S. 213].

Auf ganz anderem Wege war schon kurz vorher die Literatur zu der Meinung gelangt, dass man im Bereiche der eiweissspaltenden Fermente zwischen zwei scharf gesonderten Enzymklassen, den „Peptidasen" und den „eigentlichen Proteasen", zu unterscheiden habe. Ausgehend von gewissen neueren Vorstellungen über den Bau der hochmolekularen Kohlenhydrate war nämlich besonders in den Arbeiten von R. O. Herzog (285), E. Abderhalden (286), wie auch von M. Bergmann (287) eine Ansicht entwickelt worden, wonach „das Eiweiss als eine Zusammenfassung assoziierter, Anhydride enthaltender Elementarkomplexe" (Abderhalden) aufgefasst wird. Die erstmals von E. Abderhalden diskutierte Möglichkeit, „dass eine der Wirkungen von Fermenten die Loslösung von Komplexen, die untereinander assoziiert sind, wäre", ist in den Darlegungen von C. Oppenheimer (288) in entschiedener Form entwickelt und einer Systematik proteolytischer Fermente zugrunde gelegt worden: „Wir werden also auch hier zu zwei — mindestens zwei — ganz verschiedenen Mechanismen des Abbaues gelangen, nämlich erstens der Zertrümmerung des Aggregationsgebildes zu chemisch definierten Abbaustufen und zweitens Auflösung dieser Strukturen zu einfachen Aminosäuren.... Hierbei treten nun zweifellos auch zwei ganz verschiedene Fermenttypen in Funktion... Wahre Proteasen sind nur die ‚Fermente der Desaggregierung' ". „Die Peptidasen spalten.... nur Polypeptidstrukturen zu freien Aminosäuren".

Wenn auch die bisher geschilderten Spezifitätsbefunde mit einer „Zwei-Enzymtheorie" der proteolytischen Fermente nicht ganz unvereinbar erschienen, so sind sie doch unverträglich mit der von E. Abderhalden angedeuteten und in C. Oppenheimers Handbuch entwickelten Form einer solchen Zweiteilung. Denn die Wirkung des enzymatisch einheitlichen Trypsins, die gemäss den — später fallen gelassenen (288a) — Vorstellungen Oppenheimers, eine rein desaggregierende sein sollte, gibt sich in einem sehr beträchtlichen Zuwachs an freien titrierbaren Carboxylgruppen und in der Abspaltung freier Aminosäuren, also durch eine definierte chemische Leistung zu erkennen. Ebenso besteht die Wirkung des Pepsins oder des Papains in beträchtlichem Ausmasse in der Freilegung von Carboxyl- und Aminogruppen [Waldschmidt-Leitz und E. Simons (289); Willstätter und Mitarbeiter (174)]. Es könnte noch eingewendet werden, dass die geprüften gereinigten Proteasen Mischungen desaggregierender und hydrolysierender

Fermente darstellen. Diese Möglichkeit haben Willstätter, W. Grassmann und O. Ambros (174) im Falle des Papains geprüft. Es hat sich ergeben, dass man stets zu übereinstimmenden Ergebnissen gelangt, gleichgültig ob man die Protease auf Grund ihrer desaggregierenden Wirkung (Auflösung von Fibrin) oder ihrer rein chemischen Leistung (Carboxylzuwachs) misst; es ist demnach „der Carboxylzuwachs ein richtiges Mass, das dem wesentlichen Vorgang der Proteolyse entspricht“ (Willstätter, Grassmann und Ambros l. c.).

Was im besonderen die angenommene Rolle der Peptidanhydride anlangt, so erscheint sie schwer vereinbar mit dem Befund, dass von zahlreichen geprüften Peptidanhydriden kein einziges durch irgendeines der wichtigen proteolytischen Enzyme gespalten wird (Waldschmidt-Leitz und A. Schäffner (290), Waldschmidt-Leitz, A. Schäffner, H. Schlatter und W. Klein (300); vgl. auch Willstätter, Grassmann und O. Ambros (283)].

Im Laufe der letzten Entwicklung unserer Erkenntnisse über die Proteasenspezifität ist nun Schritt für Schritt die ursprünglich angenommene scharfe Trennungslinie zwischen „Peptidasen“ und „eigentlichen Proteasen“ gefallen. Zunächst hat sich ergeben, dass auch die Wirkung der Fermente Trypsin, Trypsinkinase, Papain und Pepsin bei der Spaltung zahlreicher Substrate in allen Fällen und in allen Stadien der Hydrolyse zur Bildung äquivalenter Mengen von Carboxyl- und Aminogruppen führt [Waldschmidt-Leitz, Schäffner und Grassmann (106), Waldschmidt-Leitz und E. Simons (289), Waldschmidt-Leitz und G. Künstner (291)][1]. Daraus muss gefolgert werden, dass die Wirkung aller dieser Proteasen lediglich in der Aufspaltung von Peptidbindungen — CO · NH — besteht. Für die Annahme von Esterbindungen oder von amidartigen Verknüpfungen des Prolinstickstoffes oder der Guanidingruppe des Arginins, die nach van Slyke nicht bestimmbar sind, ergibt sich aus den Hydrolysenversuchen keine Stütze.

Die von Waldschmidt-Leitz und Mitarbeitern in Angriff genommenen Versuche, durch fraktionierte enzymatische Hydrolyse einfacher Eiweisskörper, wie der Protamine, Aufschlüsse über die spezifischen Funktionen und das gegenseitige Verhältnis der einzelnen enzymatischen Individuen zu gewinnen, führten darüber hinaus zu weiteren wichtigen Feststellungen.

Es hat sich, zuerst am Beispiel des Clupeins aus Heringssperma (106), dann auch für die Hydrolyse des Caseins (292, 293), des Thymushistons (291) und des Scombrins und Salmins (294) der Nachweis erbringen lassen, dass

[1] Abweichungen im Sinne zu hohen Carboxylzuwachses, wie sie von H. Steudel und Mitarbeitern (295), sowie von Waldschmidt-Leitz und E. Simons (289) beobachtet wurden, dürften gemäss der sorgfältigen Untersuchungen von Waldschmidt-Leitz und G. Küstner (293), sowie von S. P. L. Sörensen, L. Katschioni und K. Lindenström-Lang (293a) auf methodische Mängel zurückzuführen sein.

die Wirkung jedes einzelnen der angewandten einheitlichen Enzyme „nach einer jeweils bestimmten Leistung zum Stillstande kommt und dass diese Leistungen, durch die Bildung chemisch fassbarer Gruppen gekennzeichnet, in einfachen, ganzzahligen Verhältnissen zueinander stehen“. Lässt man also z. B. auf Clupein nacheinander die Enzyme Trypsin, Trypsinkinase und Darmerepsin jeweils so lange einwirken, dass auch bei erneuter Zugabe des gleichen Fermentes keine weitere Spaltung mehr zu erzielen ist, so beobachtet man, dass von den drei genannten Fermenten das erste ein Fünftel, das zweite drei Fünftel und das dritte ein Fünftel der gesamten hydrolysierbaren Peptidbindungen auflöst. In ähnlichen einfachen Bruchteilen findet man die hydrolytische Leistung verteilt, wenn man die Reihenfolge der angewandten Fermente verändert und andere Proteasen, z. B. Papain-Blausäure in den Gang der Hydrolyse einschaltet.

Tabelle 13. Hydrolyse des Clupeins durch Trypsin, Trypsinkinase, Erepsin. (Hydrolyse von 0,142 g wasser- und aschefreiem Clupein; Leistungseinheit entsprechend 0,90 ccm 0,2 n-COOH.)

Vers.-Nr.	Reihenfolge der Enzyme	Zuwachs (ccm 0,2 n) COOH	NH_2	Leistung
1	Trypsin	0,90	0,90	1,0 ± 0,03
	Trypsinkinase	2,67	2,36	3,0 ± 0,04
	Darmerepsin	0,94	0,96	1,0 ± 0,05
	Summe	4,51	4,22	5,0
2	Trypsin	0,92	0,92	1,0 ± 0,03
	Darmerepsin	0,93	0,98	1,0 ± 0,03
	Trypsinkinase	0,89	0,83	1,0 ± 0,04
	Darmerepsin	1,70	1,58	1,9 ± 0,07
	Summe	4,44	4,31	4,9
4	Trypsin	0,92	0,96	1,0 ± 0,03
	Hefeerepsin	0,08	0,12	0

Auch das Pepsin und das nichtaktivierte Papain, die gegen Protamine wirkungslos sind, nehmen in dieser Hinsicht keine Sonderstellung ein. Zwar scheint schon aus den Versuchen von Waldschmidt-Leitz und E. Simons (292) über Caseinhydrolyse hervorzugehen, dass auch die Leistung des Pepsins zu derjenigen der anderen Proteasen in einem einfachen ganzzahligen Verhältnis steht, aber „die gesicherte Erfassung der einzelnen Stufen des enzymatischen Abbaues wird im Falle solcher höher molekularer Proteine durch die hemmende Wirkung von Spaltprodukten erschwert, zu deren Überwindung es zu grosser Enzymmengen oder unverhältnismässig langer Einwirkungsdauer bedarf“ [Waldschmidt-Leitz und G. Künstner (293), vgl. dazu auch H. H. Weber und H. Gesenius (296)]. An einem umfangreicheren und methodisch vollkommeneren Material haben Waldschmidt-Leitz und Künstner bei der Spaltung des Thymushistons den Nachweis geführt, dass auch der Wirkungsbereich des Pepsins und derjenige des aktivierten und nichtaktivierten Papains zu der Leistung anderer Enzyme in einfachen Verhältnissen steht. Eines der zahlreichen mitgeteilten Beispiele, das hier wiedergegeben wird, möge dies belegen:

Tabelle 14. Hydrolyse des Histons durch Pepsin, Papain-Blausäure, Trypsin, Trypsinkinase, Erepsin.

(0,172 g wasser- und aschefreies Histon; Leistung (COOH-Zunahme bezogen auf vollständige Hydrolyse).

Reihenfolge der Enzyme	Zuwachs (ccm 0,2 n) COOH	NH_2	Leistung %
Pepsin	0,75	0,75	10
Papain-Blausäure	0,68	0,70	10
Darmerepsin	2,92	3,10	41
Trypsinkinase	0,72	0,70	10
Darmerepsin	1,39	1,36	20
Summe	6,48	6,61	91

Diese Beobachtungen zwingen zu der Schlussfolgerung, dass das Molekül jedes einzelnen Eiweisskörpers aus einer bestimmten Zahl von Aminosäuren in streng bestimmter Weise aufgebaut ist und dass die Anordnung und die Gliederung des gesamten Moleküls in den gefundenen einfachen Leistungsverhältnissen zum Ausdruck kommt. Schon aus den bisher vorliegenden Beobachtungen ergeben sich einige wichtige Aussagen über die Einzelheiten dieser Anordnung und über die Gesetzmässigkeiten der Proteasenspezifität.

Die naheliegende Annahme, dass die spezifische Angreifbarkeit einer bestimmten Peptidbindung in Eiweissmolekül ausschliesslich bestimmt sei durch die Natur einer oder der beiden unmittelbar beteiligten Aminosäuren, ist nicht vereinbar mit den Beobachtungen, die über die gegenseitige Vertretbarkeit der Proteasen vorliegen. Es lässt sich zeigen, dass ein und dieselbe Peptidbindung im Gange der Hydrolyse je nach der angewandten Enzymkombination sowohl dem Angriff des Trypsins wie dem des Darmerepsins zufallen kann. Auch die Leistung des Pepsins und diejenige des aktivierten und nichtaktivierten Papains kann durch geeignete Kombinationen nacheinander einwirkender anderer Proteasen vollkommen ersetzt werden (291, 293, 294; E. Abderhalden und H. Mahn 296a). Dabei ist jedoch keine der angewandten Proteasen Pepsin, Trypsin, Trypsinkinase, Papain und Papain-Blausäure mit irgendeiner anderen hinsichtlich des spezifischen Leistungsvermögens gleichwertig. Es erscheint gegenwärtig wahrscheinlich, dass der grossen Mannigfaltigkeit der am Eiweissaufbau beteiligten Aminosäuretypen eine relativ grosse Anzahl absolut spezifischer proteolytischer Systeme entspricht, die sich in die Gesamthydrolyse der Eiweisskörper nach scharfen, aber einstweilen noch unbekannten Gesetzen teilen und deren Wirkungsbereiche sich teilweise überlagern können. Für die spezifische Angreifbarkeit einer einzelnen Peptidbindung im Eiweissmolekül dürfte nicht nur die Natur der beteiligten Aminosäuren, sondern „ausserdem die Natur oder die Anzahl der benachbarten Aminosäure- oder Peptidkomplexe ausschlaggebend" sein [Waldschmidt-Leitz, Schäffner und Grassmann (106)]. Es ist in der Folge gelungen, diese Anschauung nach beiden Richtungen durch Spaltungsversuche an einfachen strukturchemisch bekannten Peptiden zu stützen.

Die auf die Spaltung niedrigster Peptide eingestellten ereptischen Enzyme verschiedenen Ursprungs (die „Peptidasen" Oppenheimers), die in vielen Eigenschaften, so in ihrer p_H-Abhängigkeit, einander ausserordentlich nahe stehen, stimmen in ihrer qualitativen Spezifität ebensowenig untereinander überein wie die Proteasen. Schon die Untersuchungen von E. Abderhalden und Mitarbeitern (297) scheinen auf Unterschiede im Angriffsmechanismus bei Erepsinen verschiedenen Ursprungs hinzuweisen. In neueren Untersuchungen hat sich eine Reihe von Substraten finden lassen, die vom Darmerepsin rasch und weitgehend, nicht aber durch das Hefeerepsin angegriffen werden, so gewisse Zwischenprodukte des enzymatischen Abbaues der Protamine und der Histone (106, 291), ferner einfache und aliphatisch oder aromatisch substituierte Amide der Aminosäuren [Waldschmidt-Leitz, Grassmann und Schäffner (278)]. Diese Befunde konnten neuerdings in einem wichtigen Punkte erweitert werden [W. Grassmann (51)]. Es hat sich ergeben, dass die Wirkung des proteolytisch einheitlichen Hefeerepsins, im scharfen Gegensatz zu derjenigen des Darmerepsins, auf die Spaltung einfacher Dipeptide beschränkt ist. Während das Enzym alle untersuchten Dipeptide mit ähnlicher Geschwindigkeit wie das Darmerepsin zerlegt, vermag es die untersuchten Tripeptide und Tetrapeptide nicht anzugreifen. Es dürfte demnach in den für die Hefedipeptidase unspaltbaren, für das Darmpepsin spaltbaren Eiweissabbauprodukten nicht Dipeptide, sondern höhere Peptide vorliegen.

Der Nachweis eines so eng begrenzten Spezifitätsbereiches der Hefedipeptidase war zu ergänzen durch die Kennzeichnung desjenigen Enzyms, das für das lange bekannte Spaltungsvermögen der Hefeautolysate gegenüber höheren Peptiden verantwortlich zu machen ist. Es hat sich ergeben, dass dieses Enzym bei dem angewandten adsorptiven Trennungsverfahren in dem leichter adsorbierbaren und in die Elutionen übergehenden Anteile des Proteasengemisches vorgefunden wird, der — völlig wirkungslos gegen alle untersuchten Dipeptide — die auf natürliche Proteine einwirkende Komponente (Hefetrypsin) enthält. Die „Polypeptidase" der Hefe spaltet alle bisher untersuchten synthetischen Peptide vom Tripeptid an aufwärts und sie zerlegt diese Substrate, ähnlich wie dies bei den echten Proteasen der Fall ist, nicht bis zu den letzten Bausteinen, sondern unter Hinterlassung von Dipeptidmolekülen. Tripeptide werden z. B. in ein Mol Aminosäure und ein Mol Dipeptid, aber nicht weiter, zerlegt. Mit der Protease der Hefe ist das Enzym jedoch nicht identisch. Es gibt nämlich Präparate der Hefeprotease, denen jede Wirkung auf die geprüften synthetischen Polypeptide fehlt [W. Grassmann und H. Dyckerhoff (298a, 298b)].

Das verschiedenartige Verhalten, das Dipeptide und Polypeptide gegenüber den beiden Hefepeptidasen an den Tag legen, veranschaulicht die Bedeutung der Molekulargrösse für den enzymatischen Angriff. Indessen ist es keinesfalls möglich, die Spezifitätsunterschiede der Proteasen allgemein allein von diesem Gesichtspunkt aus zu deuten. Eine ebenso wichtige Rolle dürfte den Eigentümlichkeiten der an den Peptidbindungen beteiligten Aminosäuretypen zukommen. Waldschmidt-Leitz und Th. Kollmann (298) haben auf eine Beziehung zwischen dem Prolingehalt der Protamine und ihrer Angreifbarkeit durch das kinasefreie Trypsin aufmerksam gemacht. Der auf dieses Enzym entfallende Anteil der Gesamthydrolyse scheint nämlich bei den Protaminen dem Prolingehalt proportional zu sein. Für eine andere Aminosäure, das Tyrosin, ist eine besondere Rolle beim proteolytischen Angriff heute schon sicher erwiesen. Im Gegensatz zu einer grossen Anzahl anderer Peptide von verschiedenster Molekulargrösse wird nämlich Leucyl-triglycyl-tyrosin nicht durch Pankreaserepsin, sondern durch das Pankreastrypsin angegriffen [Waldschmidt-Leitz, W. Grassmann und H. Schlatter (279)]. Dieser Befund konnte erweitert werden. Eine grössere Anzahl inzwischen untersuchter tyrosinhaltiger Peptide, und zwar auch solche, die das Tyrosin in der Mitte der Kette enthalten, ferner auch das β-Naphthalinsulfo-glycyl-tyrosin, unterliegen der Spaltung durch Pankreastrypsin. Die Hydrolyse des β-Naphthalinsulfo-glycyl-tyrosins wird durch die Enterokinase verstärkt. Aber auch hier ist die Rolle der Molekulargrösse, oder vielleicht richtiger, die besondere Stellung der Dipeptide deutlich erkennbar. Das Glycyl-tyrosin selbst verhält sich nämlich wie alle übrigen Dipeptide; es wird vom Pankreaserepsin, nicht aber vom Trypsin gespalten [Waldschmidt-Leitz und Mitarbeiter (300)].

Es erscheint fraglich, ob es gegenwärtig noch irgendeinen Sinn hat, die Zweiteilung zwischen „eigentlichen Proteasen" und ereptischen Enzymen (den „Peptidasen" Oppenheimers) aufrecht zu erhalten. Alle diese Enzyme spalten ja normale Peptidbindungen. Für den als typisch geltenden Vertreter der ereptischen Enzyme, das Darmerepsin, gibt es, wie man mit Bestimmtheit annehmen darf, keine obere Grenze des Spezifitätsbereiches. Das Darmerepsin spaltet noch Peptide aus 12, sogar aus 19 Aminosäuren [E. Abderhalden (299), Waldschmidt-Leitz und Mitarbeiter (279, 300)]. Es ist wahrscheinlich geworden, dass die bisher übliche Systematik der am

Eiweissabbau beteiligten Enzyme zu ersetzen sein wird durch ein Einteilungsprinzip, das sich aufbaut auf gewisse heute schon erkennbare Beziehungen, die zwischen dem fermentativen Angriff und bestimmten reaktionsfähigen Gruppen der Substrate zu bestehen scheinen.

Für den Angriff des Darmerepsins ist gemäss einer von Euler und K. Josephson (277) erstmals ausgesprochenen Annahme und in Übereinstimmung mit neueren Befunden von Waldschmidt-Leitz und Mitarbeitern (300, 301, 302) die Anwesenheit einer freien α-Aminogruppe Voraussetzung. Mit den vorliegenden Ergebnissen ist am besten vereinbar die Vorstellung, dass dieses Enzym Peptidketten schrittweise unter Abspaltung der die freie NH_2-Gruppe tragenden Aminosäure zerlegt.

Auch die Hefepolypeptidase vollzieht die Hydrolyse ihrer Substrate immer in der Weise, dass die die freie Aminogruppe tragende Aminosäure abgespalten wird [E. Abderhalden (297), W. Grassmann und H. Dyckerhoff (298a)]. Der Angriff des Enzyms unterbleibt, sobald die Aminogruppe substituiert, z. B. benzoyliert wird [W. Grassmann (298a)]. Ebenso ist die Hefedipeptidase auf die Anwesenheit einer freien NH_2-Gruppe angewiesen; die am Stickstoff acylierten Dipeptide widerstehen ihrer Einwirkung [W. Grassmann und H. Dyckerhoff (298b)]. Für den Angriff der Dipeptidase ist aber zugleich, anders wie im Falle des Darmerepsins, die Nachbarschaft einer freien Carboxylgruppe in der für die Dipeptide charakteristischen Stellung zur Peptidbindung Voraussetzung. Dipeptidester und Dipeptidamide sind daher dem Enzym gegenüber resistent [Grassmann und Dyckerhoff (298b)], ebenso die decarboxylierten Dipeptide und die Aminosäureamide [Waldschmidt-Leitz, Grassmann und Schäffner (278)]. Auch im Falle des Pankreastrypsins dürften Beziehungen zu der freien Carboxylgruppe des Substrates wesentlich sein, während umgekehrt die Anwesenheit einer freien Aminogruppe hier offenbar entbehrlich ist. Ja, es ergibt sich sogar die überraschende Feststellung, dass Di- und Tripeptide, die an sich für Trypsin nicht angreifbar sind, nach der Acylierung der Aminogruppe der Wirkung des Enzyms zugänglich werden [Waldschmidt-Leitz und Mitarbeiter (300, 301), E. Abderhalden und E. Schwab (304)]. Die Polypeptidase der Hefe dagegen spaltet die Peptidbindung in den Tripeptidestern so gut wie in den freien Tripeptiden [W. Grassmann und H. Dyckerhoff (298b); vgl. dazu auch H. v. Euler und K. Josephson (303)]. Aber die freie COOH-Gruppe ist für den Angriff dieses Enzyms nicht nur entbehrlich; sie verhindert ihn sogar, wenn sie sich in Nachbarstellung zu der zu spaltenden Peptidbindung befindet. Man kennt bisher keinen Fall, in dem die Hydrolyse eines Polypeptides durch die Hefepolypeptidase an der dem Carboxylende benachbarten Peptidbindung erfolgt wäre. Deshalb und nur deshalb widerstehen auch die Dipeptide dem Angriff des Enzyms. Ihre Resistenz verschwindet aber, sobald man die

Carboxylgruppe des Dipeptids durch Veresterung oder Amidierung verdeckt oder durch Decarboxylierung entfernt. Für die Sonderstellung der Dipeptide beim enzymatischen Angriff gewinnt man damit eine einfache Deutung: denn in ihnen und nur in ihnen ist die Peptidbindung gleichzeitig einer freien COOH- und einer freien NH_2-Gruppe benachbart.

Die über die spezifische Angreifbarkeit von Peptidbindungen durch die vier beschriebenen Peptidasen (Darmerepsin, Hefedipeptidase, Hefepolypeptidase, Trypsinkinase) bisher vorliegenden Beobachtungen, die in der Tabelle 15 zusammengefasst sind, scheinen sich in das folgende einfache Schema einordnen zu lassen, dessen Gültigkeit zunächst zu beschränken sein wird auf die aus einfachsten Monoaminosäuren vom Typus des Glykokolls oder Leucins aufgebauten Di- und Polypeptide, sowie auf die durch Veränderung der Carboxyl- oder Aminofunktion daraus abgeleiteten Derivate:

		Darm-erepsin	Hefe-Dipepti-dase	Hefe-Polypep-tidase	Trypsin-kinase
Nachbarstellung einer freien	NH_2-Gruppe . .	nötig	nötig	nötig	hindert
	COOH-Gruppe .	entbehrlich und gleichgültig	nötig	hindert	nötig

Es ist wahrscheinlich, dass die besondere Stellung der „eigentlichen Proteasen“ oder eines Teiles von ihnen darin begründet liegt, dass sie bei ihrem Angriff nicht unter allen Umständen auf eine Reaktion mit den freien Enden der Peptidketten angewiesen sind. Ihre Anlagerung an das Substrat scheint vielmehr auch vermittelt zu werden durch gewisse „zweite Haftgruppen“ mehrwertiger Aminosäuren, wie etwa durch alkoholische oder phenolische Hydroxyle, durch die COOH- bzw. $CONH_2$-Gruppen der Dicarbonsäuren und ihrer Amide, durch die zweiten Aminogruppen des Lysins oder die Guanidingruppen im Arginin, Atomgruppen, die, wie aus vielfältigen älteren und neueren Erfahrungen der Eiweisschemie hervorzugehen scheint, im Eiweissmolekül zum grossen Teil nicht peptid- oder esterartig verknüpft, sondern vorwiegend frei vorliegen dürften. Nach dieser Auffassung wäre es also für eine Reihe von „echten Proteasen“ charakteristisch, dass ihr Angriff an bestimmten, für die Anlagerung des Enzyms geeigneten Aminosäuren auch in der Mitte der Peptidketten einsetzen kann.

Indessen dürften die geschilderten Vorstellungen, wenn sie auch mit dem grössten Teil der beim enzymatischen Abbau natürlicher und synthetischer Substrate bisher gewonnenen Erfahrungen wohl vereinbar erscheinen, zunächst nur als Arbeitshypothesen zu bewerten sein, mit deren Hilfe die einzelnen Forscher in das komplizierte und in beständigem Flusse befindliche Gebiet der Proteasenspezifität vorzudringen versuchen.

Tabelle 15. Enzymatische Angreifbarkeit von Di- und Polypeptiden der Monoaminosäuren und ihrer Derivate.

	Darm-erepsin	Hefe-Dipep-tidase	Hefe-Poly-pepti-dase	Tryp-sin-Kinase
Dipeptide $H_2N \cdot CHR \cdot \overset{\times}{CO} \cdot NH \cdot CHR' \cdot \mathbf{COOH}$	+[1]	+[2]	—[2]	—[3]
Dipeptidester oder -amide $H_2N \cdot CHR \cdot \overset{\times}{CO} \cdot NH \cdot CHR' \cdot CO \begin{cases} OC_2H_5 \\ NH_2 \end{cases}$	+[4]	—[5]	+[5]	—[4]
Tripeptide, Tetrapeptide usw. $H_2N \cdot CHR \cdot \overset{\times}{CO} \cdot NH \cdot CHR' \cdot CO — NH \cdot CHR'' \cdots COOH$	+[1]	—[2]	+[2]	—[3]
Tripeptid- oder Tetrapeptidester oder -Amide $H_2N \cdot CHR \cdot \overset{\times}{CO} \cdot NH \cdot CHR' \cdot CO \cdot NH \cdot CHR'' \cdot \cdot CO \begin{cases} OC_2H_5 \\ NH_2 \end{cases}$	+[7]	—[5]	+[5,7]	—[4]
Decarboxylierte Dipeptide $H_2N \cdot CHR \cdot CO \cdot NH \cdot CH_2R'$	+[6]	—[6]	+[5]	—[6]
Aminosäure-Amide $H_2N \cdot CHR \cdot CO \cdot NH_2$	+[6]	—[6,5]	+[5]	0
Acylierte Dipeptide und Tripeptide z. B. $C_6H_5 \cdot CO \cdot NH \cdot CHR \cdot CO \cdot NH \cdot CHR' \cdot CO \cdot NH \cdot CHR'' \cdot COOH$	—[7,4]	—[5]	—[8]	+[9,4,12]
Dipeptid-Anhydride $HN \cdot CHR \cdot CO$ $\vert \qquad\quad \vert$ $CO \cdot CHR' \cdot NH$	—[10,9]	—[11]	—[11]	—[10,9]
Carbäthoxyl-Tetraglycinamid $C_2H_5O \cdot CO \cdot (NH \cdot CH_2 \cdot CO)_3 \cdot NH \cdot CH_2 \cdot CONH_2$	—[4]	0	0	—[4]

[1] Waldschmidt-Leitz und A. Schäffner (269).
[2] Grassmann, W. (51).
[3] Waldschmidt-Leitz und A. Harteneck (180).
[4] Waldschmidt-Leitz und W. Klein (301).
[5] Grassmann, W. und H. Dyckerhoff (298b).
[6] Waldschmidt-Leitz, W. Grassmann und A. Schäffner (278).
[7] Euler, H. v. und K. Josephson (277, 303).
[8] Grassmann, W. und H. Dyckerhoff (298a).
[9] Waldschmidt-Leitz, A. Schäffner, H. Schlatter und W. Klein (300).
[10] Waldschmidt-Leitz und A. Schäffner (290).
[11] Unveröffentlichte Versuche des Verfassers.
[12] Abderhalden, E. und E. Schwab (304).